圖解 건축 공사 진행 방법

철골조

이 도 범 역

도서출판 건설도서

머 리 말

건축물이 초고층화, 대형화해 가면서 철근 콘크리트 구조로 건설하는 시대가 되었지만, 역시 설계의 자유도가 높고 내풍·내진성이 뛰어난 **철골 구조**가 주류를 이루어 가고 있다.

공사 방법을 기술(記述)한 책을 보면 거의가 철근 콘크리트조 중심으로 되어 있다. 이것은 아마 **철골 구조**가 소규모 주택에서 초고층 빌딩 또는 초대형 스팬 구조물까지 매우 다양한 건축물에 대응하기 때문에 기술(記述)의 초점을 맞추기가 어렵다는 것이 큰 문제점일 것이다.

요즘은 중소 규모의 사무소, 점포 등도 **철골 구조**로 짓는 예를 많이 볼 수 있다. 그래서 이 책은 **철골 구조**로서 가장 전형적이라고 할 수 있는 중규모 빌딩에 일괄하여 기술하였다.

철골 구조 건축물은 기둥·보 등 주요한 부재를 공장에서 제작하고 현장에서 조립만 하여 건축물의 골조를 이루므로 공사 기간을 단축할 수 있을 뿐만 아니라 노무 절감도 할 수 있어 이제까지 건축 공법 중에서도 프리패브 공법으로서 소중히 다루어 왔다. 그러나 현장에서 하는 조립 작업은 아직도 손 작업으로 할 때가 많고, 또 불안정한 자세로 작업하는 경우도 있어 어떻게 하면 **철골 구조** 건축물을 품질 좋고 안전하게 건설할 수 있느냐가 철골 공사를 하는 데 중요한 포인트가 되고 있다.

이 책은 규모는 작지만 **철골 구조** 건축을 하나의 예로 들어 그 공사가 발주에서 준공까지 어떤 과정을 거쳐 건설되는가를 공정 순서에 입각하여 그림과 사진을 많이 싣고, 또 독자가 알기 쉽도록 해설하였다. 그리고 좋은 품질의 건축물을 만들기 위해서는 어떤 점에 주의해야 하는가에 대해서도 자세히 기술하고 **철골 구조**라고 해도 기초는 철근 콘크리트이므로 이 부분에 대해서도 빠짐없이 기술하였으며, 또 현장에서 사용할 만한 자료를 권말 부록에 정리하였다.

그러나 건축 공사에서는 여러 가지 공법, 재료를 적절히 구분하여 사용하게끔 되어 있어 예시한 건축물만으로는 현재 쓰이고 있는 모든 재료·공법까지 깊이 파고 들어가 해설할 수 없으므로 각 장(章) 또는 각 공사의 처음에 개설 난을 만들고 거기에 현재 쓰이고 있는 공법·재료 등의 종류와 내용을 간단히 소개하였다.

이 책은 또「철골 공사의 진행 방법」을 주제로 하여 편집한 것으로 철골 공사를 진행할 때 알아야 할 기본 사항을 모두 망라한 셈이다. 이 책을 애독함으로써 철골 공사를 포함한 공사 전체의 진행 방법에 대해서 현장 실습을 받은 사람 이상으로 이해를 깊이 할 수 있으리라 확신한다.

모든 공사가 그렇지만 특히 철골 공사에서는 시공 정밀도와 품질 관리 외에 공정 관리, 안전 관리, 기타 공사와의 아물림 등 주의해야 할 사항이 대단히 많다. 앞으로도 실무 경험을 많이 하여 철골 공사를 더한층 이해할 수 있도록 정진하기 바라며 이 책이 이를 위해 초석이 되길 기대한다.

1997. 9

역자

목 차

서장 1 건축 생산의 개요

건축 생산이란 건축물을 기획한 후 계획 · 설계 및 시공을 거쳐 목적한 건축물이 완성되기까지의 행위를 말한다. 넓은 뜻으로는 건축물이 완성된 후에도 장기간에 걸쳐 그 건축물의 유지 보전을 위해 손을 보면서 사용하고, 최종적으로는 새로운 목적을 위해 건축물을 해체하는 것까지를 생산이라고 하는 경우가 있다. 다음은 건축 생산 활동을 나타낸 것이다.

① 기　　획 ……………………………………………………………
② 계획 · 설계 ………………………………
③ 시　　공 …………(좁은 뜻의 생산) } (일반적으로 말하는 생산)……… } (넓은 뜻의 생산)
④ 유지 · 운용 ……………………………………………………………
⑤ 해　　체 ……………………………………………………………

이 책은 철골조 건축물 시공을 중심으로 한 공사의 진행 방법을 주제로 편집한 것이지만 본문에 들어가기 전에 건축 생산의 산업 구조에 대해서 대강을 기술한다.

1. 건축 생산의 특징

건축물은 일반 제조물에 비하여 규모가 크고 많은 자금이 필요하며 또 이용 연한도 길다. 생산에 관계하는 근로자(노동자) 및 조달되는 기자재는 대량 또한 다양하여 복잡한 상호 관계를 맺고 있다. 따라서 건축 생산이 사회적 · 경제적인 면에 끼치는 영향은 대단히 크다.

생산 과정에도 각기 다음과 같은 특수성을 지니고 있다.

1) 생산물(건축물)의 목적 · 용도가 여러 가지이고 일정하지 않으므로 다품종 · 일품 생산이다.
2) 주문을 받고 나서 생산을 하므로 수주 생산이다. 일반 제조업과 같이 기획 · 예상 생산을 할 수 없다.
3) 생산하는 장(현장)이 항상 바뀐다. 공장 생산과 같이 일정하지 않고 또 계속적이 아니다.
4) 생산에 관계하는 사람 및 물건의 양과 종류가 많다.
5) 생산 방식은 노동력 집약형이며 공업화할 수 있는 부분이 적다.
6) 생산 조직이 공사마다 편성된다.

건축 생산이 갖는 이러한 특수성은 생산의 효율화, 생산 조직의 합리화 · 근대화를 저해하는 면이 있다. 그러나 이와 같은 문제점을 해소하기 위한 노력이 필요하며 재료의 규격화 · 프리패브화, 작업의 기계화 · 자동화, 작업 환경의 쾌적화 등이 적극적으로 추진된다. 또 공사의 발주면에 대해서도 입찰 방식 · 도급 방식을 재평가하고 개선할 수 있다.

2. 건축 생산의 조직

건축 생산은 주로 다음과 같은 사람들이 한다.

① 건축주(발주자)

② 설계자

③ 감리자

④ 시공자

건축 생산은 건축주가 건축물을 기획하고 나서 시작한다. **건축주**는 자금을 투입하여 건축물을 짓는 **발주자**이며, 공공 건축을 발주하는 관공서·공단 등과 민간 건축을 발주하는 민간 기업·단체·개인 등이 있다.

설계자는 발주자가 의도하는 내용에 따라 여러 가지 법적 규제를 만족하는 안전한 건축물을 설계한다.

감리자는 건축주의 위탁을 받아 공사가 설계 시방대로 시공되도록 검사·승인 등을 한다. 보통은 설계자가 감리자를 겸하는 경우가 많다. 관공서나 대기업에서는 발주자 자체가 설계·감리 업무를 하는 경우도 있지만, 일반적으로 발주자는 설계·감리를 전업으로 하는 건축 사무소에 발주하고, 시공은 건축 회사에 발주한다. 경우에 따라서는 설계 부문을 가진 건축 회사에 설계·감리 및 시공을 발주한다.

시공자는 건축주와 공사 도급 계약을 맺고 공사를 도급 맡는다. 건축주와 직접 공사 도급 계약을 하는 업자를 **원도급 시공자**라고 한다. 원도급 시공자는 근로자 조직을 직접 가지고 있지 않으므로 도급 맡은 공사를 세분화하여 각기 전문 **하(재)도급 시공자**에게 도급을 맡기고 그 공사를 종합 관리하여 건축물을 완성시킨다.

3. 설계자와 설계 업무

건축물은 인명·재산에 관여하여 사회 문화 향상에 많은 영향을 끼치는 것이며 새로운 의장(意匠)이나 구법이 요구되는 요즘은 설계자의 자질이 중요한 문제가 되고 있다.

그러므로 우리 나라는 건축사 제도를 마련하고 면허를 받은 건축사가 아니면 설계를 하지 못하게 하고 있다. 건축 분야에는 건축사, 건축사보(건축·토목·전기·기계·화공 및 요업·통신·환경·에너지·국토 개발 또는 안전 관리 기타)가 있으며 건축물의 용도·규모·구조에 따라 각기 업무 범위가 정해져 있다. 건축사가 타인의 요구에 따라 보수를 받고 설계를 하는 경우에는 사무소를 정하고 건축사 사무소의 등록을 받게 되어 있다.

전문 지식을 갖춘 설계자는 건축주의 요구를 확실히 파악하고 그 요구를 구현시킴과 동시에 제안을 한다. 또 법령 기타에 따른 규제나 조건을 근거로 하여 건축물의 형상, 사용하는 재료 등을 포함한 건축물 전체의 품질·성능을 조정한다. 또한 건축에 요하는 공사비와 장래 유지 보전에 필요한 비용 등도 고려하여 **설계 도서**에 정리한다.

설계는 **기본 설계**와 **실시 설계**가 있다. 기본 설계는 건축사가 수탁한 업무를 수행함에 있어서 필요한 자료, ① 건축물의 구체적 용도와 이에 관련된 건축주의 요구 사항, ② 대지 및 건축물의 소유권, 소유권 이외의 권리에 관한 자료, 건축 대지 증명 또는 환지 증명, 대지 측량도(경계 복원 측량도를 포함한다)와 지질 또는 지내력 검사서, ③ 대지에 관한 급배수, 전기, 가스 등 시설의 현황을 표시하는 자료, ④ 기타 업무 수행에 필요한 자료에 따라 건축주로부터 제공된 자료를 참작하고 건축주와 협의한 후 건축사 자신의 창의로서 건축물에 대한 기본 구상을 입안하고 기본 구상에 바탕을 둔 ① 배치도, 평면도, 입면도, 일반 단면도, ② 건축, 구조, 설비 등의 설계 설명서, ③ 공사비 계산서의 설계 도서를 작성하는 것이다.

또, 실시 설계는 건축사가 앞에서 기술한 규정에 따라 작성한 기본 설계를 기초로 하여 ① 대지 안내도, 배치도, 각 층 평면도, 입면도, 단면도, 내외 마감표, 기타 주요 상세도, ② 구조도(구조 안전 확인 대상 건축물) 및 구조 설계서, ③ 주차장 평면도(주차장법에 따라 주차장 설치를 요하는 건축물), 건축 설비도, 소방 설비도(소방법에 따라 소방관서에 동의를 요하는 건축물), 상·하수도 계통도, 건축 계획서(건축에 관한 사전 결정을 신청한 건축물), 기타 필요한 설계도 및 계산서, ④ 공사 시방서, ⑤ 공사비 명세서, ⑥ 건축 허가 신청서 등 설계 도서 중 당해 건축물의 건축 허가 신청 및 공사 실시에 필요한 설계 도서 및 문서를 작성하는 것이다.

이에 앞서 **기획 설계**라고 하여 사업주가 의도하는 사업 계획·사용 목적에 따라 건축물의 개략 규모와 이미지를 나타내는 설계로, 이것에 바탕을 두고 기본 설계를 하는 경우도 있다.

시방서는 설계 도면에서 표현이 충분하지 못한 사항을 보충하는 것으로 공사 도급 계약시에 설계도와 함께 계약서의 일부를 이루는 중요한 서류이다.

시방서에는 어떤 공사에도 적용할 수 있는 **공통 시방서**와 공통 시방서 중 부분적인 변경 사항이나 공통 시방서에 정해지지 않은 사항을 기재한 **특기 시방서**가 있다. 공통 시방서에는 몇 종류가 있는데 어떤 공통 시방서를 적용하는지는 특기 시방서에 기재되어 있다. 건설교통부 제정 **건축 공사 표준 시방서**는 그 중에서도 대표적인 공통 시방서이다.

4. 공사 계약

설계 도서가 완성되면 건축주는 시공업자를 선정하고 공사를 한다. 그 공사의 실시 방식에는 건축주 스스로가 노무·자재·공사 기기를 조달하여 시공하는 **직영 방식**과 건설업자에게 공사를 도급 맡겨서 공사하는 **도급 계약 방식**이 있다. 직영 방식은 건축주가 생산 기술에 정통한 경우에는 공사를 직접 관리하여 생각대로 시공할 수 있다는 이점이 있다. 도급 계약 방식은 시공자에게 공사를 일임하게 되므로 공사상 제반 절차, 만듦새의 책임, 각종 위험 부담 등이 건축주로부터 해방된다는 많은 이점이 있으므로 보통이 도급 계약 방식에 따르는 경우가 많다.

도급 계약 방식은 시공 방식에 따르는 것과 공사비 체계에 따르는 것이 있는데 다음과 같이 분류할 수 있다.

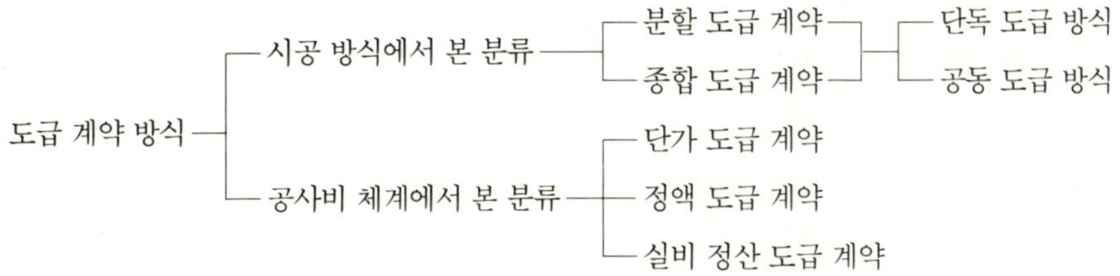

시공 방식에서 본 분류로서 하나의 공사를 몇 가지로 분할하여 복수 시공업자에게 도급 맡기는 **분할 도**

급 계약과 공사 전체를 하나의 업자에게 도급 맡기는 **종합 도급 계약**이 있다. 후자의 계약 방식으로 공사를 도급하는 업자를 **종합 도급업자**(general contractor)라고 한다.

또 하나의 공사비 체계에서 본 분류로서 **단가 도급 계약 · 정액 도급 계약 · 실비 정산 도급 계약**에 따른 방식이 있다. 단가 도급 계약은 공사 단가(콘크리트 m^3 당의 단가, 철근 t 당의 단가 등)만을 계약시에 결정해 두고 공사를 실시한 후에 실시한 수량에 따라 도급 금액을 정산(精算)하는 방식이다. 정액 도금 계약은 공사비의 총액을 결정하고 계약하는 방식이다. 일반적으로 정액 도급 계약에 따르는 경우가 많다. 기타, 시공자가 그 공사에 요한 실비(實費)와 생산량(기성고 또는 총완성량 또는 기성 부분이라고도 한다)에 맞춰 일정한 비율의 보수를 시공자에게 지불하는 실비 정산 도급 계약 방식도 있다. 실비 정산 방식은 불확정 요인이 많은 공사(토공사 · 특수 구조물 등)에 적합하다.

이상 기술한 도급 계약 방식 중 어느 도급 계약에서도 공사 전체를 일사 단독(一社 單獨)에 도급 맡기는 **단독 도급 방식**과 복수의 업자가 공동으로 공사를 도급 맡는 공동 도급 방식이 있다. 공동 도급 방식은 위험(risk)의 분산, 그 지방업자의 기술 육성 등을 고려하여 채용되는 경우가 많다. **조인트 벤처**(joint venture) **방식**이라고 하며 그 조직을 공동 기업체라고 한다. 기업체를 조직하는 업자간에 협정을 맺고 자재 · 노동력 · 설비 · 자금 등을 서로 제공하여 공사를 한다.

도급 계약에 따라 공사를 실시하는 경우 도급자를 선정하는 방식에는 다음과 같은 것이 있다.

- 도급자 선정 방식
  - 경쟁 입찰에 따른 방식
    - 지명 경쟁 입찰
    - 일반 경쟁 입찰
  - 경쟁 입찰에 따르지 않는 방식 (수의 계약 방식)
    - 특명
    - 견적 맞춤

경쟁 입찰은 여러 건설업자가 제출한 공사 도급 금액을 비교하여 시공자를 결정하는 방법이다. **일반 경쟁 입찰**은 입찰자(시공자)를 공모하고 입찰하는 방법이다. 건설업자의 자력(資力) · 기술 · 경력 등을 참고로 하여 입찰업자를 지명하고 입찰하는 방식을 **지명 경쟁 입찰**이라고 한다. 공공 공사에서는 원칙으로 경쟁 입찰로 하고 있다. 종래는 지명 경쟁 입찰이 많았지만 요즘은 일반 경쟁 입찰이 늘어나고 있다.

경쟁 입찰에 대해서 다른 건설업자와 경쟁하지 않고 적절하다고 생각되는 시공자를 결정하는 방식을 **특명**(特命)이라고 한다. 또 몇몇 건설업자로부터 견적을 받아 그 내용을 검토하고 시공자를 결정하는 방식을 **견적 맞춤**이라고 한다. 경쟁 입찰에 따르지 않는 이같은 방식은 민간 공사에 한정된다.

입찰 기타 방식으로 시공자가 결정되면 건축주와 시공자 사이에 공사 도급 계약이 맺어진다. 공사 도급 계약서에는 **계약 약관 · 설계도 · 시방서** 등이 첨부된다. 계약 약관은 공사 도급 계약이 하나의 상거래로서 법적으로 문제가 생기지 않도록 계약의 일반 사항을 정리한 것이다. 관공서 및 민간에는 각기 표준적인 약관이 있는데 민간 공사에서는 건설교통부 고시 제 1966-129 호「건축 공사 표준 계약서」와「건축물의 설계 계약서」가 통상 쓰이고 있다.

5. 시공자와 시공 업무

건축물의 시공 양부는 이것을 이용하는 사람들의 생명・재산에 관계되며, 또 사회 전체에 끼치는 영향력이 크므로 설계자와 마찬가지로 공사를 도급 맡은 시공자의 자질이 문제가 된다. 그러므로 건설 공사가 적정하게 실시되고 또 건설업의 건전한 발전을 목적으로 건설업법이 제정되어 있으며, 이 중 건설업자의 면허 제도가 정해져 있다. 건설업자는 건설교통부 장관의 면허를 받아야 한다(건설업법 제6조 건설업의 면허 등).

이들 업자는 **일반 건설업자**와 **특수 건설업자**로 구별되며 또 **전문 건설업자**가 있다.

사업주(발주자)와 직접 공사 도급을 하는 업자를 **원도급업자**라고 한다. 통상 원도급업자는 관리 업무만을 하고 공사는 전문 공사업자로 세분화하여 하도급하게 하고 있다. 이 하도급업자(sub contractor)를 **협력업자**라고도 한다. 경우에 따라서는 하도급업자가 하는 공사의 일부분을 **재하도급**이라고 하기도 한다. 공사가 하도급 제도하에서 행해지더라도 도급 맡은 공사를 일괄하여 다른 사람에게 도급 맡게 하는 것은 금지되어 있다. 또 특정 건설업자는 시공 기술을 확보하기 위해 공사 현장마다 국가 기술 자격을 가진 **감리 기술자**(건축사법에 의한 건축 분야 건축사보, 또 토목・전기・기계 분야의 건축사보)를 두고 기술면의 관리를 하는 것이 의무화되어 있다. 공공 공사에서는 감리 기술자를 전임해야 한다.

공사를 도급 맡은 시공자는 설계 도서에 의거하여 신속히 공사 계획을 세우고 소요 자재와 물건을 생산하기 위한 몸과 마음을 가다듬고 공사에 임한다.

요즘 건축 공사에서는 몇십 층의 초고층 건축물, 돔 같은 대공간 건축물, 아주 깊은 지하 공사에 따른 지하 주차장 등이 건설되게 되어 도급업자에 대해서 고도한 시공 기술이 요구되게 되었다. 면밀한 품질 관리・원가 관리・공정 관리・안전 관리가 요구되고 있다.

6. 공사 감리자와 감리 업무

공사 감리자는 건축주의 기술적 보좌역으로서 공사 도급 계약서에 첨부된 설계 도서대로 건축 공사가 시공되고 있는지의 여부를 확인하는 역할을 하고 있다. 일반적으로 감리는 설계자(설계 사무소)가 하는 경우가 많지만, 설계 도서대로 공사를 하기 위해서는 엄정하고 중립적 처지에서 감리해야 한다. 공사 감리 업무의 중요성으로 봐서 감리자는 설계자와 마찬가지로 건축물의 용도・규모・구조의 수준에 따라 건축사보가 정해져 있다.

공사 감리자의 주요한 업무는 다음과 같다.

1) 공사 도급 계약 체결, 도급자 선정, 계약 방식 결정 및 계약서 안(案)의 작성에 협력한다. 도급업자가 제출한 공사비 내역서의 내용을 조사하고 그것에 대해서 의견을 기술한다.

   민간 공사의 경우에는 건축주와 도급자가 계약할 때 감리 기사로서의 책임을 분명하게 하기 위해 서명 날인한다.

2) 시공 중의 검사・지도・감독 및 승인

   ① 설계 도서의 요구 품질을 시공자에게 정확히 전한다.

② 도급업자가 작성하는 시공 계획을 검토하고 조언한다.

③ 도급업자가 제출하는 시공도・공작도・재료 및 마감 견본 등을 검토하고 공사 계약서 및 설계 도서에 의거하여 그 채용을 승인한다.

④ 재료 및 시공 품질이 공사 계약서 및 설계 도서와 일치하고 있는지의 여부에 대해서 판정 확인한다.

⑤ 도급업자가 제출하는 도급 대금 지불 청구에 대해서 이미 끝낸 부분의 검사 또는 준공 검사를 하여 그 청구 내용을 확인하고 건축주에게 보고한다.

더욱이 감리자의 시공에 대한 권한과 책임이 대단히 중요하며, 감리자는 시공상의 지도, 재료・시공 검사 외에 공사 현장의 노무 단속, 안전 보건・재해 방지 등 공사 운영에 관한 것까지 관여하는 경우가 많았지만 요즘은 시공에 관한 지시・입회와 재료・견본・설비 기기의 검토 및 승인도 설계 도서에 관한 것만으로 한정되고, 근로・안전 등의 공사 운영에 관한 것에 대해서는 주요한 것만을 시공자로부터 보고를 받는 방향으로 바뀌고 있어 건축물의 품질 확인이 감리자의 주된 업무가 되고 있다.

서장 2　어떤 실례 건축 공사를 중심으로

건축물은 구조를 구성하는 재료에 따라 목조 · 철골조 · 철근 콘크리트조 · 철골 철근 콘크리트조 등으로 분류할 수 있다. 그중에서도 철골조는 근래 수요가 늘어나고 대스팬 구조 · 초고층 등 대규모 건축물에서 주택 · 차고 등 소규모의 것까지 널리 쓰이게 되었으며 그 건축물의 용도도 여러 가지로 다양하다(서장 그림 1).

대스팬 구조 · 공항 빌딩

중고층 사무소 빌딩

대스팬 구조 · 공장

공동 주택

초고층 사무소 빌딩

이 책은 철골조 건축물 시공에 대해서 착공에서 준공까지 작업을 어떻게 진행시키는지를 구체적으로 알기 쉽게 해설하는 것을 목적으로 하고 있다. 그러나 건축물에 따라 용도·규모·구법이 각기 달라 공사 진행 방법의 모두에 대해서 기술하기는 곤란하므로 여기서는 이해하기 쉽도록 어떤 소규모 사무소 건축을 실례로서 초들고 공사 사진과 그림을 사용하여 시공 진행 방법을 자세히 설명한다. 다음에 그 실례 건축물의 개요와 기본 설계도의 일부를 나타낸다.

공사명	○○주식 회사 본사 빌딩 신축 공사
대지 위치	○○시 ○○구 ○○동 ○○번지
공사 기간	19○○년 4월 1일~19○○년 11월 30일
건축주	○○주식 회사
설계·감리자	주식 회사 ○○건축 사무소
건축물 개요	
·건축물 용도	사무소
·구조	기둥·보 : 철골, 바닥판(床板) : 철근 콘크리트, 외벽 : ALC판
·층 수·높이	지상 : 5층, 펜트하우스 : 1층, 처마 높이 : 17.36 m, 최고 높이 : 20.86 m
·대지 면적	265.25 m^2
·건축 면적	236.86 m^2(건폐율 88.5%)
·연면적	1 156.44 m^2(용적률 426.0%)
·외부 마감	지붕 : 염화 비닐 시트 방수 벽 : 45×45 모자이크 타일 붙이기
·내부 마감	바닥 : P타일, 타일 카펫(일부 OA 플로어 바탕), 콘크리트 흙손 누름 위에 방진 도료 바름 외 걸레받이 : 소프트 걸레받이, 방진 도료 바름 외 벽 : 뿜칠 타일(ALC 바탕), GB[1] 붙이기(LGS, ALC 바탕) 위에 클로스 붙이기 외 천장 : 암면판(LGS 바탕), GB 붙이기(LGS 바탕) 위에 클로스 붙이기 외

주) ALC판 : 경량 기포 콘크리트, OA 플로어 : OA 기기 배선용 이중 바닥
GB : 석고 보드, LGS : 경량 철골

1) GB : PB(플라스터 보드)로 생략하는 경우도 있다.

서장 그림 2 실례 건축물의 전경

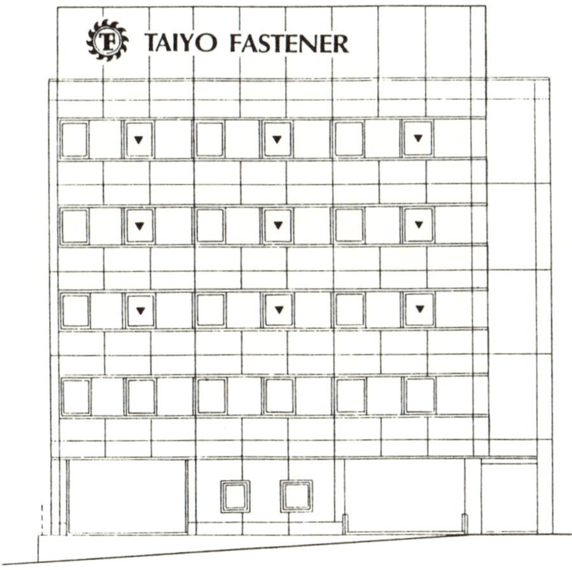

동쪽 입면도

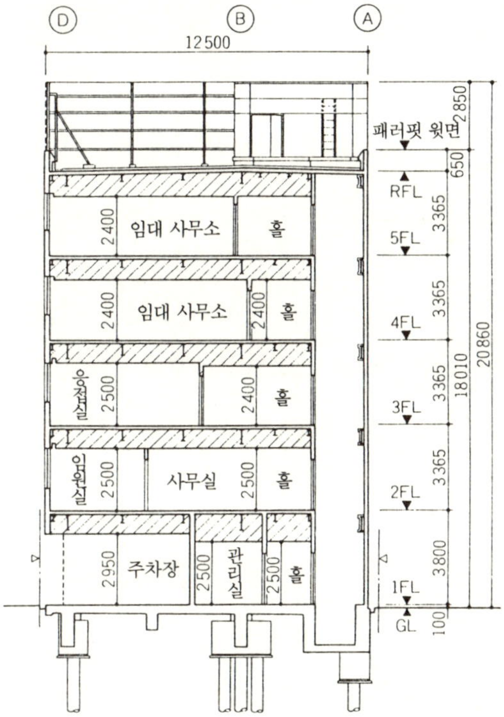

단면도

서장 그림 3 입면도 및 단면도

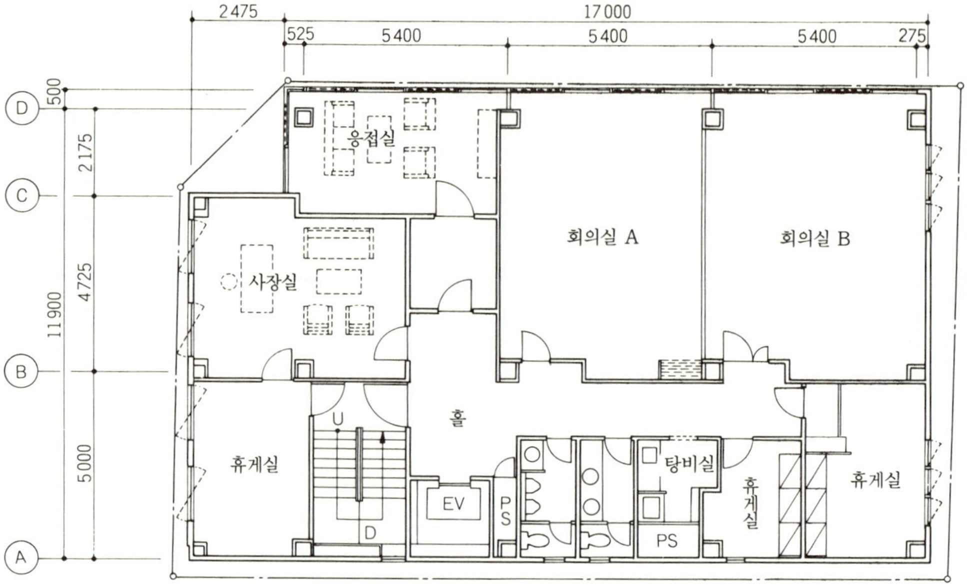

3층 평면도

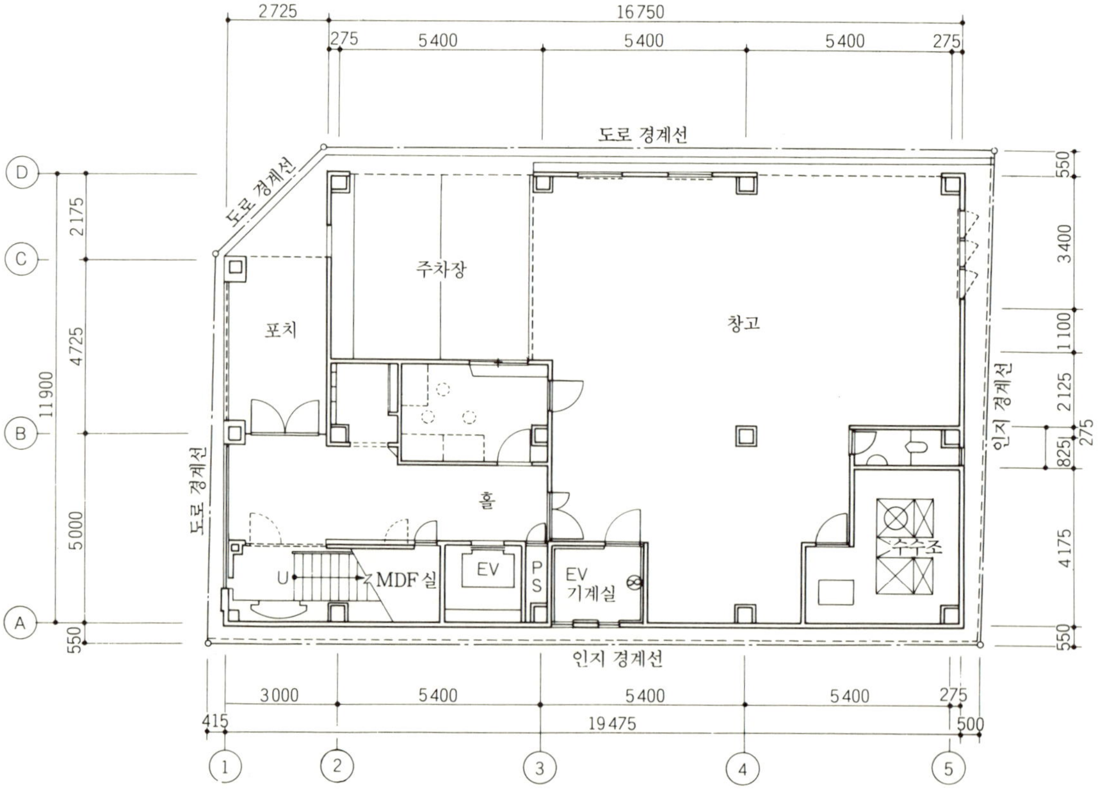

배치도 겸 1층 평면도

서장 그림 4 평면도

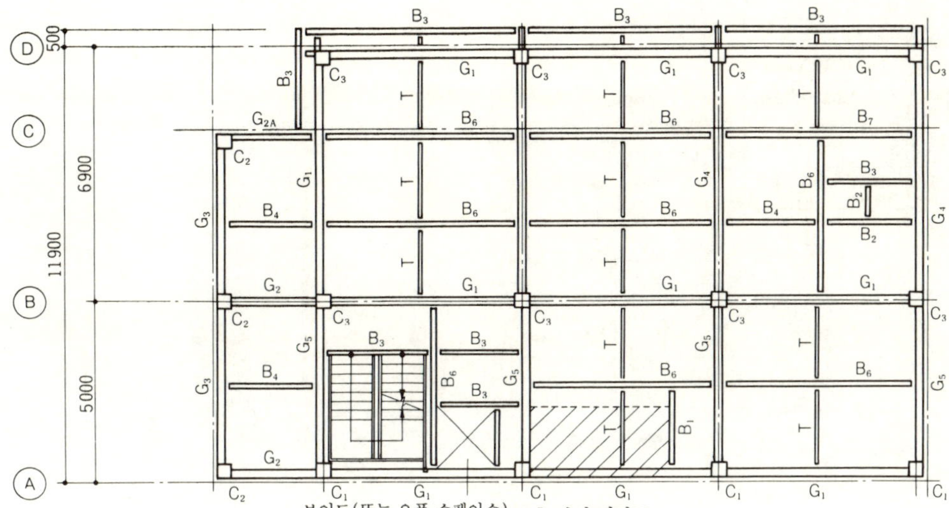

3층 바닥 평면도

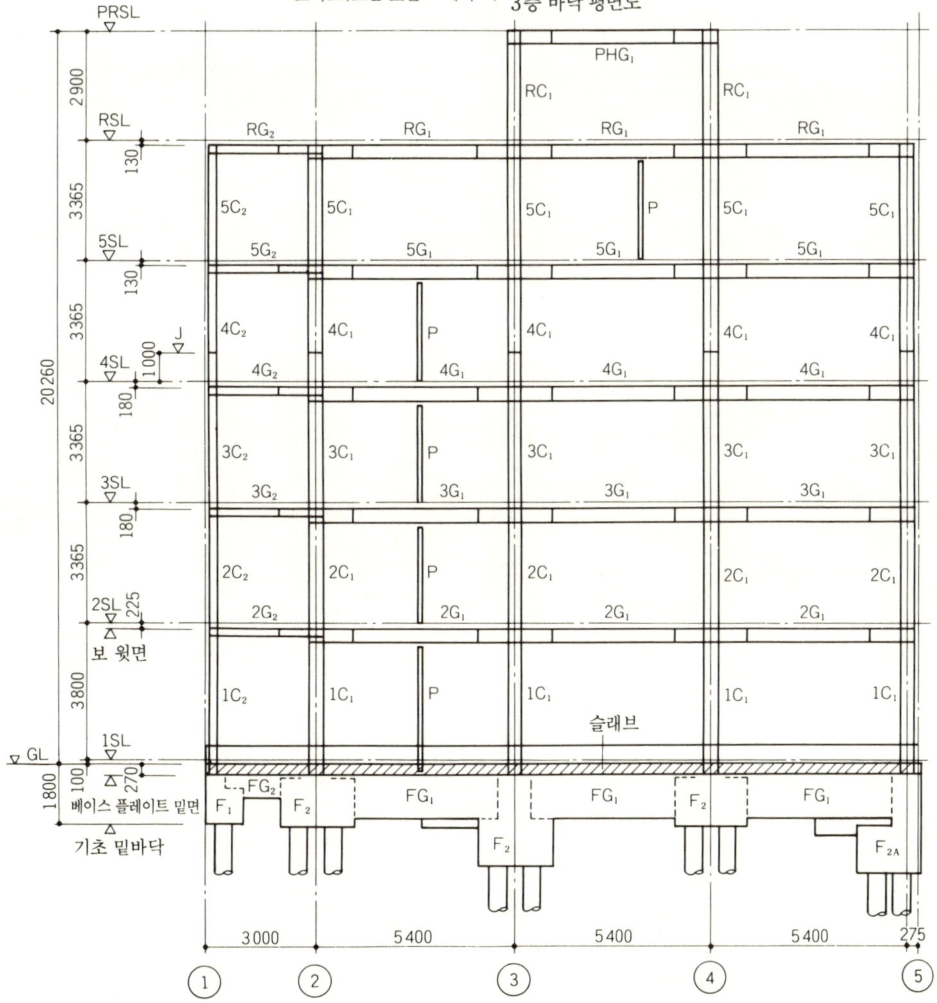

구조 골조 입면도

서장 그림 5 구조도

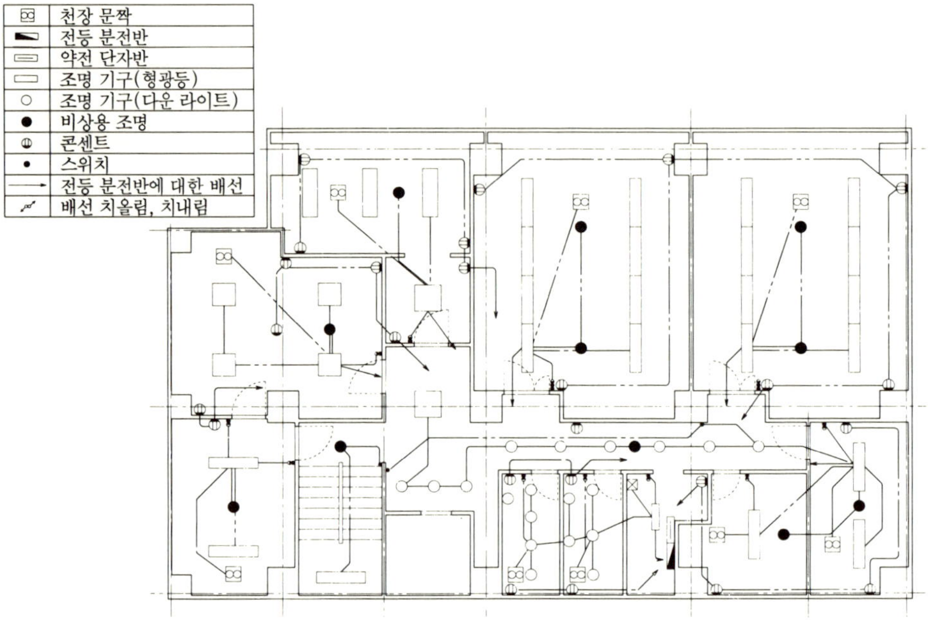

전기 설비 3층 평면도

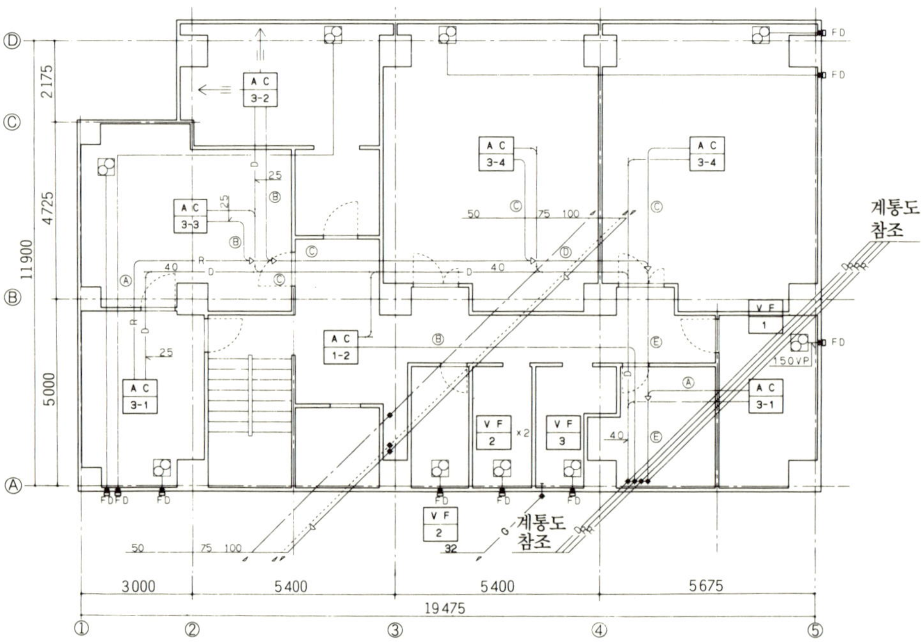

급배수 위생 설비 3층 평면도

서장 그림 6 설비 설계도

제1장 착 공 준 비

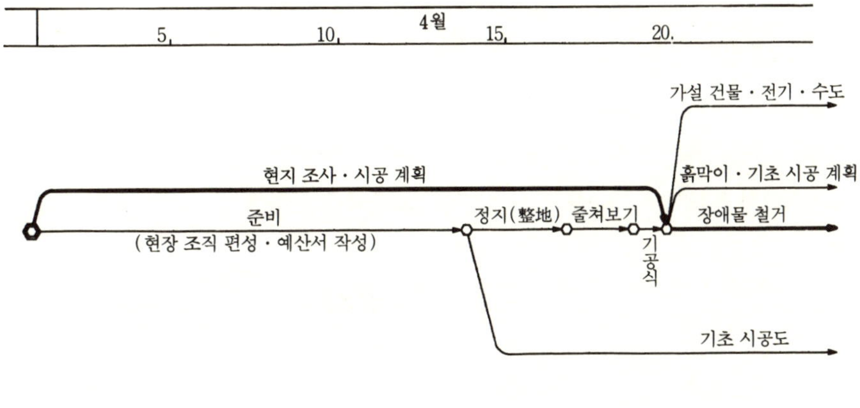

4월
5.
10.
15.
20.
가설 건물 · 전기 · 수도
현지 조사 · 시공 계획
흙막이 · 기초 시공 계획
준비
(현장 조직 편성 · 예산서 작성)
정지(整地)
줄쳐보기
기공식
장애물 철거
기초 시공도

1.1 개설

공사의 도급 계약이 건축주(발주자)와 도급자(시공자) 사이에 체결되면 도급자는 빨리 시공 업무를 담당하는 현장 소장 이하 담당 직원을 선임하여 현장 관리 조직을 편성하고 착공 준비에 착수한다. 현장 조직은 공사의 규모, 시공 회사의 형태에 따라 다르지만 일반적으로는 다음과 같다.

현장 소장	사무 주임	담당자	서무, 경리, 안전 보건, 후생, 경비 등
	공사 주임	담당자	시공 계획, 기술 지도, 준비 · 배치 등
	(설비 주임)	담당자	
	설계 주임	담당자	시공도

현장 소장(또는 **공사 주임**)은 법적인 면에서 공사 책임자이기도 하다.

착공할 때 필요한 준비 업무로서는 발주자 · 설계자에 대한 인사를 비롯하여 다음에 나타내는 바와 같이 많이 있다. 건축물을 설계 도서대로 완성하기 위해서는 이와 같은 업무를 단시간에 순서적으로 적절히 처리해야 한다.

① 설계 내용 및 계약 조건 파악

② 현지 조사

③ 시공 계획 입안

④ 여러 관청, 관계 기관에 대한 신고(서)

⑤ 주변 거주자에 대한 공사 설명회 개최

⑥ 자재나 전문 공사업자에 대한 발주

다음에 각기 항목에 대해서 그 개요를 기술한다.

1.2 계약 도서 확인

공사 준비시 먼저 설계 내용과 계약 조건을 파악한다. 계약서에 첨부되어 있는 **설계 도서**(설계도 · 시방서), **현장 설명서**(견적 요항), **질의 응답서** 등으로 공사 기간, 도급 금액, 건축물 규모 · 구조 · 마감 내용 이외에 공법 · 사용 자재 및 시공업자의 지정 유무 등을 확인한다. 또 건축주나 설계자로부터 건축물의 용도 · 목적 · 설계 의도에 대해서도 직접 설명을 듣고 의사 소통을 도모하여 상호 이해를 깊게 한다.

1.3 현지 조사

공사를 원활하고 안전하게 합리적으로 진행하기 위해서는 설계 도서의 내용을 이해할 뿐만 아니라 현지로 나가 대지 상황, 주변 상황 등 **사전 조사**를 하고 도면으로 알 수 없는 부분을 보충한다. 현지 조사 내용으로는 대지의 경계선·형상·상황 이외에 인접 건축물·대지 내외의 매설물·지반의 상황, 주변 도로의 구조와 교통 사정, 공사용 상하수도·전기 설비의 유무 등이 있다.

1. 대지 내외의 현상태 조사

설계도에는 대지의 형상, 면적이 기재되어 있지만, 이따금 현상태와 다를 때가 있다. 따라서 공사에 착수하기 전에 **대지 경계선**을 확인한 다음 측량을 하고 설계도와 대조 조사하여 다르지 않은지 확인한다.

대지 경계선에는 도로와의 경계선, 인접지와의 경계선이 있다. 도로와의 경계선에 대해서는 그 도로 관리자(관리청)에 신청하고 경계 표시를 한다. 인접 사유지와의 경계는 당사자 입회하에 **경계 표석**(또는 표지)를 찾아내어 확인한다(**그림 1.1**).

공사 중에 경계 표석이 움직이거나 없어지는 경우가 있으므로 **그림 1.2**와 같이 각 포인트의 인조점(referring point)을 공사에 영향을 끼치지 않는 곳에 옮겨 둔다. 그때 그것을 도면화하고, 또 기록 사진을 찍어 보관한다.

그림 1.1 경계 표석

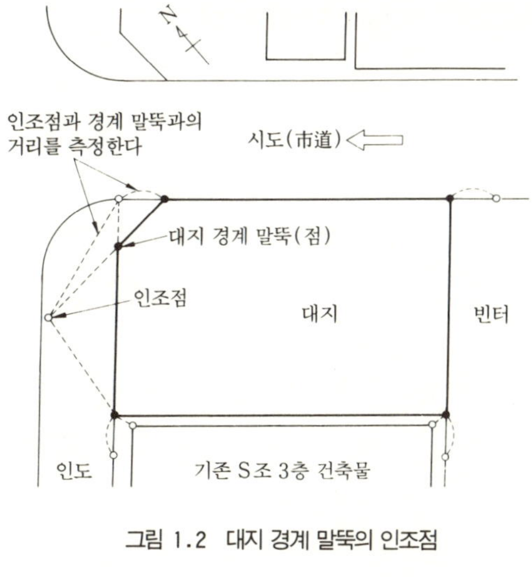

그림 1.2 대지 경계 말뚝의 인조점

측량은 대지의 평면 형상 뿐만 아니라 종단면에 대해서도 하고, 도로나 대지와의 고저차에 대해서도 확인한다.

대지 내에는 지상으로 나와 있는 것 이외에 땅속에 기초 구조물이 남아 있다든지 상하수도 · 가스 등의 배관이 매설된 그대로 있는 경우가 있다. 옛날 도면으로 조사하거나 시굴하여 그 유무를 확인한다. **그림 1.3**은 실례 공사의 대지 내외 매설물의 조사 결과를 도면화한 것이다.

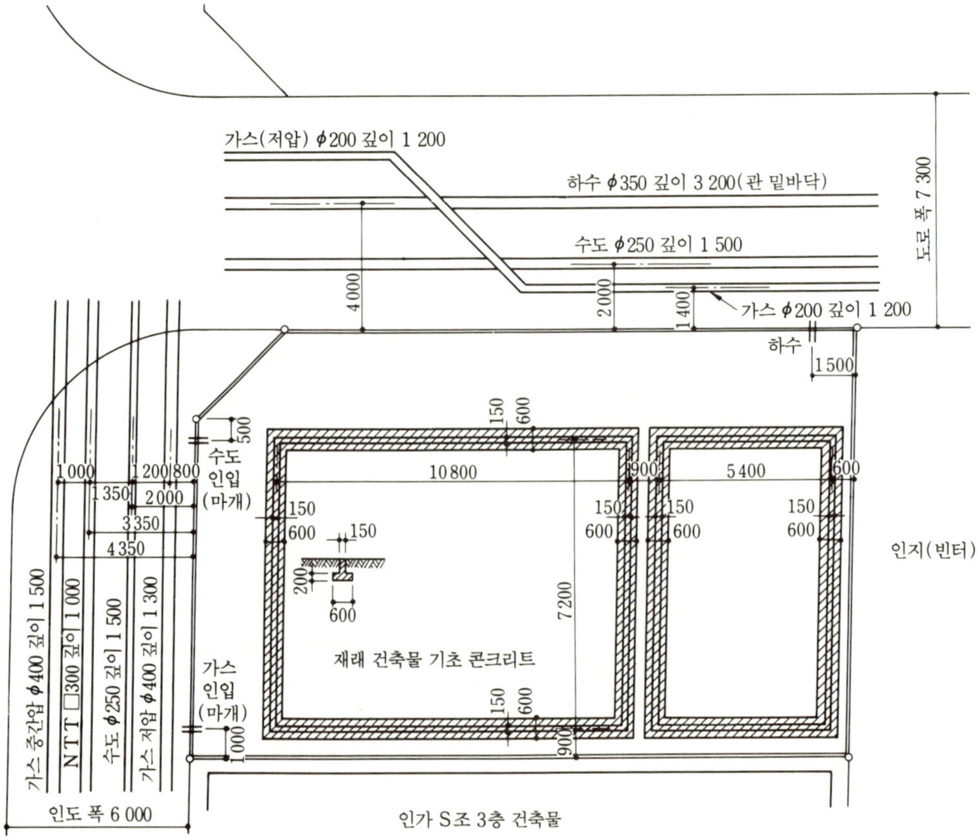

그림 1.3 매설물 조사

건축하고자 하는 건축물과 인접 건축물 및 주변 도로에 매설되어 있는 상하수도관 · 가스관 등의 상호 위치 관계와 구조 · 외관에 대해서도 조사한다. 주변의 철도와 가공(架空) 전선에 대해서도 마찬가지로 조사한다.

특히 건축물의 벽에 균열, 더러움 등이 보일 때는 현상태의 사진을 촬영해 둔다(**그림 1.4**). 조사시에는 미리 건축물 소유자 및 거주자에게 조사의 주지를 설명하고 이해를 구해 두어야 한다.

조사를 상세히 함으로써 흙막이 공사나 비계 · 보양 설비 등 시공 계획을 적정하게 할 수 있을 뿐만 아니라 전파 장해라든지 만일 공사로 제3자에게 손해를 끼친 경우의 대책 자료로서 활용할 수 있다.

(a)

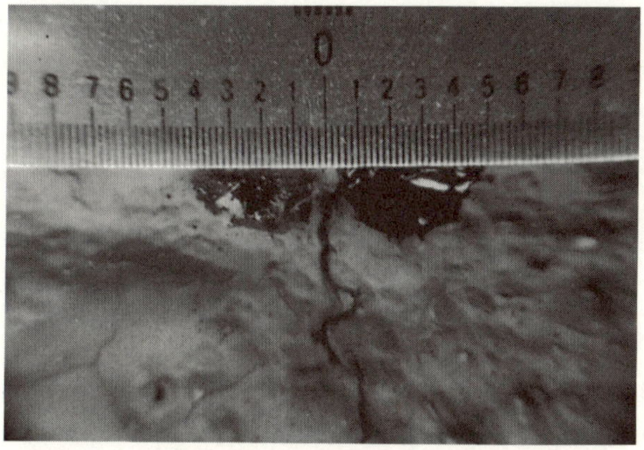

(b)

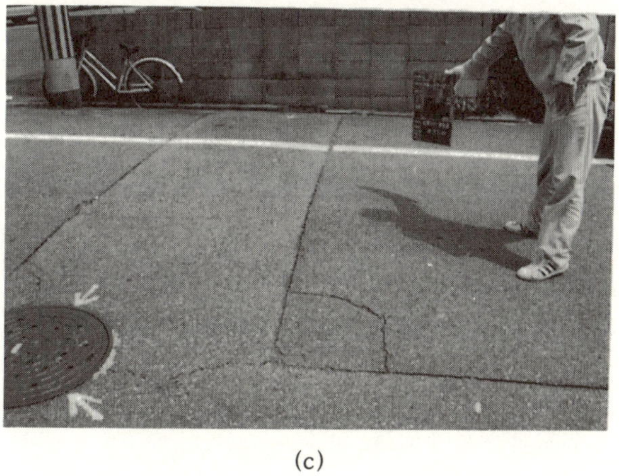

(c)

그림 1.4 주변 건축물 현상태 조사

2. 지반 조사

대지 지반 조사(boring)는 일반적으로 설계 시점에서 실시하며 설계 도서에 그 자료가 첨부되어 있지만, 기초 구조 설계를 목적으로 하는 것이므로 시공 계획을 세우기 위해서는 또한 현장 근처의 조사 자료나 이전에 그 가까이에 시공된 공사가 있으면 그 기록을 찾아내 주어진 자료와 서로 다르지 않은지에 대해서 확인한다. 보링표는 말뚝 · 굴착 · 흙막이 공사의 시공 계획을 세울 때는 없어서는 안되는 것이며 지반의 지질 뿐만 아니라 지하 수위의 위치, 피압수의 유무를 알아야 한다.

3. 도로 · 교통 사정의 조사

건축 자재나 공사용 기계를 현장으로 반출입할 계획을 세우기 위해 부근의 교통 사정, 대지 주변과 현장에 이르기까지의 도로 상황을 조사한다.

도로의 유효 폭, 중량 제한, 일방 통행이나 통행 시간대의 제한 등 교통 규제 유무 및 대지와의 높이 관계를 조사하고 현장으로 출입하는 차량이나 기자재의 크기, 그 반입 경로 · 시간대 등을 결정한다. 부득이 할 때는 일시적으로 규제 완화해 줄 것을 신청하는 경우도 있다.

토공사에서의 덤프 트럭, 콘크리트 공사에서의 믹서차(속칭, 레미콘차)는 주변 도로를 빈번하게 통행하게 되므로 그 지방의 거주자에게 미리 공사 계획의 내용을 충분히 설명하여 이해를 구하며, 필요에 따라 안내원(guard man)을 배치하고 공사를 한다.

4. 공사용 상하수도 · 전기의 조사

공사용 상하수도 · 전기 인입 지점 및 수수(受水) · 수전 가능한 용량, 배수의 방류처에 대해서도 관계 기관에 물어서 확인하고 문제가 있으면 처리 방법에 대해서 협의한다.

1.4 공사 착수 전 제반 절차

1. 보고 · 신고(서)

계약에서 착공까지의 기간에 관공서 · 관계 기관에 제출해야 하는 제반 절차 및 회사 내에 제출하는 서류는 대단히 많다. 서류를 제출하고 나서 허가가 나기까지 상당한 일수를 요하는 것도 있으므로 공정 계획과 아울러 서둘러야 하기 때문에 타이밍을 잘 맞춰 처리해야 한다. 서류의 제출이 늦는다든지 실수는 공사 진척에 중대한 영향을 끼치므로 신중하게 또한 빨리 조치를 해야 한다.

절차에는 노무 관계와 같이 사무 담당자가 처리할 수 있는 것과 공정표 작성, 안전 대책, 도로 사용 및 점용 허가원 등 기술적 요소를 포함하기 때문에 공사 담당자가 아니면 처리할 수 없는 것이 있다. 주된 절차 및 신고 서류에는 표 1.1과 같은 것이 있다.

표 1.1 공사 개시시 절차 · 제출 서류

서 류 명	관 계 법 령
확인 신청(확인 필증 표시), 건축 착공 신고	건축법
감리 기술자 선임, 건축업 허가표 표시	건설업법
적용 사업 보고, 시간 외 근로 · 휴일 협정 신고, 취업 규제 신고	근로 기준법
특정 원도급 사업자의 사업 개시 신고(안전 보건 총괄 책임자 · 안전 보건 관리 책임자의 선임), 건설 공사 계획, 건설물 · 기계 등 설치 신고, 크레인 · 엘리베이터 · 건설용 리프트 설치 신고	산업 안전 보건법
공사용 가설 건물 신고, 위험물 저장 신고	소방법
특정 건설 작업 실시 신고	소음 · 진동 규제법
도로 점용 허가 신청서, 도로 사용 허가 신청서, 연도 토지 굴착원, 도로 경계 명시 신청서	도로법 · 도로 교통법
임시 전력 · 전등 신청 · 가스 공사 신청, 배수 설비 계획 확인 선청서, 공공 하수도 사용 개시 신고, 벤토나이트 사용 신고	기타

2. 의식

공사에 대한 의식(儀式)은 공사 그 자체는 아니지만, 옛날부터 해온 관습으로서 공사의 단락(段落)을 짓는 시점에서 하는 행사로 **기공식**(地震祭), **상량식**, **정초식**(定礎式), **준공식** 등이 있다. 착공 전에 하는 지진제(起工式)는 대지(垈地)의 지신(地神)을 진정케 하여 공사의 원활한 진행과 안전을 기원하기 위해 하는 행사이다. 건축주 등의 의향에 따라 식장을 준비하고, 참석자에게 통지하고 축연(祝宴) 준비 등을 신중하게 하여 실수가 없도록 한다.

1.5 시공 계획

1. 공법 선택

설계 도서나 현장 조사로 건축물의 요구 품질이나 시공 조건이 확인되면 그것을 바탕으로 하여 다음과 같이 시공 계획을 세운다. 시공 계획은 공법의 선택으로부터 시작하여 다음에 든 3가지 사항을 고려한 다음에 시공 코스트가 최소가 되도록 계획한다.

(a) **품질 확보** 시공자는 설계 도서에 나타낸 품질을 확보할 수 있도록 계획 단계에서 시공이 수월하고 좋은 품질을 얻을 수 있는 공법을 채용한다.

(b) **공사 기간 준수** 공사 기간도 계약 조건 중 하나이며 공사 수량, 시공 난이도, 노동력, 자재 · 제품의 발주에서 납품하기까지의 기간을 고려하여 계약 공사 기간 내에 공사를 완료할 수 있도록 발주 · 시공 시기 · 공사 기간을 면밀하게 계획한다. 공정 계획의 좋고 나쁘고는 건축물의 품질 · 코스트 · 시공의 안전성에 크게 관계하므로 계획은 면밀하게 세워야 한다.

(c) **작업의 안전 확보, 제 3자 재해의 방지** 현장 작업자의 안전과 제 3자에 대한 재해 방지에 대해서도 충분히 고려한다. 사고나 재해가 발생하면 공사 기간이나 코스트의 면에서 많은 손실을 초래

하여 사회적 책임으로도 파급된다. 특히 가설 구조물의 강도 확인, 대형 중기의 전도 방지 대책, 안전 시설의 완비 등 사고나 재해 방지에 힘쓴다.

2. 시공 계획서 · 시공 계획도

(1) 시공 계획서

시공 계획서에는 일반적으로 다음과 같은 내용을 기재한다.

① 건축물 개요 · 공사 개요(시공 장소 · 공사 기간 · 시공 범위 · 수량 등)
② 설계 조건(설계 시방 · 요구 품질 · 사용 재료 · 공법 등)
③ 시공 관리 조직(시공 체제 · 전문 공사업자와의 관계 등)
④ 공법(공법을 선택할 수 있는 경우는 그 이유 등)
⑤ 시공 조건(교통 · 근린 환경에 따른 작업일 · 시간의 제약, 지반 등)
⑥ 일정 계획(시공도 · 견본 결정 · 착공 · 완료의 시기 등)
⑦ 가설 계획(가설 설비, 운반 · 양중 방법, 비계 등)
⑧ 안전 · 공해 대책
⑨ 품질 관리(관리값, 검사 방법 등)
⑩ 기록 방법(검사, 진척 등)

(2) 시공 계획도

시공 계획도에는 다음에 든 사항을 될 수 있는 한 자세히 구체적으로 기입한다.

① 가설 계획도 : 가설 건물, 가설 전기 · 급배수의 배선 · 배관, 일반 비계
② 말뚝 박기 계획도 : 기계 배치, 박기 순서
③ 터파기 계획도 : 터파기 순서, 기계 배치, 토사 반출 계획
④ 흙막이 계획도 : 흙막이 방법, 작업 순서, 철거 계획, 계측 위치
⑤ 양중 계획도 : 양중기의 종류 · 배치, 작업 반경, 양중기의 조립 · 해체
⑥ 거푸집 계획도 : 거푸집 공법, 전용 계획
⑦ 콘크리트 부어 넣기 계획도 : 펌프차의 배치, 배관 방법, 부어 넣기 순서
⑧ 철골 세우기(또는 조립) 계획도 : 철골재의 반입 방법, 조립 순서, 비계 계획, 조립 정밀도의 체크 방법

3. 공정 계획

(1) 공정 계획의 방침

공정 계획은 시공 계획 중에서도 중요한 항목의 하나이다. 시공 순서를 명확하게 하고 낭비나 무리가 없는 합리적인 공정으로 예정 공사 기간 내에 공사를 완성할 수 있도록 공정 계획을 입안한다.

공정 계획을 세울 때는 공사 내용 파악(설계 도서 · 공사 수량), 공사 조건 확인(대지 · 근린 조건, 노무 · 재료 사정 등), 결정한 공법 등에 의거하여 어떤 작업(또는 공사)을 할 것인지 작업 항목을 추출하

고, 각 작업의 전후 관계(선행 · 후속 · 평행)를 생각하여 적절하게 배열하며 각기 작업에 필요한 소요 일수를 계산하고 전체 공사 기간을 산출한다. 각 작업의 소요 일수를 산출할 때는 공사 수량, 작업자나 기계의 투입 수량, 작업 능력(1일당 작업량=품셈), 자재 · 제품 등의 납품 기간 등을 충분히 고려하고 날씨 · 휴일에 따른 작업 불가능 일수도 고려한다.

전체 공사 기간(공정)을 산출하더라도 반드시 지정 공사 기간과는 일치하지 않는다. 이 경우 1일당 자원량의 증감, 공법을 변경하여 대처한다. 단기간에 많은 작업자를 집중시키거나 공사를 정체시키거나 하는 일이 없도록 평균화된 합리적인 공정 계획을 세운다.

(2) 공정표

공정 계획은 공정표로 나타낸다. 공정표 중에는 각 작업을 하기 위해 완료해 두지 않으면 안되는 자재의 발주, 시공도 작성 등의 기일을 기재해 두고, 또 공정상의 단락을 짓고자 하는 시기, 검사일 등도 기재하며 공사 관계자에게 필요한 사항을 철저히 주지시켜 공정 관리에 쓸모가 있게 한다.

공정표에는 표시 방법이나 표시 내용에 따라 다음과 같은 종류가 있다.

(a) 표시 방법에 따른 분류

① 횡선식 공정표(bar chart)

② 사선식 공정표

③ 열기식 공정표

④ 네트워크 공정표

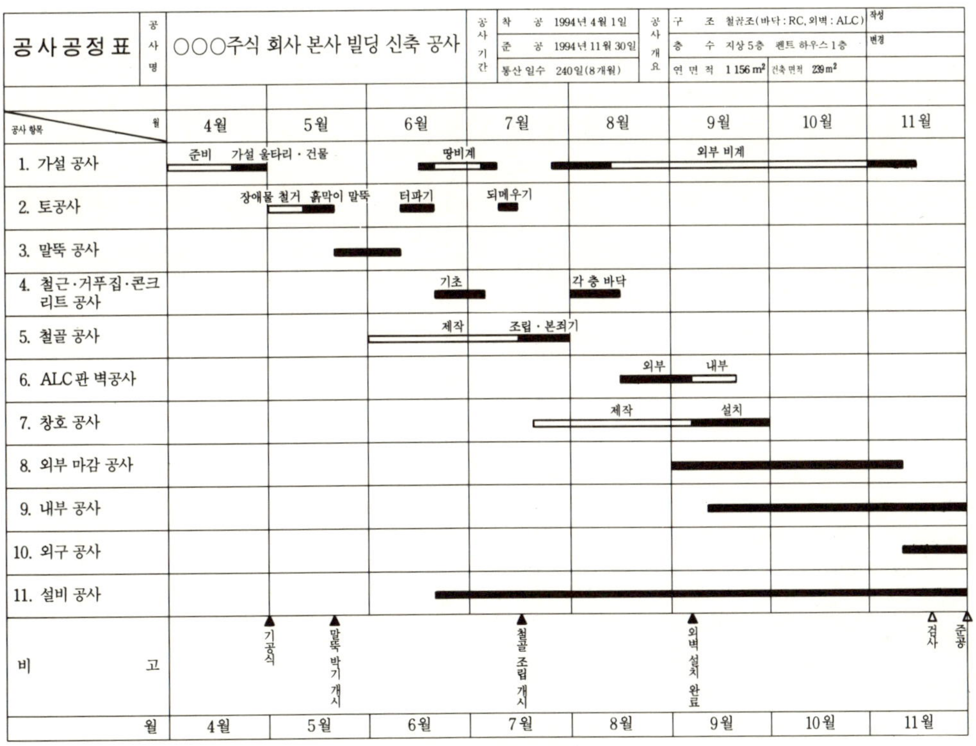

그림 1.5 횡선식 공정표

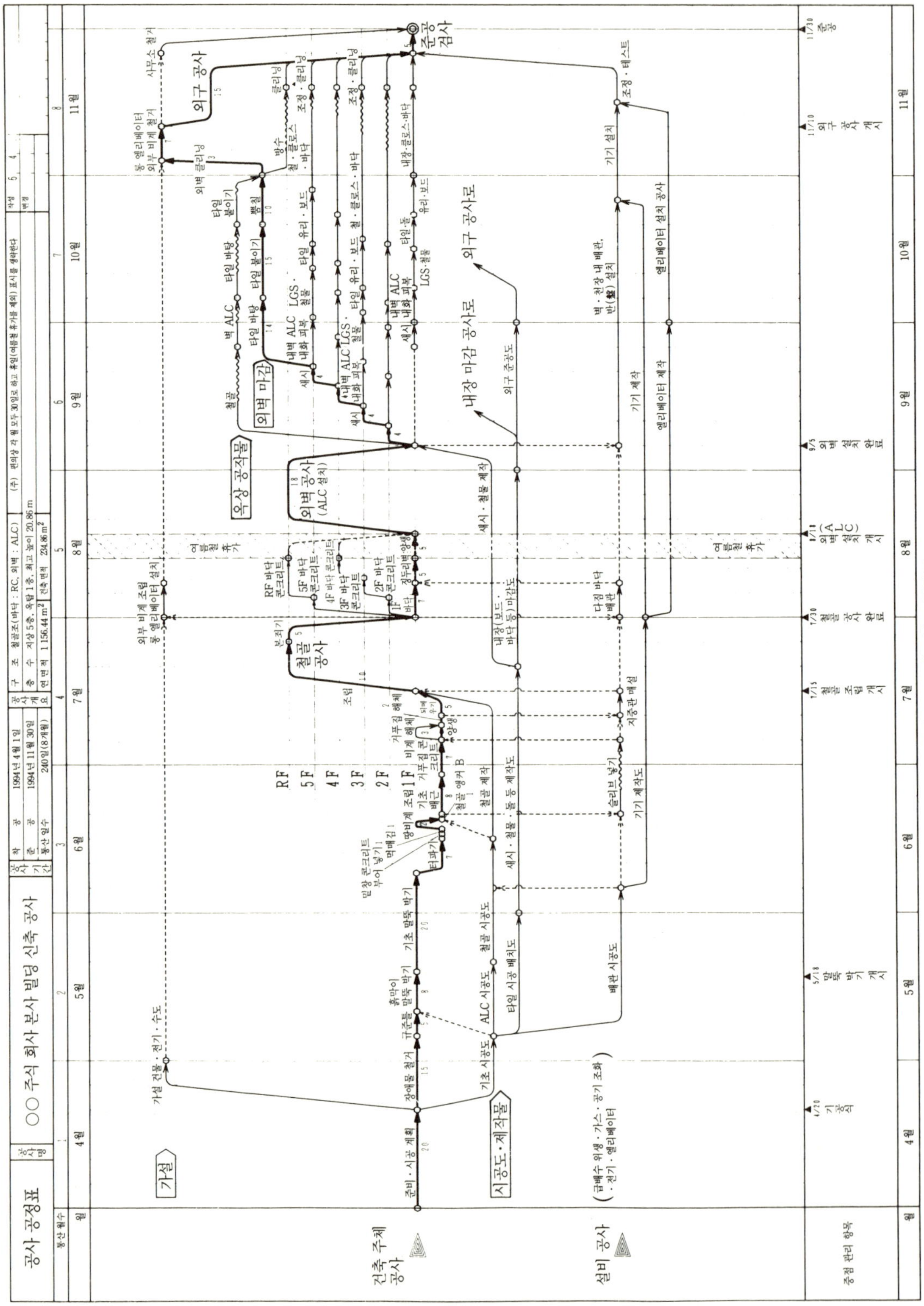

그림 1.6 네트워크 공정표

(b) 표시 내용에 따른 분류

① 종합(기본) 공정표

② 공사별(상세) 공정표

③ 기계·사용 전력 공정표

④ 준비 예정표

횡선식 공정표는 종래부터 가장 많이 쓰여 온 것이지만, 요즘은 작업의 전후 관계를 알기 쉬운 네트워크 공정표가 많이 쓰이고 있다. 네트워크 공정표는 각 작업을 화살표(→)로 연결하여 각 작업의 소요 일수·개시 시기·완료 시기 등을 기입하여 네트워크(arrow diagram)로 나타내고 각 작업과 관련을 지음으로써 중점 관리 목표가 되는 최단 공정(critical path)을 보이게 할 수 있게끔 연구된 것이다.

실례 공사의 횡선식 공정표를 그림 1.5에, 네트워크 공정표를 그림 1.6에 나타낸다.

1.6 실행 예산과 발주

건축 공사는 소정의 공사 기간 내에 설계 도서대로 건축물의 품질을 확보하면서 안전하게 완성시키는 것이 중요하지만, 시공업자는 하나의 기업인 이상 기업을 유지 발전시켜 나가기 위해서는 엄밀한 원가 관리와 함께 필요 또한 타당한 이윤을 내는 것도 중요하다. 시공 계획과 아울러 준비 작업의 하나로서 실행 예산 편성과 발주 업무가 있다.

1. 실행 예산서 작성

도급 계약이 맺어지면 도급자는 도급 금액의 내용을 나타내는 공사비 내역 명세서를 발주자에게 제시한다. 이 공사비 내역 명세서는 공사 감리자의 조사를 거쳐 그후에 대한 설계 변경에 따른 도급 대금의 증감이나 도급 대금의 청구 또는 지불 기준으로 사용한다.

그림 1.7 예산 편성에 쓰이는 서식(예산 명세서)

과목	세목	각 명칭과 시방	단위	수량	단가	금액				비고
						재료비	노무비	외주비	경비	

그러나 이 계약에 대한 공사비 내역 명세서는 단시일에 만들어지므로 수량・단가에는 다소 개산적 요소가 포함되어 있다. 또 명세서는 부분 공사별, 부위별로 정리하고 단가도 복합 가격으로 나타내고 있으므로 도급자의 원가 관리에 직접 쓰이는 내용이 아니다. 그러나 도급자측에서는 공사에 착수하기 전에 이 공사비 내역 명세서의 내용을 다시 자세히 재검토하여 **실행 예산서**를 작성하고 그것을 기본으로 **공사의 원가 관리**를 한다.

실행 예산서에는 실제로 각 공사를 시공하는 하도급업자나 재료 납품업자에 대한 발주・계약이 편리하게 되도록 그들 업자와 계약 조건을 고려하여 공정・품목마다 재료비・노무비・외주비・경비의 4가지 요소로 구별하고 각기 수량・단가를 알 수 있도록 하고 있다. 실행 예산서의 양식은 기업에 따라 다르지만 그 서식의 일례를 **그림 1.7**에 나타낸다.

2. 발주

하도급업자나 재료 납품업자에 대한 발주는 복수의 업자를 지명하여 견적 맞춤을 하든지 또는 한 업자와 견적을 맞추고 절충하여 결정한다. 그 발주 가격은 실행 예산에 나타낸 가격이 중요한 표준이 된다.

업자 선정은 가격 뿐만 아니라 다음 사항을 고려하고 공사의 규모・용도・공사 기간・장소 등을 감안하여 행한다.

① 신 용 : 경리 및 사회적 신용

② 능 력 : 도급업자로서의 조직력과 시공 능력

③ 기 술 : 보유 기술의 우열(솜씨, 정밀도의 균일성)

④ 소재지 : 작업 현장과의 거리(운반・통근 시간과 작업 효율)

⑤ 단 가 : 단가의 타당성

제2장 가 설 공 사

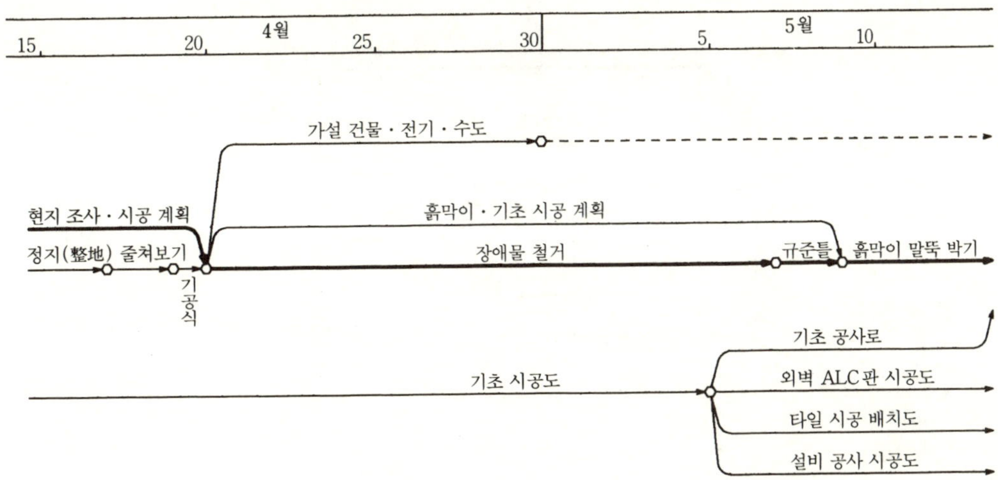

4월
5월
15
20
25
30
5
10
가설 건물 · 전기 · 수도
현지 조사 · 시공 계획
흙막이 · 기초 시공 계획
정지(整地) 줄쳐보기
장애물 철거
규준틀
흙막이 말뚝 박기
기공식
기초 공사로
기초 시공도
외벽 ALC판 시공도
타일 시공 배치도
설비 공사 시공도

2.1 개설

현장 작업은 우선 가설 공사로부터 시작한다. **가설 공사**란 목적한 건축물을 시공하기 위해 필요로 하는 공사용 가설 재료·설비를 조립 또는 설치하고, 공사 완료 후는 이것을 해체·철거하는 공사이다.

가설 공사는 일반적으로 시공자의 책임하에 계획·실시하고 그 적합 여부가 건축물의 품질, 시공의 능률, 경제성을 좌우한다고 보면 된다. 또한 재해나 공해 발생에도 직접 관계가 되는 중요한 공사이므로 착공 전에는 면밀한 계획을 세우고 계획대로 실시하는 것이 중요하다.

가설 공사는 각종 공사에 공통으로 사용되는 공통 가설 공사와 특정 공사에만 사용되는 직접 가설 공사로 분류되며, 다시 각각 다음과 같이 소분류된다.

- 가설 공사
  - 공통 가설 공사
    - 가설 울타리
    - 가설 건물
    - 기계 기구(측량 기기, 양중기)
    - 동력·급배수 설비
    - 가설 도로
  - 직접 가설 공사
    - 규준틀·먹매김
    - 비계·오름 잔교
    - 안전 방화 설비
    - 기타

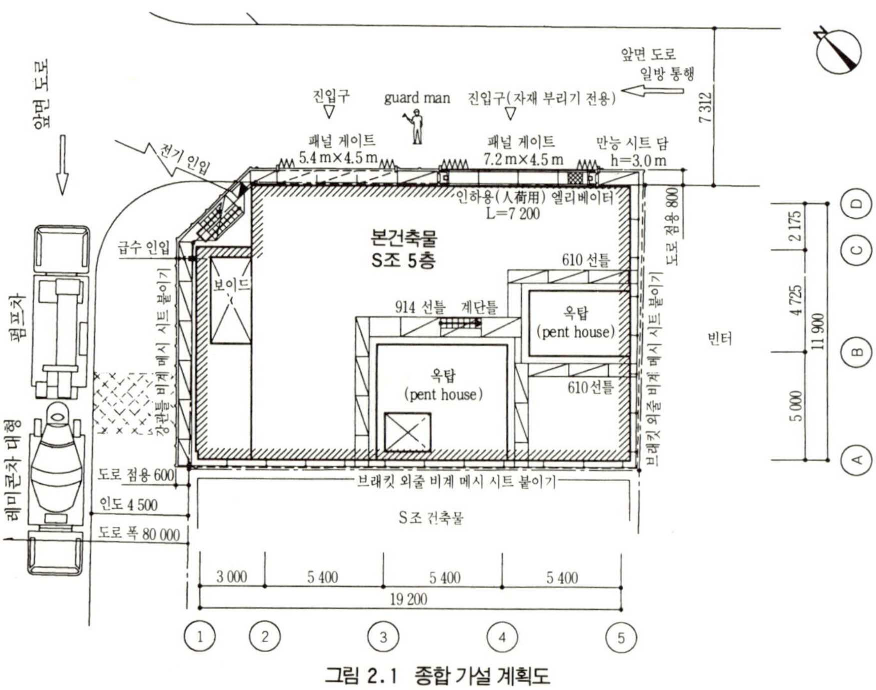

그림 2.1 종합 가설 계획도

가설 공사 중 주요한 것을 계획도에 정리하여 나타내는 것으로 **종합 가설 계획도**가 있다. 실례 공사의 종합 가설 계획도를 **그림 2.1**에 나타낸다. 계획도에는 가설 울타리 · 가설 건물 · 양중 기계 설비 · 안전 설비 · 비계 · 동력 용수 설비 외 가설 도로 등의 위치 · 크기를 표시하고 공사가 원활하고 안전하게 진행되도록 가설물을 배치한다. 이 종합 가설 계획에 의거하여 각 공사에 필요한 가설 계획을 세우고 그 계획에 따라 각기 공사를 시공한다.

2.2 가설 울타리와 문

가설 울타리는 공사 현장을 외부로부터 격리시켜 제3자 재해, 도난, 먼지의 비산 방지 및 미관 유지를 목적으로 설치하는 것이며, 될 수 있는 한 빨리 시공한다(**그림 2.2**). 일반적으로 비계용 원형 강관을 사용하여 바탕을 짜고 거기에 철판(골 철판)을 붙여 가설 담으로 하는 경우가 많지만, 대지에 여유가 없을

그림 2.2 가설 울타리의 설치 상황

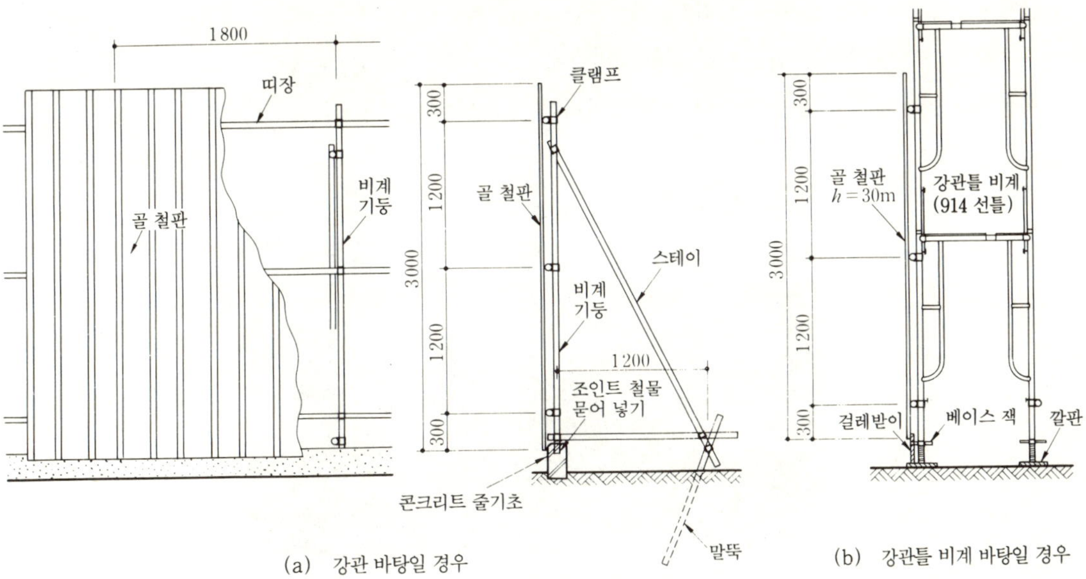

그림 2.3 가설 울타리의 구조

경우는 외부 비계에 직접 철판을 치고 가설 울타리로 할 때도 있다. 높이는 3 m 정도로 하는 경우가 많다. 강풍으로 쓰러지는 일이 없도록 스테이(stay)를 설치하는 등 견고한 구조로 한다(그림 2.3). 철판에는 현장 이미지를 높이기 위해, 또 주변 환경의 미관을 목적으로 풍경이나 만화를 그리기도 한다.

출입구는 도로와 장내의 시설·건축물과의 관계, 출입하는 차량의 형편을 고려하여 그 위치와 크기를 결정한다. 출입구의 문은 셔터를 사용하기도 하지만 주름형(아코디언형)으로 접는 행어(hanger) 방식의 것(패널 게이트)을 사용하는 경우가 많다.

2.3 가설 건물

1. 현장 사무소

현장 사무소는 건축물을 시공하기 위해 현장 직원이 현장에서 업무를 보는 곳이다. 대지의 넓이, 건축하는 건축물과의 위치 관계, 공사 규모에 따라 사무소의 위치·면적·형상 등은 일정하지 않다. 위치는 작업자의 출입이나 모든 자재를 관리하기 쉽고, 현장 전체를 멀리 바라다 볼 수 있는 곳이 바람직하다. 대지 내에 사무소를 지을 여지(餘地)가 없을 때는 땅을 빌어(借地) 짓거나 임대 사무소로 하는 경우도 있다.

사무소 건물은 일반적으로 설치·철거하기 간편한 경량 철골조의 조립 하우스를 사용한다. 지을 사무소가 외구 공사(外構 工事)의 장애가 될 때는 구체 공사(軀體 工事)의 완료를 기다렸다가 시공 중인 건축물로 이전하는 경우도 있다. 내부 마감은 천장·벽을 치장 석고 보드, 바닥을 시트 붙이기 정도로 냉난방을 하는 간소하면서도 쾌적한 환경으로 한다.

사무소에는 사무·회의·제도·갱의(탈의) 등을 할 수 있는 방 또는 스페이스가 필요하며 넓이는 8~10 m²/명을 표준으로 하면 된다. 주된 비품으로는 사무 책상·의자·제도판·책장·칠판·옷장·한난계·벽시계·난방 설비 및 소화기, 이 밖에도 도면 캐비닛·견본 선반·게시판·갱의 로커 이외에 전화·팩시밀리·복사기·워드프로세서 등의 OA 기기를 갖춘다(그림 2.4).

화장실은 별개의 동에 유닛 형식의 것을 설치하는 것이 일반적이다.

그림 2.4 현장 사무소

2. 현장 감리 사무소

감리 사무소는 설계 도서에 그 면적 · 시방 · 비품 등이 나타내져 있지만, 감리자의 의향을 확인하고 나서 시공한다. 보통, 시공자의 사무소와 인접하여 짓든지 또는 위층에 마련한다.

3. 작업자 휴게실

작업자 휴게실은 작업자가 갱의 · 휴식 · 식사 등을 하거나 소도구를 보관하는 곳이다. 휴게실 · 화장실 모두 조립 하우스가 보통이다. 요즘은 특히 간결하고 쾌적한 것이 요구되고 있어 갱의 로커 · 책상 · 의자 등을 갖추고 겨울에는 난방도 한다.

4. 창고

작업장에는 재료 · 기구류를 수납, 보관하기 위한 창고가 필요하다. 잡품 창고 · 시멘트 창고 · 위험물 저장 창고(페인트 · 봄베 두는 곳) 등이 있다.

잡품 창고는 관리하기 쉽도록 사무소 1층에 마련하는 경우가 많다. 시멘트 창고는 요즘은 설치하는 경우가 적지만 비가 새지 않도록 한다.

위험물 저장 창고(도료 · 유류 · 기타 인화성 재료 창고)는 건축물 및 재료 두는 곳에서 격리된 장소를 선정하여 관계 법규, 즉 소방법, 산업 안전 보건법 등에 정하는 바에 따라 방화 구조 또는 불연 구조로 하고 각 출입문은 자물쇠를 달고 소화기를 비치한다.

5. 작업장

작업장(work shop)은 거푸집공과 철근공 등이 비나 더위를 피하고 준비를 하기 위한 공작을 하는 곳이다. 요즘은 사용 재료를 공장에서 가공하여 현장으로 반입하는 경우가 많아 현장에서 설치하는 일이 적어졌다. 단, 미장용 작업장은 현장에서 재료를 배합하기 때문에 현장 내에 마련하고 있다.

2.4 양중 설비

작업장에 반입된 자재 부리기, 높은 곳으로 올리기, 옆으로 이동하기 위해서는 양중기가 없어서는 안 된다. 가설 계획을 하는 시점에서 양중(揚重) 자재의 무게, 크기를 검토하고 사용 목적에 적합한 기종(機種)과 설치 위치를 선정한다.

양중기가 해야 할 역할은 크며 그 이용도 해마다 늘어나고 있지만 반면에 기계와 관계되는 재해 발생도 많이 볼 수 있다. 작업의 안전 확보 · 재해 방지를 도모하기 위해 크레인 등의 안전 수칙을 비롯한 제반 법규가 정해져 있으며, 기계 설치 · 다루기는 신중을 기해야 한다.

양중기의 주된 종류와 형상을 **그림 2.5**에, 능력 · 특징을 **표 2.1**에 나타낸다.

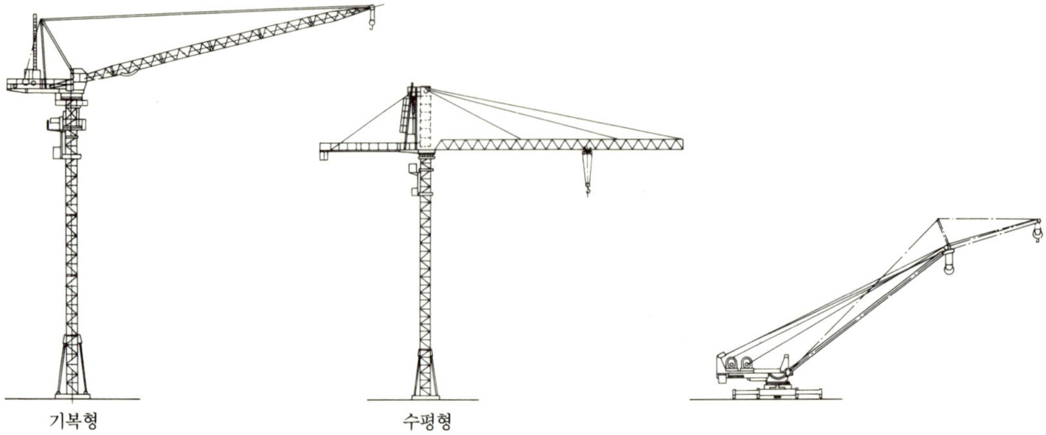

① 타워 크레인 ② 지브 크레인

(a) 정치식 크레인

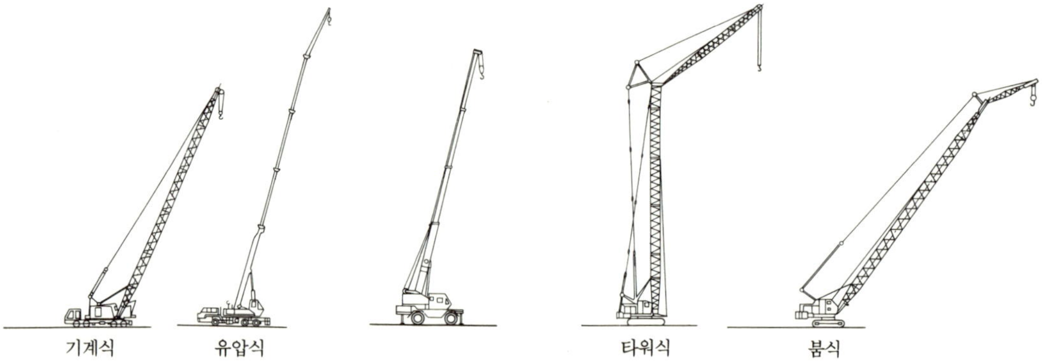

① 트럭 크레인 ② 휠 크레인 ③ 크롤러 크레인

(b) 이동식 크레인

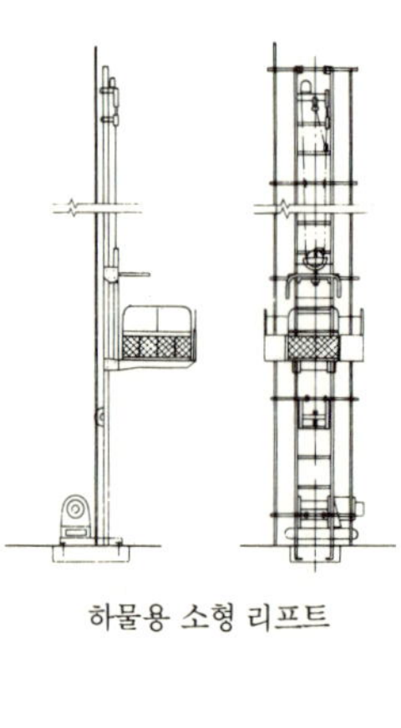

하물용 소형 리프트

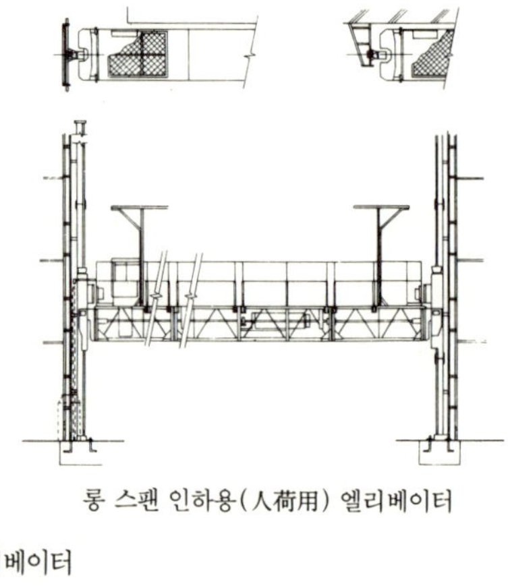

롱 스팬 인하용(人荷用) 엘리베이터

(c) 엘리베이터

그림 2.5 양중기의 주된 종류

표 2.1 양중기의 종류와 능력 및 특징

기능	분류			능력(일반적 기종 개략값) 최대 달하중 (t)	작업 반경 (m)	양정 (m)	특징
수직·수평 복합	크레인	타워 크레인	경사 지브형	1~18 각종	0~50 각종	250	•기종이 많이 있어 공사 규모에 맞는 것을 선택하기 쉽다. •climbing 장치에 따라 크레인 본체를 상승할 수 있다. •자립 높이가 비교적 높고(최대 기종 60 m), 능력에 비해 설치 면적이 작다. •이동식 크레인에 비해 조작면에서 안전성이 뛰어나다. •기초·구조체의 보강 및 해체시 검토가 필요하다.
			수평 지브형	1~12 각종	0~45 각종	100	
		지브 크레인		1~5 각종	1~24 각종	170	•설치면에서 양정(揚程)이 적으므로 가대(架臺) 또는 조립(세우기) 완료된 철골 위에 설치한다. •기체(機體)를 작은 블록으로 해체할 수 있고, 조립·해체하기가 쉽다. •조작이 비교적 간단하다.
	이동식 크레인	트럭 크레인	유압식	6~200 각종	3~45 각종	80	•노상(路上) 주행을 할 수 있어 이동 성능이 뛰어나다. •유압식은 모든 장비를 달고 주행할 수 있고, 현장에서는 붐(boom)을 자유 자재로 신축할 수 있으므로 기동성이 좋다. •기계식은 붐 조립·해체에 소형 양중기 및 장소가 필요하다. •다소 경사지에서도 아웃트리거를 내뻗치면 작업할 수 있다. •주행 노반 및 아웃트리거 받침 부분에 내력이 필요하다.
			기계식	15~230 각종	5~65 각종	110	
		휠 크레인		3~45 각종	2~30 각종	50	•모든 장비 그대로 노상 주행할 수 있고, 현장에서는 붐을 자유 자재로 신축할 수 있으므로 기동성이 좋다. •작게 돌 수 있고(기종에 따라 사륜(四輪), 옆 주행 가능), 좁은 곳에서 작업을 쉽게 할 수 있다. •사륜(四輪) 구동의 기종이 있다.
		크롤러 크레인	경사 붐형	15~650 각종	3~80 각종	120	•현장으로 반입시에는 운반차가 필요하다. •붐 조립·해체에는 소형 양중기와 장소가 필요하다. •무한궤도로 이동하고 아웃트리거 없이 작업할 수 있다. •짐을 매단 채 다소 이동할 수 있다. •타워형은 받아들이는 범위가 넓어 좁은 곳에서도 고양정을 확보할 수 있다.
			타워형	8~25 각종	3~30 각종	140	
수직	공사용 엘리베이터	인하용 엘리베이터 롱 스팬 엘리베이터		적재 하중 0.4~2.2		100 (고속 리프트) 240	•승강 기구(機構)가 rack and pinion식과 wire식이 있다. •래크 앤드 피니언식은 래크(mast)의 다리 잇기가 쉽다. 비교적 안전성이 좋고 인하(人荷) 겸용 엘리베이터가 많다. •리프트에 사람을 태울 수 없다.
	건설용 리프트	고속 리프트 1개 구조 리프트 2개 구조 리프트		적재 하중 0.7~1.8			

주) •크레인류의 능력은 모멘트(정격 하중(t)×작업 반경(m))로 표시되는 것도 있다. 일반적으로 작업 반경이 크게 될수록 달하중은 작아진다.

2.5 동력 · 급배수 설비

전력의 주된 용도는 기계용 동력 · 용접 · 조명이다. 소규모 현장의 경우는 저압 수전(低壓 受電)으로 처리할 수 있지만, 소비 전력이 크고 수전 용량이 일정량(50 KVA)을 초과할 경우는 변전 설비를 장내에 설치하여 고압 수전으로 한다.

물은 생활 용수 외에 공사용으로서 청소 · 살수용과 모르타르류의 비빔 용수로서 쓰인다. 말뚝 박기 공사가 있을 때는 단기간이나마 다량의 물을 필요로 하므로 수도의 인입 관지름은 말뚝 공사에 필요한 수량(水量)에 따라 결정하는 경우가 많다.

전력, 급수 모두 신청하고부터 인입까지 상당한 일시를 요하므로 공사가 결정되면 빨리 필요 용량을 결정하고 인입 절차를 밟는다.

현장에서 발생하는 잡배수 · 빗물 · 지하수는 공공 하수도에 직접 방류해도 되지만 말뚝 박기 공사 · 콘크리트 공사 및 미장 공사에서 발생하는 알칼리분이나 이분(泥分)을 함유한 오수는 건축 조례에 따라 제해(除害) 처리를 한 다음에 배수한다.

2.6 줄쳐보기 · 규준틀 · 기준점(bench mark)

1. 줄쳐보기

공사에 착수하기 전에 대지 내에 이제부터 건축하고자 하는 건축물의 줄쳐보기를 한다. **줄쳐보기**란 건축물과 대지의 위치 관계, 도로나 인접 건축물과의 위치 관계를 확인하기 위해 지면에 줄(노끈 따위) 또는 비닐 끈 · 석회 등을 사용하여 건축물의 평면 도형을 만들어 내는 작업이며, 일반적으로 건축물의 외곽선에 따라 줄쳐보기를 한다. 차양이나 발코니 등이 있으면 그들도 표시한다.

줄쳐보기를 할 때는 감리자(설계자)의 입회하에 설계도의 판독법, 줄쳐보기 작업 순서와 경과를 보고하고 건축물의 설계 기본이 되는 건축물과 경계선이나 인접 건축물과의 거리에 대해서 승인을 받는다.

2. 규준틀

줄쳐보기로 건축물의 위치가 정해지면 그것을 기준으로 하여 규준틀을 건축물 모서리 및 기타 요소에 설치한다. **규준틀**은 건축물의 중심 설정선 외에 높이 기준을 명확하게 나타내기 위한 것이다. 따라서 작업은 정확하게 해야 하며 감리자의 확인을 받고 규준틀이 이동하지 않도록 견고하게 설치한다.

그림 2.6은 옛날부터 해온 규준틀의 일례이다. 규준틀은 말뚝과 규준틀 꿸대로 구성되며 높이의 기준을 나타내기 위해 이 꿸대를 수평으로 박아 붙이고 그 꿸대에 중심을 설정(중심 내기)하는 먹매김을 한다.

이런 규준틀은 소규모인 일반 주택 정도의 건축물의 경우에는 이점이 있지만, 대형 공사의 경우와 대부분 기계 작업으로 하는 공사에서는 규준틀이 파손된다든지 작업에 지장을 초래하는 경우가 있으므로

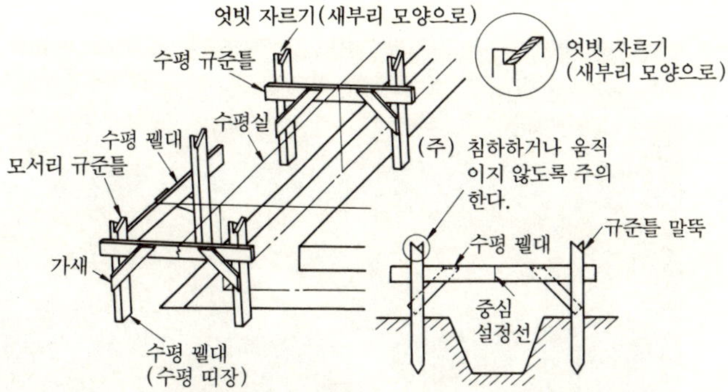

그림 2.6 일반적인 규준틀의 예

이러한 규준틀 방법으로 하지 않고, 다음 항에서 든 바와 같이 기준점을 설치하고 기준으로 하는 경우가 많다.

3. 기준점(bench mark)

건축 공사에서 **벤치 마크**(B.M.)란 건축물 위치와 높이를 결정하는 기준점을 말한다. 그러므로 벤치 마크는 공사를 진행할 때 기준이 되는 것이므로 이동할 염려가 없고 또 공사가 완료하기까지 보전하기 쉬운 전망이 좋은 곳에 설치한다.

벤치 마크는 일반적으로 **그림 2.7**과 같이 중심 설정선 연장선 위의 양끝에 설치하는 경우가 많다.

그림 2.8과 같이 나무 말뚝을 박고 말뚝 윗면에 중심 설정선을 먹으로 표시한다. 나중에 먹이 지워져 알 수 없게 되는 경우가 있으므로 중심먹(심먹)에는 못을 박아 둔다. 또 말뚝이 이동하지 않도록 기반을 콘크리트로 단단히 하고, 또 파손 방지를 하기 위해 주위를 둘러싸서 방호한다. 말뚝 대신에 콘크리트 포

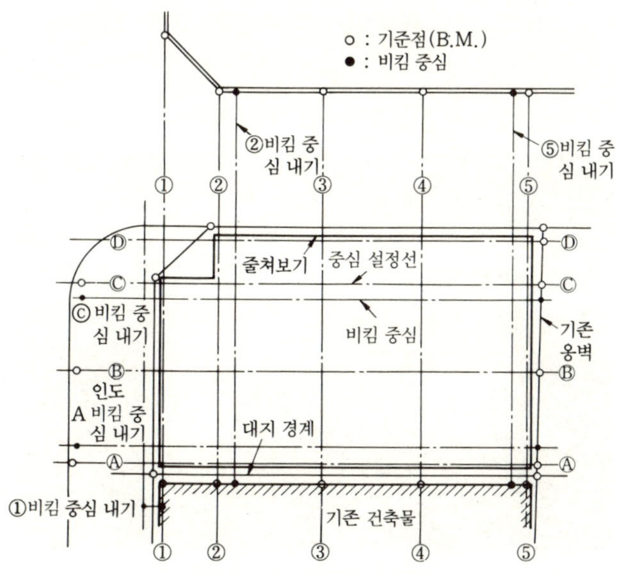

그림 2.7 기준점(B.M.) 잡는 법

그림 2.8 나무 말뚝에 위치 잡기한 기준점

그림 2.9 콘크리트벽 또는 포장 바닥에 위치 잡기한 기준점

그림 2.10 기존 벽에 마련한 높이를 나타내는 기준점

장 바닥이 이동하지 않도록 표시하는 경우도 있다(**그림 2.9**). 어느 경우도 트랜싯을 설치할 수 있는 장소를 선정한다.

높이의 기준이 되는 벤치 마크는 침하할 염려가 없는 주변의 기존 건축물의 벽에 표시한다. 위치의 기준이 되는 벤치 마크와 동일 장소에 할 필요는 없다. 높이 표시는 기준 높이보다 1 000 mm 올려 하는 경우가 많은데 그때 Z_0+1 000 mm 또는 G.L.+1 000 mm 등으로 표시한다. **그림 2.10**은 인접 구조물의 벽면에 G.L.+1 000 mm로 표시한 것을 나타낸 것이다.

2.7 비계

고소 작업을 하기 위해 **비계**를 설치한다. 비계에는 건축물의 외주면에 따라 가설(架設)하여 구체 공사에서 외장 마감 공사까지 작업에 사용하는 **외부 비계**와 건축물 내부에서 벽·천장 등의 작업에 사용하는 **내부 비계**가 있다.

비계는 사용 목적, 설치 장소, 재료에 따라 여러 가지가 있으며 작업 바닥, 자재 임시 두는 곳 또는 통로로서도 쓰이기도 한다. 어느 것이나 구조·형상·설비가 안전하고 또한 능률적이며 더구나 경제적이어야 한다. 특히 안전면에서 그 구조·유지 관리에 대해서 산업 안전 보건법에 그 기준이 정해져 있다.

비계 재료는 옛날에는 통나무가 쓰여 왔지만, 지금은 거의 강제(단관 또는 강관틀)가 쓰이고 있으며 구조·형식 등으로 분류하면 다음과 같다.

- 비계
  - 쌍줄 비계
    - 단관 쌍줄 비계
    - 강관틀 쌍줄 비계
  - 외줄 비계
    - 띠장널 외줄 비계
    - 브래킷식 외줄 비계
  - 선반 비계
  - 달비계
    - 달틀 비계·조롱 비계
    - 달선반 비계
  - 이동식 비계
    - 곤돌라식 승강 비계
    - 롤링 타워
    - 고소 작업차
  - 기타
    - 가대(架臺) 비계
    - 접사다리(또는 발돋움대)

각 비계의 종류를 **그림 2.11**에 나타낸다.

그림 2.12는 실례 공사의 외부 비계 계획도이다. 동쪽은 대지에 비계를 설치할 여유가 없으므로 도로 점용의 허가를 받아 강관틀 비계를, 서쪽은 이웃집과 밀접되어 있어 쌍줄 비계를 세울 수 없으므로 브래킷 외줄 비계가 계획되었다.

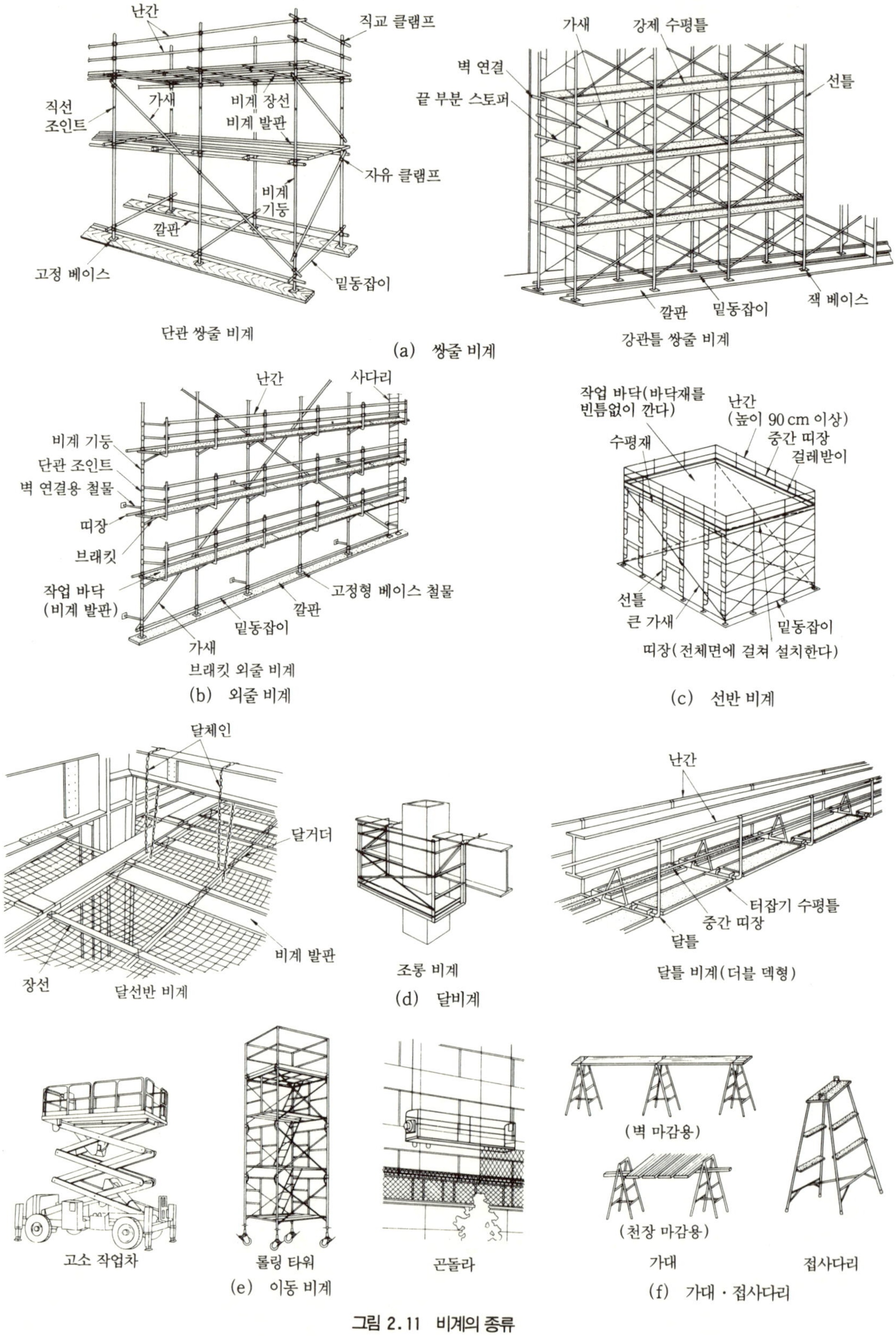
난간
직교 클램프
직선
조인트
가새
비계 장선
비계 발판
자유 클램프
비계
기둥
깔판
고정 베이스
밑동잡이
단관 쌍줄 비계
가새
강제 수평틀
벽 연결
끝 부분 스토퍼
선틀
깔판
밑동잡이
잭 베이스
강관틀 쌍줄 비계
(a) 쌍줄 비계
난간
사다리
비계 기둥
단관 조인트
벽 연결용 철물
띠장
브래킷
작업 바닥
(비계 발판)
고정형 베이스 철물
깔판
밑동잡이
가새
브래킷 외줄 비계
(b) 외줄 비계
작업 바닥(바닥재를
빈틈없이 깐다)
난간
(높이 90 cm 이상)
수평재
중간 띠장
걸레받이
선틀
큰 가새
밑동잡이
띠장(전체면에 걸쳐 설치한다)
(c) 선반 비계
달체인
달거더
비계 발판
장선
달선반 비계
조롱 비계
난간
터잡기 수평틀
중간 띠장
달틀
달틀 비계(더블 덱형)
(d) 달비계
고소 작업차
롤링 타워
곤돌라
(e) 이동 비계
(벽 마감용)
(천장 마감용)
가대
접사다리
(f) 가대 · 접사다리

그림 2.11 비계의 종류

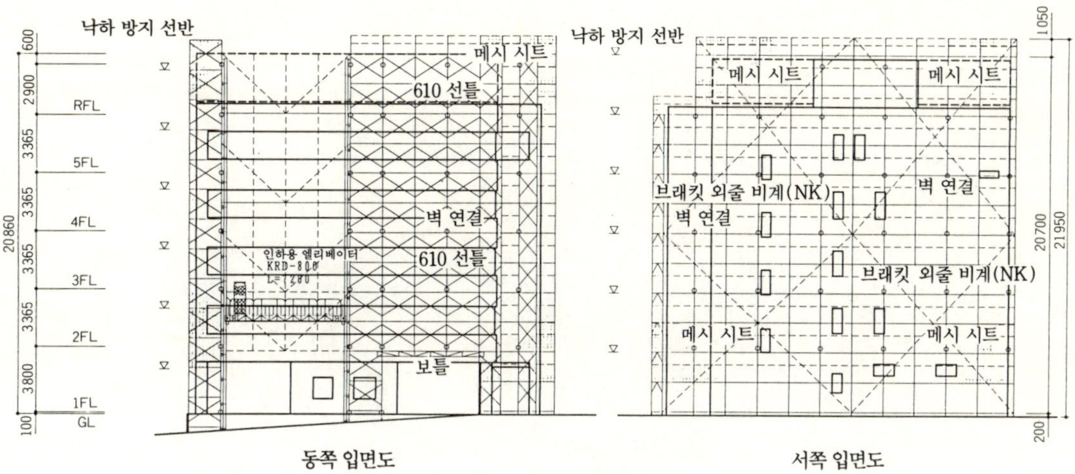

그림 2.12 외부 비계 계획도

2.8 안전 방재 설비

건축 공사에 수반한 작업자측의 노동 재해, 일반 통행인 · 근린 주민 · 인접 시설에 대한 제3자의 재해, 소음 · 진동 · 분진 등의 공해 방지를 위해 안전 설비를 한다. 재해 방지에 대해서는 산업 안전 보건법을 비롯하여 각종 법규가 있는데, 시공자는 이들을 잘못하여 빠뜨리는 일이 없도록 적극 노력한다.

표 2.2는 재해 방지를 위한 설비와 기능을 나타낸 것이다.

표 2.2 재해 방지에 필요한 안전 설비

기 능	안 전 설 비
추락 방지	안전한 작업 바닥 · 난간 · 울짱 · 개구부 뚜껑(덮개)
	추락 방지망(안전 네트) · 구명삭 · 메인 로프
비래 · 낙하 방지	보양 철망 · 보호 철망(protective shelf)
비산 방지	보양 시트 · 보양 철망
소음 방지	방음 시트 · 방음 패널
화재 방지	소화기
공기 오염 방지	환기 설비

제3장 기 초 공 사

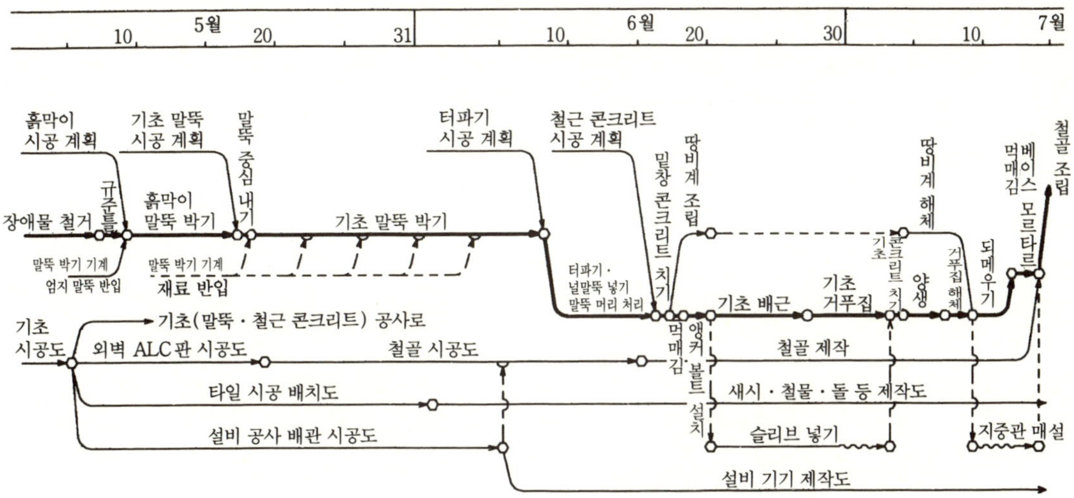

5월
6월
7월
10
20
31
10
20
30
10
흙막이 시공 계획
기초 말뚝 시공 계획
말뚝 중심 내기
터파기 시공 계획
철근 콘크리트 시공 계획
장애물 철거
규준틀
흙막이 말뚝 박기
기초 말뚝 박기
말뚝 박기 기계
엄지 말뚝 반입
말뚝 박기 기계
재료 반입
터파기 · 널말뚝 넣기 말뚝 머리 처리
밑창 콘크리트 치기
땅비계 조립
먹매김
앵커 볼트 설치
기초 배근
기초 거푸집
기초 콘크리트 치기
양생
거푸집 해체
땅비계 해체
되메우기
베이스 모르타르
먹매김
철골 조립
기초 시공도
기초(말뚝 · 철근 콘크리트) 공사로
외벽 ALC판 시공도
철골 시공도
철골 제작
타일 시공 배치도
새시 · 철물 · 돌 등 제작도
설비 공사 배관 시공도
슬리브 넣기
지중관 매설
설비 기기 제작도

3.1 기초 공사의 명칭과 공사 종류

기초는 상부 구조에서 걸려 오는 하중을 지반에 전하기 위해 설치하는 것이며, **그림 3.1**과 같이 하중을 직접 지지 지반에 전하는 **직접 기초**와 지반이 연약하기 때문에 말뚝을 개입시켜 지지 지반에 전하는 **말뚝 기초**의 두 종류가 있다. 기초는 기초 슬래브와 말뚝을 통틀어 **기초 구조**라고 부르기도 한다. 기초 슬래브 아래에 설치하는 밑창 콘크리트, 깔자갈, 잡석 등은 지정(地定)이라고 하여 기초와 구별하고 있다.

기초는 상부 구조체를 지지하는 중요한 구조 부분이며 이것을 만드는 기초 공사도 건축 공사 가운데에서 가장 중요한 것으로 자리매김하고 있다.

이 장에서는 기초 구조인 말뚝・기초 슬래브 등의 공사 이외에 그에 따른 토공사・흙막이 공사를 포함한 것을 **기초 공사**라고 하며 이들 공사의 진행 방법을 다음에 기술한다.

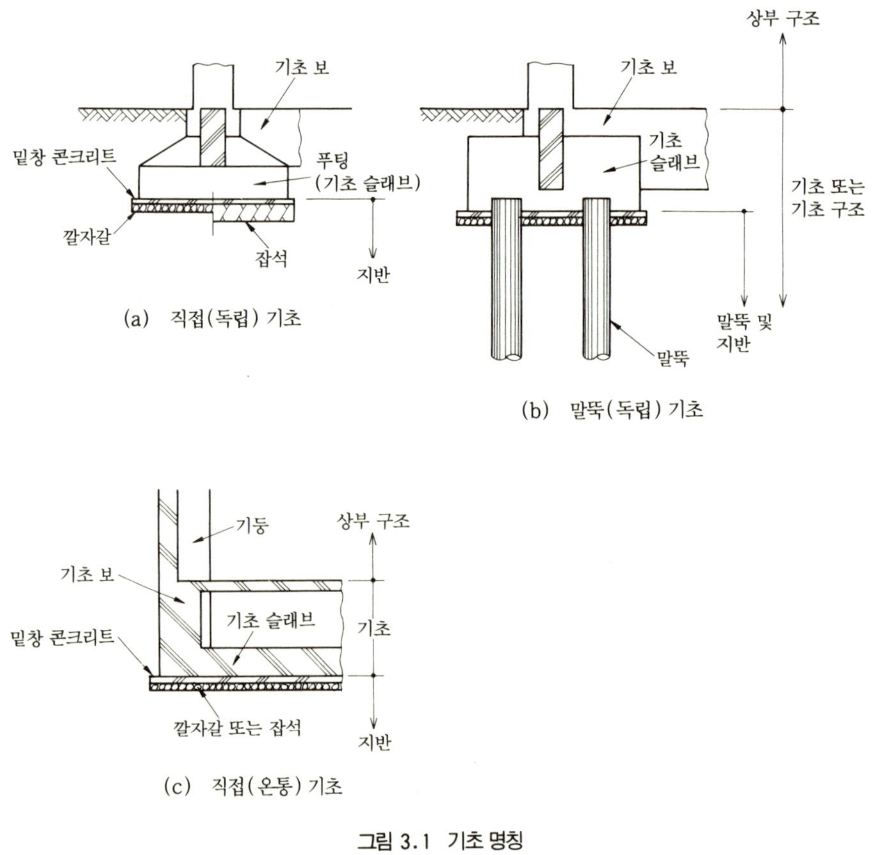

그림 3.1 기초 명칭

3.2 말뚝 공사

1. 개설

말뚝은 지지 형식에 따라 말뚝 주면(周面) 마찰력으로 하중을 지반에 전하는 **마찰 말뚝**과 연약 지반을 관통하여 경질 지반까지 말뚝을 도달시켜 하중을 전하는 **지지 말뚝**으로 대별된다.

한편, 말뚝의 형성 방법 및 시공법에서는 다음과 같이 분류된다.

- 말뚝
  - 기성 말뚝 (RC, PC, PHC, SC, S, 기타)
    - 박아 넣기 공법
      - 드롭 해머
      - 유압 해머
      - 디젤 해머
      - 바이브로 해머
    - 묻어 넣기 공법
      - 프리보링
      - 내부 굴착(中掘)
      - 회전 압입
  - 현장 치기 말뚝 (RC)
    - 현장 치기 공법
      - 리버스 서큘레이션
      - 어스 드릴
      - 올 케이싱(베노토)
      - 심초
      - BH
      - 기타

주) RC : 철근 콘크리트
PC : 원심력 프리스트레스트 콘크리트
PHC : 고강도 원심력 프리스트레스트 콘크리트
SC : 강관 감은 고강도 콘크리트
S : 강관, H 형강

기성 말뚝(또는 기제 말뚝)은 공장에서 제조하므로 품질이 안정된 반면에 시공면에서는 말뚝재의 수송, 그 설치법, 말뚝 머리 처리 방법 등에 다소 문제가 있다. 특히 박아 넣기식 공법으로 말뚝을 박는(설치하는) 경우는 소음·진동 등의 공해를 수반하므로 시가지에서 적용하는 사례는 매우 적다.

한편, **현장 치기 콘크리트 말뚝**은 지지 지반까지 지반을 천공하여 지상에서 조립한 철근 망태를 그 천공 구멍에 삽입하고 콘크리트를 부어 넣어 말뚝으로 하는 것이므로, 말뚝 지름을 크게 할 수 있으며 큰 지지력을 얻을 수 있고 또 저공해형 공법이므로 폭 넓게 이용되고 있다. 그러나 부어 넣은 콘크리트의 품질 확보, 천공에 따른 지반의 느슨함 방지 대책, 말뚝 선단의 슬라임 처리 방법 등 시공면에서 주의해야 할 사항이 많다.

2. 공사 개요

실례 공사에서는 기성 고강도 프리스트레스트 콘크리트 말뚝(PHC 말뚝)의 프리보링 밑다짐 공법을 채용하고 있다. 어스 오거로 지반을 천공하고 그 천공 구멍에 말뚝을 세워 넣어 지지 말뚝으로 하는 것이다. 말뚝 지름 450 mm, 말뚝 길이 33 m(9 m+12 m+12 m)를 3개 이은 말뚝이다.

말뚝 시공은 **그림 3.2**와 같은 작업 과정에 따라 한다.

말뚝의 설치 작업은 **그림 3.3**의 공법 해설도에 나타낸 바와 같이 말뚝 박기 기계에 장치된 스파이럴

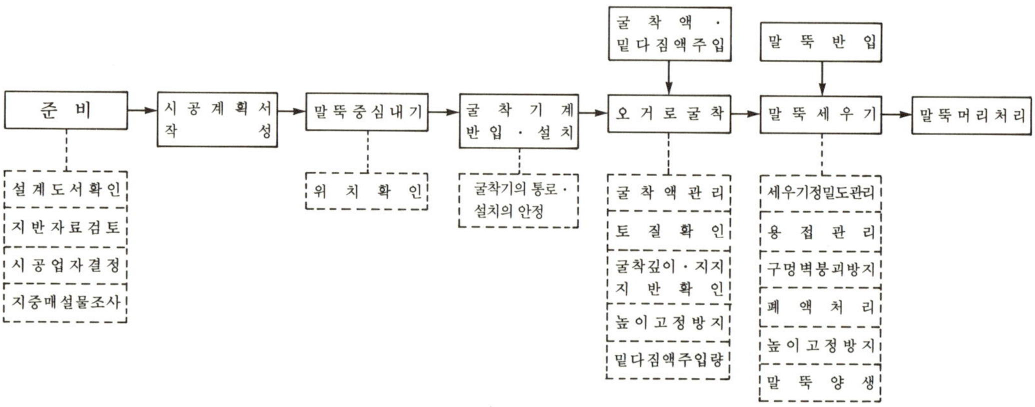

그림 3.2 말뚝 공사의 작업 과정

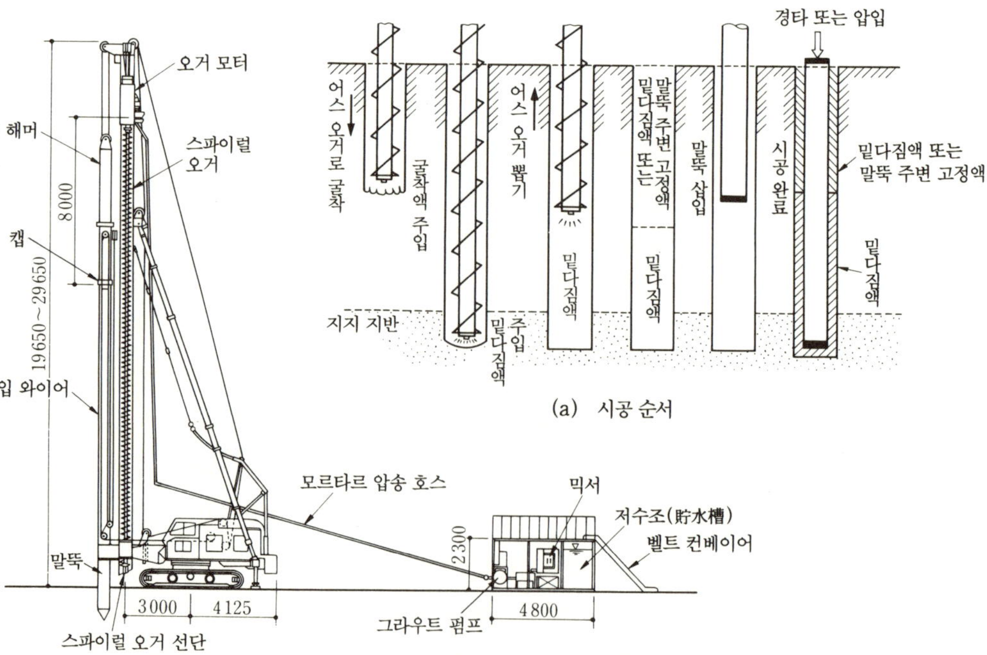

(b) 시공 기계

그림 3.3 프리보링 밑다짐 공법의 설명도

오거 선단에서 굴착액을 분출시켜 구멍벽(孔壁) 붕괴를 방지하면서 굴착한다. 소정의 깊이에 이른 시점에서 굴착액을 밑다짐액으로 바꾸고 지지층의 모래·자갈과 잘 혼합 교반한다. 그후 말뚝 주변 고정액을 충전하면서 오거를 뽑아 올리고 굴착 구멍을 형성한다. 다음에 말뚝을 구멍 속에 정밀도 있게 잘 세우고 그 선단을 소정의 지지 지반에 정착시킨다. 시공시에는 기초 말뚝의 품질 확보를 도모할 뿐만 아니라 길고 무거운 말뚝재와 대형 중기를 사용하므로 반입에 관한 운용 계획, 작업시 사고 방지 및 굴착으로 생기는 폐토·폐액 처리 등 공해·안전면에 대해서도 반드시 고려해야 한다.

3. 준비 작업

(1) 시공업자 선정

실례 공사에서 하는 기성 말뚝의 프리보링 밑다짐 공법은 박아 넣기 공법과 마찬가지로 박아 넣을 때 침하량으로 내력을 확인할 수 없으므로 소정의 내력이 확보되고 있는지 전체 수에 대해서 확인하기가 곤란하다. 따라서 말뚝 기초의 신뢰성은 시공업자의 기술력에 의존할 수밖에 없다. 시공업자를 선정할 때는 업자의 공사 실적, 보유 기계의 종류와 능력, 시공 관리 체제 등에 대해서 검토한다.

(2) 시공 계획서 작성

시공하기 전에 시공업자와 협의하여 시공 계획서를 작성하고 감리자의 승인을 받는다. 시공 계획서에 첨부하는 말뚝의 배치도(**그림 3.4**)에는 다음과 같은 사항을 명기한다.

① 말뚝 중심과 중심 설정선과의 관계

② 박는 말뚝의 종류·말뚝 지름·말뚝 길이

③ 말뚝 머리의 높이 또는 기초 밑바닥 높이

④ 말뚝 번호

⑤ 말뚝의 시공 순서

(3) 작업 지반 확보

1) 말뚝 공사를 하기 전에 대지 내 및 주위 구조물에 대해서 조사하고 말뚝 박기 작업에 장애가 되는 것이 있으면 철거한다. 철거할 수 없는 것이 있으면 말뚝 위치를 변경하는 등의 대책을 세운다.

   땅속에 상하수도관·가스관·전화 케이블 등이 있을 때 그들에 접촉하면 중대한 사고로 이어지는 일이 있으므로 자료 조사 뿐만 아니라 시험 굴착(이하 "시굴"이라 한다)도 하여 필요하다면 철거 또는 이설한다.

2) 작업 지반이 연약하면 말뚝 박기 기계의 안정성이 떨어지고 말뚝의 시공 정밀도와 작업의 안전성 확보에 영향을 끼치는 일이 있으므로 철판을 깔든지 지반 개량을 하여 지반의 안정을 도모한다.

   지반이 경사져 있을 경우는 평평하게 정지(整地)한다.

(4) 말뚝 중심 내기

작업 지반이 조성되면 말뚝 배치도에 의거하여 말뚝 중심 내기를 한다. 벤치 마크에서 트랜싯과 강제 줄자를 사용하여 XY 각 방향의 중심 설정선 위에 나무 말뚝을 박아 넣고 그 윗면에 심먹(중심먹)을 정확하게 측량하여 기록한다. 다음에 XY 양 방향에 수평실을 치고 이것을 기준으로 하여 각 말뚝의 중심

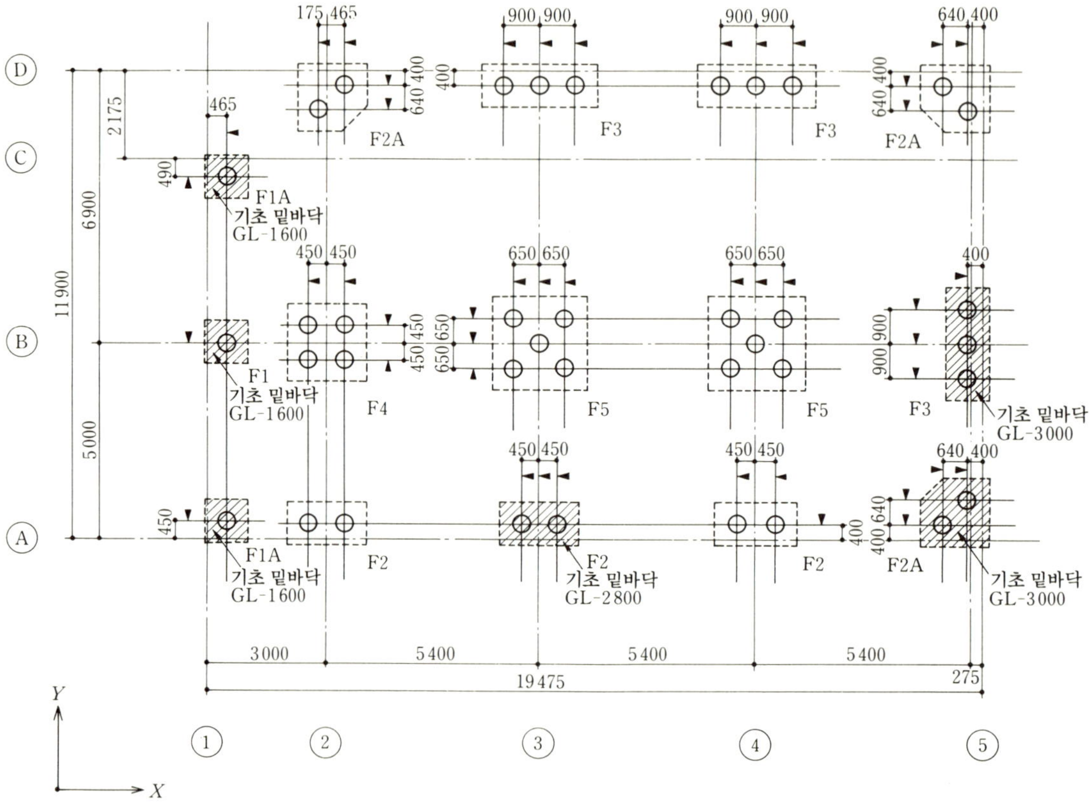

특기하지 않는 한 다음에 따른다.
(1) ◄표는 말뚝 중심으로 한다. (2) 기초 밑바닥은 GL－1 800으로 한다.

말뚝[1] 시방	
말 뚝 공 법	시멘트 밀크 주입 공법
말 뚝 종 류	PHC 말뚝 윗말뚝 9 m B종[2] · 중간 말뚝 12 m A종 · 아래 말뚝 12 m A종
말 뚝 지 름	450φ

1) 말뚝 번호는 지면 사정으로 생략한다.
2) 말뚝 종류는 유효 프리스트레스에 따라 A종(392 N/mm²), B종(785 N/mm²), C종(981 N/mm²)으로 구분하고 있다.

부호	피트 수	개소 수	소계	말뚝 실제 길이
F1	1	1	1	33M
F1A	1	2	2	33M
F2	2	3	6	33M
F2A	2	3	6	33M
F3	3	3	9	33M
F4	4	1	4	33M
F5	5	2	10	33M
합계			38 피트	

그림 3.4 말뚝 배치도

그림 3.5 말뚝 중심 내기

내기를 한다. 말뚝 중심 내기 작업 광경을 **그림 3.5**에 나타낸다.

일반적으로 말뚝 중심에는 중심 말뚝으로서 ϕ10 mm 정도의 봉강을 박아 넣는다. 중심 말뚝이 작업에 장애가 된다든지 작업으로 소멸(消滅)하지 않도록 봉강은 지표보다 가라앉혀 둔다. 봉강(말뚝 중심)을 나중에 찾아내기 쉽도록 봉강 머리부에는 10# 정도의 강선을 설치하고 여기에 페인트칠을 해둔다.

4. 말뚝 설치 작업

(1) 시공 설비 · 기계 설치

말뚝 공사를 할 때는 **그림 3.6**과 같은 각종 설비가 필요하다. 말뚝 박기 기계 이외에 모르타르 플랜트(믹서, 그라우트 펌프), 발전 설비(오거 구동용, 용접용), 급수 설비, 배토용 유압 셔블 등을 준비한다.

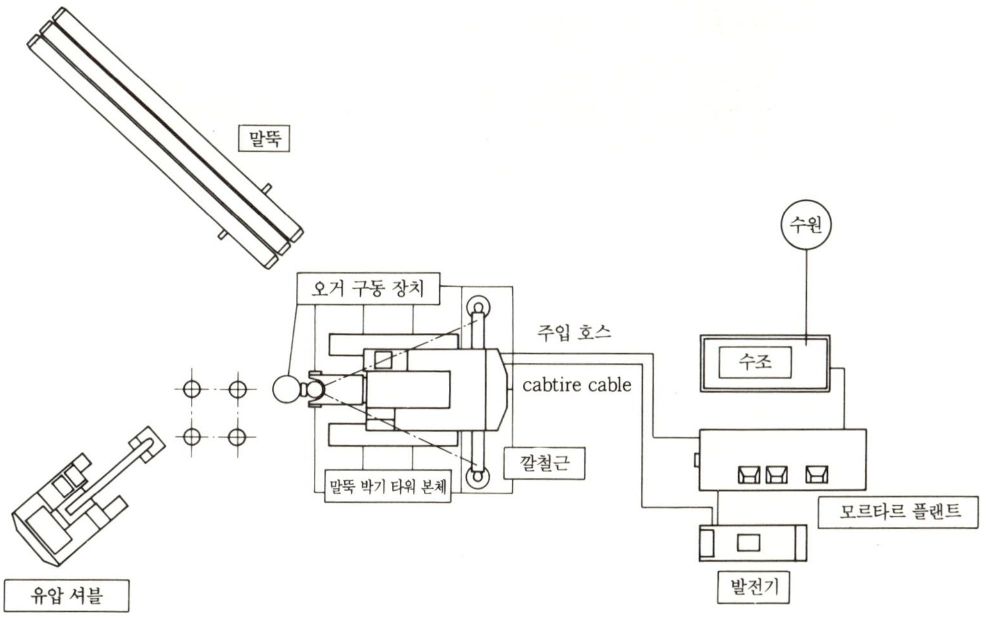

그림 3.6 말뚝 박기 설비의 개요

말뚝 박기 기계 아래에는 지반 보강을 위해 철판을 깔아 말뚝 박기 기계의 안정을 도모한다.

(2) 말뚝 반입 · 검사

말뚝재가 반입되면 소정 위치에 말뚝재를 내리고 재료를 체크한다.

1) 말뚝 짐부리기는 반드시 2점 지지로 한다. 정해진 지지점(양끝에서 말뚝 길이의 1/5점)에 걸쇠 걸이하고 충격을 주지 않도록 주의하면서 한다.

   평평한 지반 위에 침목(枕木)을 말뚝 지지점 위치에 깔고 말뚝재를 임시로 둔다. 원칙으로 1단으로 하고 이동하지 않도록 쐐기를 끼워 둔다.

2) 말뚝재에는 **그림 3.7**과 같이 말뚝의 종류 · 치수 등이 표시되어 있으므로 반입시에 설계 도서와 틀리지 않는지 확인한다.

   그때 말뚝 표면의 결손, 균열 유무에 대해서 검사하고 결함이 있으면 사용해서는 안된다.

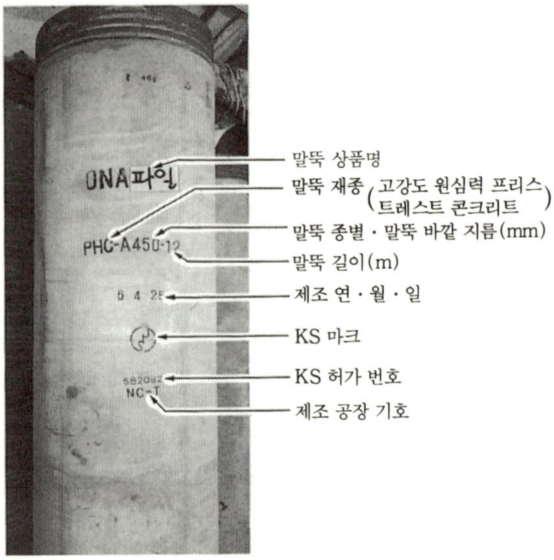

그림 3.7 말뚝 표시 사항

(3) 말뚝 박기 구멍 굴착

1) 말뚝을 정확한 위치에 박기 위해 계획서의 시공 순서에 따라 말뚝 박기 공사를 한다. 말뚝 박기 기계 오거를 말뚝 중심에 맞춰 직각의 두 방향에서 트랜싯 또는 다림추로 오거 수직도를 확인하면서 바르게 설치한다(**그림 3.8**).

   오거 길이는 굴착 깊이보다 3 m쯤 긴 것으로 하고 오거 헤드의 지름은 말뚝 지름보다 100 mm 정도 큰 것을 사용한다.

2) 굴착은 오거 선단에서 굴착액을 분출시키면서 오거를 회전한다.

   굴착액은 구멍벽의 안정을 도모하기 위해 사용하는 것인데 일반적으로는 말뚝 주변 고정액과 겸용하는 경우가 많다. 굴착은 지질에 적합한 속도로 충분히 시간을 두고 한다.

그림 3.8 트랜싯을 이용한 오거 수직도의 확인 광경

표 3.1 굴착액의 배합 예(말뚝 주변 고정액)

벤토나이트 (kg)	시멘트 (kg)	물 (l)	비빔량 (m^3)
25	120	450	0.500

※ 사용량
굴착 및 구멍벽 붕괴를 막기 위해 필요한 양을 사용한다. 필요한 양은 굴착 시간, 지반 경도 및 일수(逸水)에 따라 양이 변한다.

표 3.2 굴착 속도의 표준

지　　질	굴착 속도(m/min)
실트·점토·느슨한 모래 단단한 점토·중간 정도 조밀한 모래 조밀한 모래·자갈	5 이하 4 이하 3 이하

표 3.3 밑다짐액 배합

말뚝 지름(mm)	시멘트(kg)	물(l)	비빔량(m^3)
450	560	400	0.578

충전량 2 m(말뚝 삽입 전)
배합량 W : C=1 : 1.4=70%

표 3.1은 표준 굴착액(말뚝 주변 고정액)의 배합 예이며, 표 3.2는 굴착 속도의 표준을 나타낸 것이다.

3) 오거의 지지 지반에의 도달은 굴착 속도를 일정하게 유지한 상태에서 모터 전류값의 변화 상황과 오거로 배출시킨 토사와 토질 주상도의 지질을 대비하여 확인한다. 지지층에 도달하고부터 굴착 깊이는 1.5 정도로 한다.

4) 굴착이 예정 깊이에 이르면 오거를 정회전시킨 그대로 선단에서 밑다짐액을 분출시키면서 뽑는다. 이때 오거를 너무 빨리 뽑으면 구멍 속에 부압이 생겨 구멍벽이 무너지는 수가 있으므로 주의하여 천천히 뽑는다.

밑다짐액은 말뚝 선단보다 2 m 이상 높이를 확보할 수 있도록 주입한다. 표준 배합을 **표 3.3**에 나타낸다.

(4) 말뚝 세우기

1) 굴착이 완료되면 될 수 있는 한 빨리 말뚝을 세운다. 이때 말뚝을 매다는 점의 위치는 **그림 3.9**에 나타낸 $l \fallingdotseq 2$ m 위치에서 한다(RC 말뚝은 따로 검토한다). 말뚝을 구멍에 삽입할 때 말뚝 선단이 구멍벽에 닿아 구멍벽을 손상시킬 염려가 있으므로 말뚝 세우기는 수직으로 하여 가만히 자중(自重)으로 가라앉게 한다.

먼저 아래 말뚝(또는 중간 말뚝)의 말뚝 머리가 지상 1 m 정도의 높이가 될 때까지 말뚝을 삽입하되 말뚝이 구멍 속으로 낙하하지 않도록 유지 지그를 사용하여 고정한다.

다음으로 중간 말뚝을 달아 넣되 아래 말뚝과 중간 말뚝 상하 말뚝의 축심(軸心)이 일직선이 되도록 또 이음 부분이 어긋나지 않도록 중간 말뚝을 수직으로 세워 넣는다(**그림 3.10**).

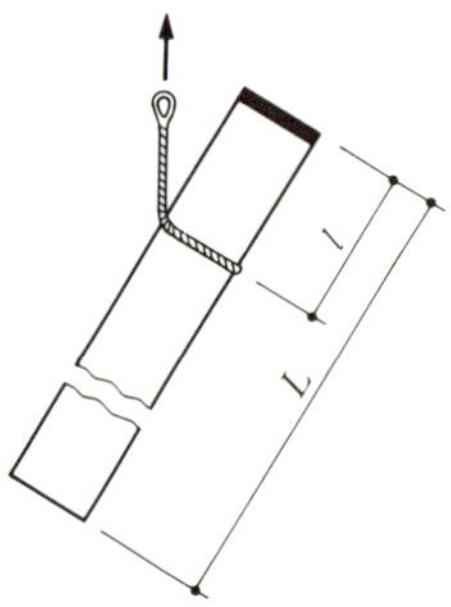

그림 3.9 말뚝 세우기에 대한 매다는 점 위치

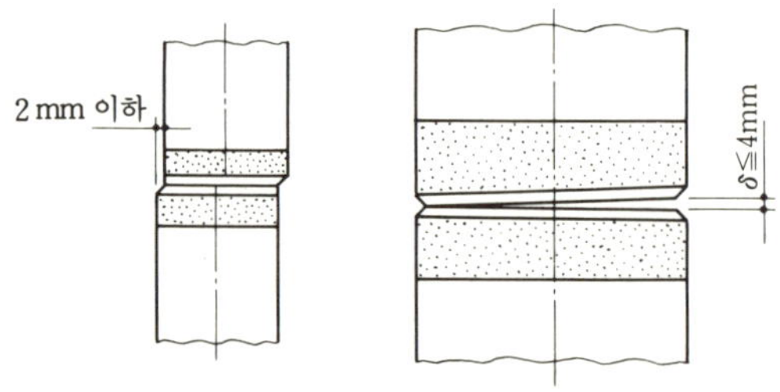

그림 3.10 말뚝 이음 부분 허용값

2) 세우기가 끝나면 위아래 말뚝을 용접 접합한다. 용접은 아크 용접(p. 103 참조)으로 유자격자가 결함없는 용접을 한다(**그림 3.11**).

그림 3.11 말뚝 이음 용접

용접하기 전에는 이음부의 이토(泥土)·녹·기름 등을 청소하고 건조시켜 둔다. 저온(0℃ 이하), 강우(5 mm 이상)·강풍(10 m/s 이상)일 때는 작업을 보류한다. 부득이 해야 할 경우에는 적절한 대책을 강구한다.

용접이 완료되면 **그림 3.12**와 같은 결함이 없는지를 육안으로 확인한 뒤 용접부가 냉각하기를 기다렸다가 지그를 떼어 내고 다시 말뚝을 삽입한다.

윗말뚝의 시공도 중간 말뚝과 같은 요령으로 한다.

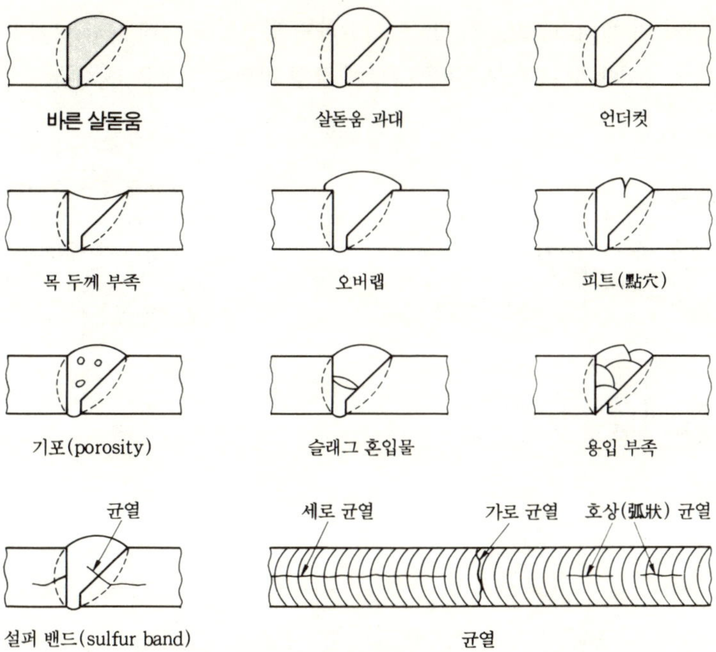

그림 3.12 용접부의 결함

3) 말뚝 전체를 말뚝 구멍에 다 삽입하면 말뚝의 선단을 소정의 깊이까지 도달시키기 위해 드롭 해머로 경타하여 가라앉히든지 또는 말뚝 박기 기계의 무게를 걸어 압입한다. 말뚝 머리를 지표면보다 깊게 박아야 할 때는 **그림 3.13**과 같이 임시 이음 말뚝을 사용한다.

말뚝의 지지층에 대한 묻힘 깊이는 1 m 이상으로 하고 말뚝의 높이 고정 허용값은 0.5 m 이하로

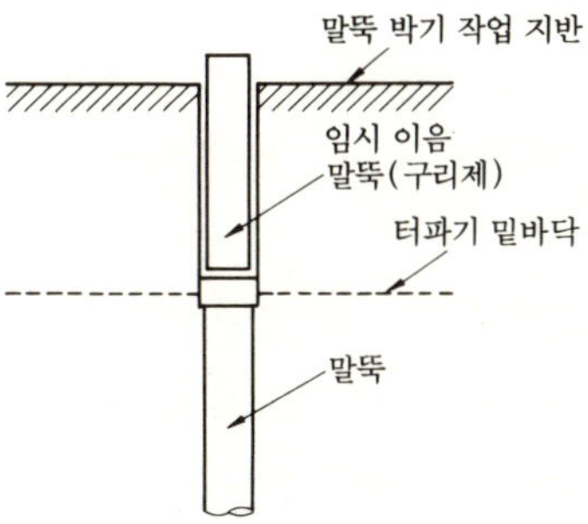

그림 3.13 임시 이음 말뚝

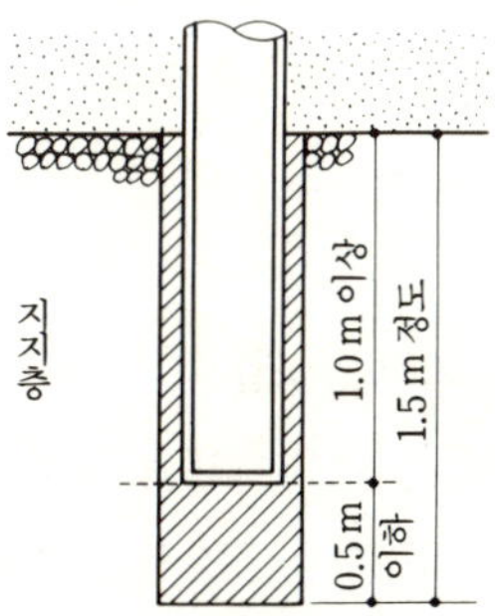

그림 3.14 굴착 깊이와 높이 고정

하고 있다(**그림 3.14**). 허용값을 넘는 경우는 감리자와 협의하여 대책을 강구한다.

(5) 말뚝 머리 처리

말뚝 박기 공사가 끝나면 다음 작업인 터파기가 끝난 단계에서 말뚝 머리 높이를 레벨 측량한다. 말뚝 머리가 소정의 높이보다 높을 때는 그 부분을 절단하고 낮을 경우에는 기초 밑바닥을 낮춘다. 말뚝 머리는 어느 경우에나 보강을 한다.

1) **말뚝 머리 절단 방법** 말뚝 머리가 소정의 높이(기초 밑바닥보다 10 cm 올라 온 위치)보다 높은 경우는 그 위치에서 절단한다. 절단 방법에는 손 작업으로 잘라 내기(쪼아 내기) 이외에 유압·다이아몬드 커터 등의 절단기(**그림 3.15**)로 절단하는 방법이 있는데 유압 방식이 일반적으로 흔히 쓰이고 있다. 어느 방법에 따르더라도 말뚝(재)에 균열 따위의 손상을 주지 않도록 한다.

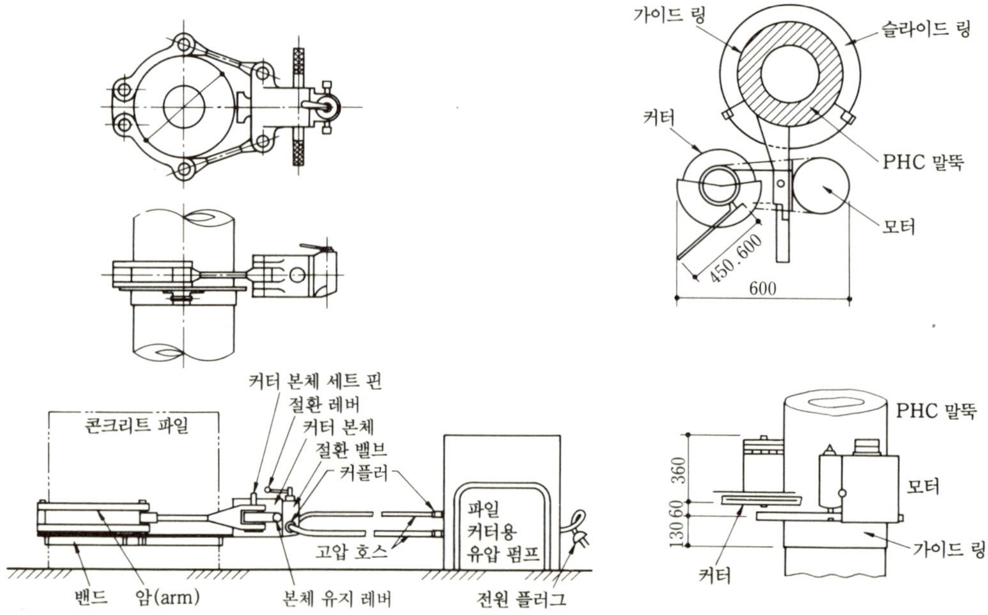

(a) 외압(유압) 방식 (b) 다이아몬드 커터 방식

그림 3.15 말뚝 절단기의 예

(a) **손 작업(쪼아 내기)일 때** 쪼아 내기 정을 재축(材軸)에 직각으로 대고 주위를 같은 상태로 고르게 쪼아 낸다. 해머로 두들겨 깨면 말뚝에 손상을 줄 염려가 있으므로 삼가야 한다.

(b) **유압 방식일 때** 절단 위치보다 10 cm 정도되는 곳이 윗면이 되도록 강제 밴드를 설치하고 유압으로 주위를 균등하게 힘을 가하여 말뚝 머리를 으깬다. 그 다음 손 작업으로 쪼아 내고 마감한다.

(c) **다이아몬드 커터 방식일 때** 커터로 절단한다. 충격이 없고 절단면은 평활하게 마감한다.

2) **말뚝 머리 보강** 기초에서 생기는 응력이 말뚝에 확실히 전해지도록 말뚝 머리를 철근 콘크리트로 보강한다. 보강 철근은 **표 3.4**에 나타낸 바와 같이 말뚝 지름에 따른 철근을, 말뚝 속으로 말뚝 지름의 2배, 기초로는 철근 지름의 40배의 길이로 정착한다.

표 3.4 말뚝 머리 보강 철근표

말뚝 지름(mm)	보강 철근	
300	4−D 13	띠철근 D 10−100
350~400	6−D 13	
450~600	8−D 13	

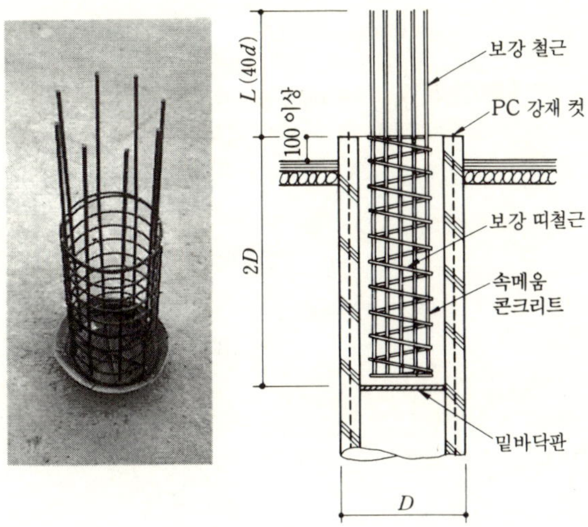

그림 3.16 말뚝 머리 보강 철근의 형상과 아물림

그림 3.16은 말뚝 머리 보강 철근의 형상과 아물림을 나타낸 것이다.

참고 이 밖에 말뚝 머리가 소정의 높이로 세트된 경우에 한해서(묻어 넣기 공법에서는 사례가 많다) 말뚝 머리의 끝판에 이형 철근의 접합 철근을 스터드 용접으로 고정하고, 앵커로서 말뚝과 기초를 접합하는 방법도 있다.

3.3 토공사

1. 개설

토공사란 건축물의 기초를 땅속에 축조하기 위해 지반을 굴착하는 **터파기 작업**, 터파기 시점에서 주위 지반의 안정 또는 지하수의 차수(遮水)를 목적으로 하는 **흙막이 작업**, 샘물(湧水 ; sump water)이나 빗물(雨水)을 배수하기 위한 **배수 작업**, 기초 구조체를 축조한 후에 하는 **되메우기 작업** 등을 총칭한 것을 말한다.

터파기는 토공사 중에서 중요한 작업이지만 흙막이 공사 및 배수 공사 등은 각각 상관 관계에 있으므로 터파기의 규모(깊이 · 면적), 토질, 주변 상황 등의 여러 조건을 종합적으로 검토하여 그 공법을 결정한다.

대지에 여유가 있고 비교적 터파기 깊이가 얕은 경우, 또 터파기 깊이가 다소 깊더라도 토질이 안정되어 있는 경우는 **그림 3.17**과 같은 주위의 생땅(자연 지반)을 경사지으면서 굴착하는 오픈 컷 공법으로 굴착한다.

터파기 주변에 안정된 경사면을 확보할 수 없는 경우는 흙막이벽을 만들어 토사의 붕괴를 방지하면서 굴착한다. 흙막이벽의 종류는 여러 가지가 있지만, 주된 것은 **그림 3.18**에 나타낸 (a) **엄지** 말뚝 가로 널말뚝, (b) 강널말뚝, (c) 소일 시멘트 주열벽, (d) 현장 치기 철근 콘크리트벽(지중 연속벽) 등이 있다. 토질, 지하수, 주변 상황 등의 조건을 고려하여 공법을 선택한다.

흙막이벽이 자립할 수 없는 경우는 버팀대나 지반 앵커 등을 설치하여 흙막이벽의 안정을 도모한다.

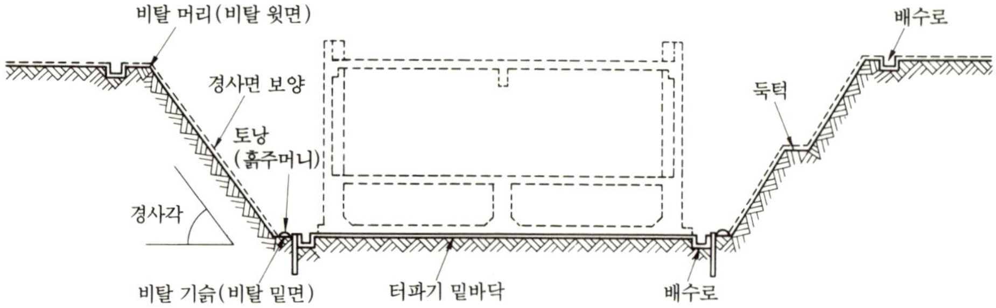

그림 3.17 자연 지반 경사 오픈 컷 공법

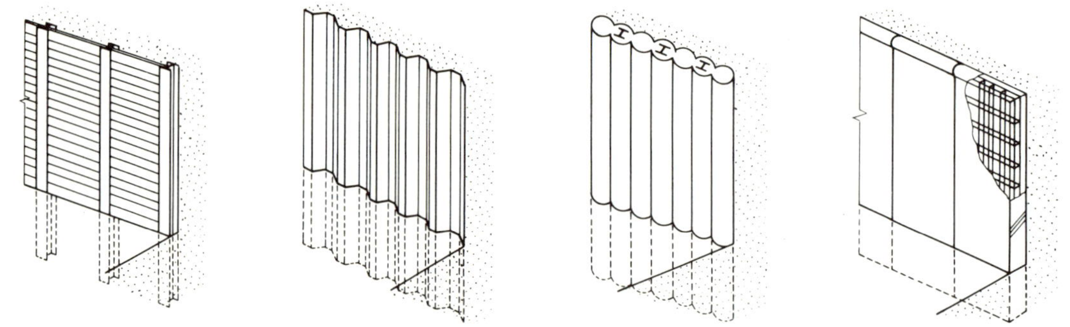

(a) 엄지 말뚝 가로 널말뚝
엄지 말뚝(H형강·레일)을 땅속에 설치하고 굴착하면서 널말뚝(목제)을 엄지 말뚝 사이에 끼워 넣어 흙막이벽을 만든다.

(b) 강널말뚝(시트 파일)
강판 널말뚝의 조인트 부분을 맞물림하면서 땅속에 널말뚝을 삽입하여 강제(鋼製) 벽을 만든다.

(c) 소일 시멘트 주열벽
소일 시멘트 기둥을 연속하여 만들고 그 속에 보강재(H형강)를 삽입하여 주열상(柱列狀)의 벽을 만든다.

(d) 현장 치기 철근 콘크리트벽(지중 연속벽)
땅속에 벽 모양의 구멍을 파고 철근 망태를 삽입하여 콘크리트를 부어 넣어 연속벽을 만든다.

그림 3.18 흙막이벽의 종류

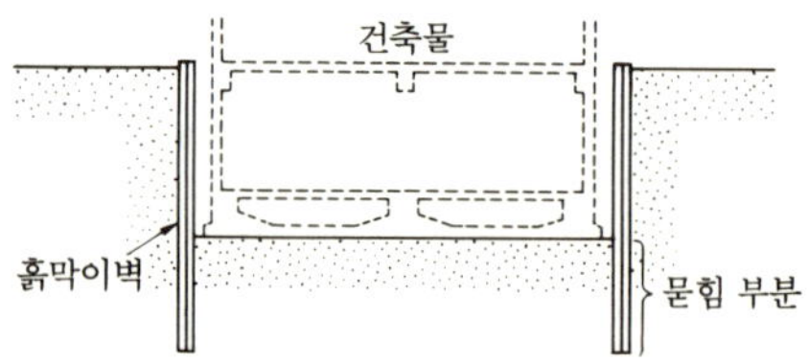

(a) 자립 공법

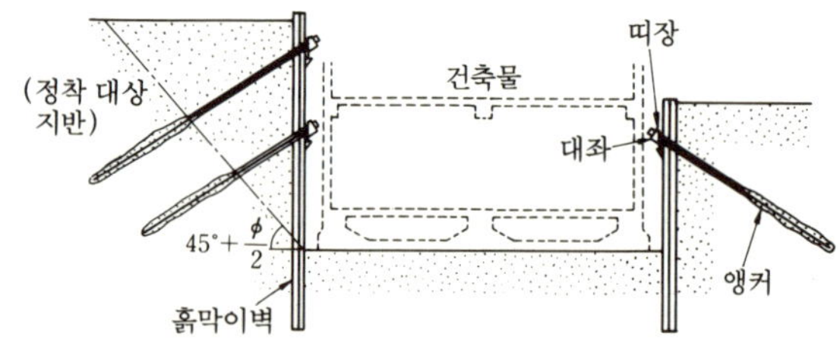

(b) 지반 앵커 공법

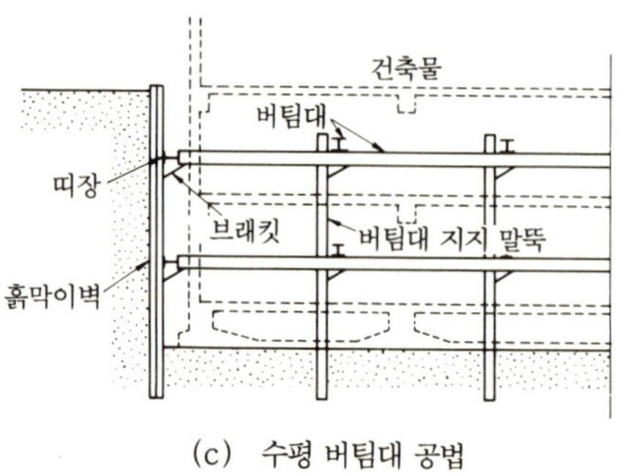

(c) 수평 버팀대 공법

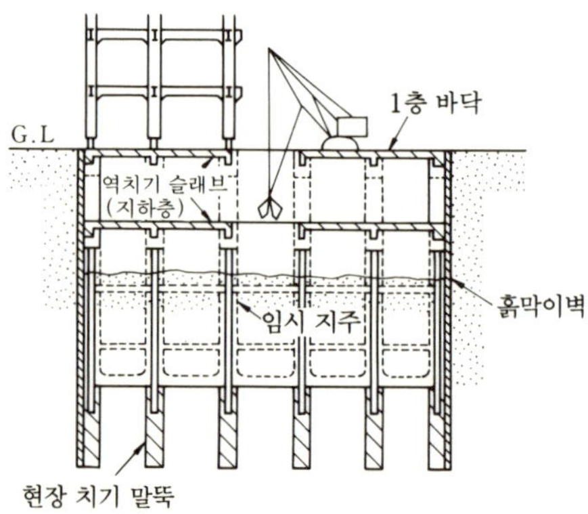

(d) 역치기 공법(역타 공법)

그림 3.19 흙막이 동바리의 종류

또 버팀대 동바리(지보공)를 가설(架設)하는 대신에 영구 구체를 이용하여 지하 공사를 밑으로 향해 진행하는 역치기 공법(역타 공법 ; top down)도 있다(그림 3.19).

흙막이 계획을 세울 때 지하수・빗물・유입수 등의 처리에 대해서도 검토해야 한다. 주변 지반의 변동, 토사의 붕괴 방지 뿐만 아니라 적절한 물 처리로 굴착시 양호한 작업성과 굴착 지반・경사면의 안정을 확보하는 것도 중요하다. 물의 처리 방법으로서 **그림 3.20**에 나타낸 것처럼 (a) 집수정(sump pit), (b) 디프 웰, (c) 웰 포인트 등의 배수 공법, (d) 지수벽(시트 파일・소일 주열・지중 연속벽)을 이용한 공법이 있다. 흙막이 공사를 안전하게 하기 위해서는 버팀대 동바리의 안정 계산 이외에 **그림 3.21**에 나타낸 바와 같은 (a) 슬라이딩(sliding), (b) 히빙(heaving), (c) 보일링(boiling), (d) 지반 부풀음 등에 대해서도 계산을 하고 안전성을 검토한다. 공법 결정은 공사의 안전성・시공성, 코스트, 근린에 대한 영향 등을 고려하여 종합적으로 판단한다.

터파기 공사에는 터고르기・굴착・흙 반출 등의 작업이 있다. 일반적으로는 기계를 사용하지만, 지질・굴착 깊이・굴착량, 샘물의 상황 등을 고려하여 굴착 기계를 선택한다. 일반적으로 사용하는 굴착 기계는 **그림 3.22**와 같은 것이 있다. 보통, 굴착에는 (a)의 백호가 많이 쓰이지만, 지하 공사와 같이 동바리와 같은 장애가 되는 것이 있을 때는 (e) 또는 (f)의 클램셸과 소형 백호나 트랙터 셔블과 병용한다.

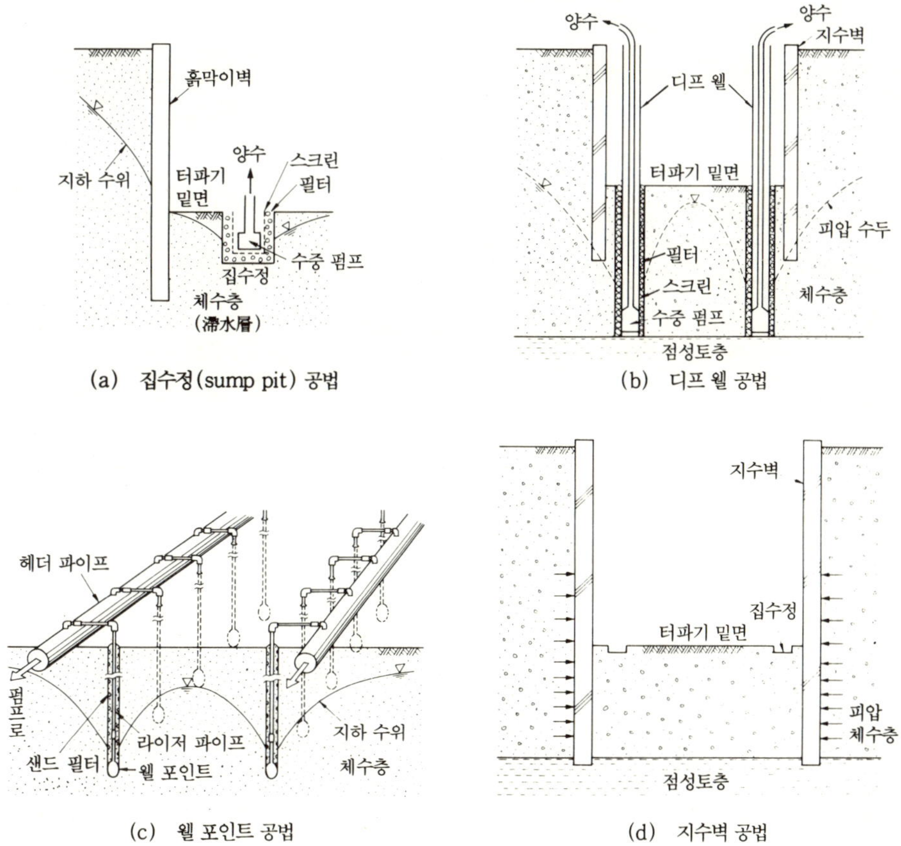

(a) 집수정(sump pit) 공법 (b) 디프 웰 공법

(c) 웰 포인트 공법 (d) 지수벽 공법

그림 3.20 지하수 처리 공법의 설명도

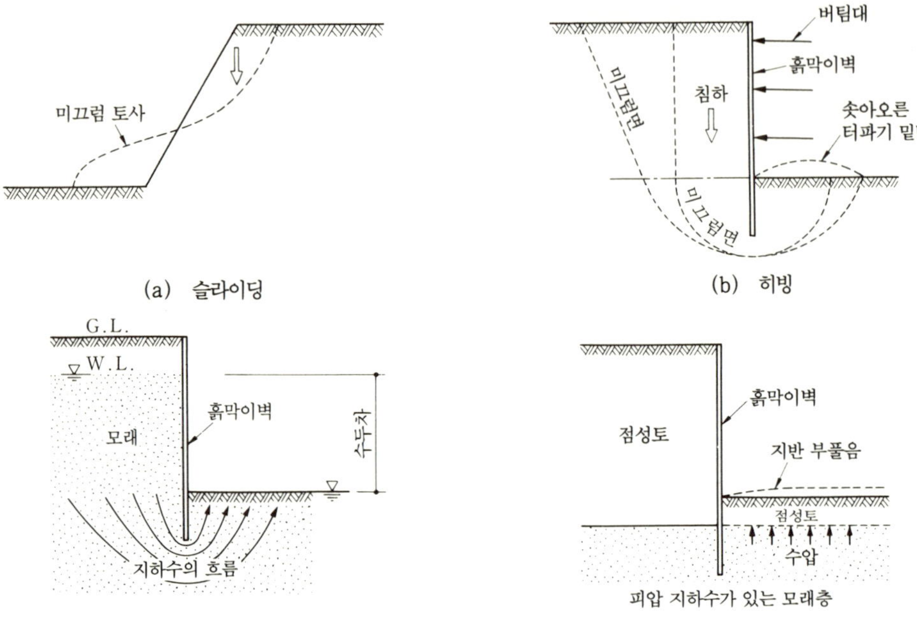

(a) 슬라이딩 (b) 히빙 (c) 보일링 (d) 피압 지하수로 인한 지반 부풀음

그림 3.21 굴착 지반의 안정에 관한 검토 사항

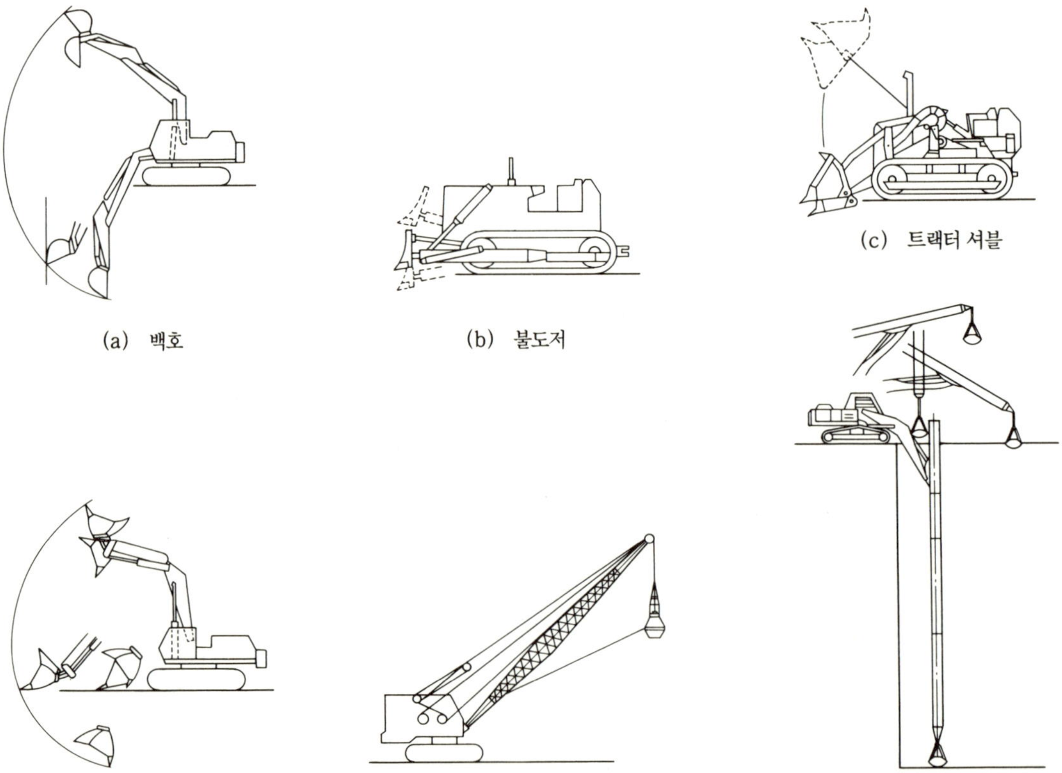

(a) 백호 (b) 불도저 (c) 트랙터 셔블 (d) 로딩 셔블 (e) 기계식 클램셸 (f) 유압식 클램셸

그림 3.22 주된 굴착 기계

2. 공사 개요

실례 공사에서는 건축물 기초가 경계선에 닿아 있고 더구나 앞면 도로에는 상하수도관·가스관 등이 묻혀 있으므로 흙막이를 하고 굴착 공사를 하였다. 보링 조사에 따르면 터파기 밑바닥은 지하 수위보다 얕으므로 흙막이벽에는 지수가 필요하지 않으므로 엄지 말뚝 가로 널말뚝 공법이 채용되었다. 엄지 말뚝 설치는 시가지에도 있어 소음·진동의 공해가 발생하지 않도록 어스 오거로 묻어 넣기 공법이 채용되었다. 흙막이 계산을 하고 버팀 기둥 및 널말뚝의 형상·치수 등을 결정하였다.

터파기는 백호를 이용한 기계 파기로 하고 대지 내에 되메우기용 흙을 임시로 둘 여지(餘地)가 없으므로 굴착토는 전부 외부로 반출 처분하게 되었다. 굴착토를 반출할 때는 트럭의 작업장에 대한 출입, 운반 경로, 처분지의 처리 방법 등에 문제가 생기지 않도록 대책을 강구하여 효율 좋게 작업을 진행한다.

토공사에서도 다른 공사와 마찬가지로 정확하게 효율적이고 안전하게 작업을 진행할 수 있도록 기초 평면도·대지 측량도 등을 대조 조사하여 **그림 3.23**과 같은 시공도를 작성하고 그것에 따라 공사를 진행한다.

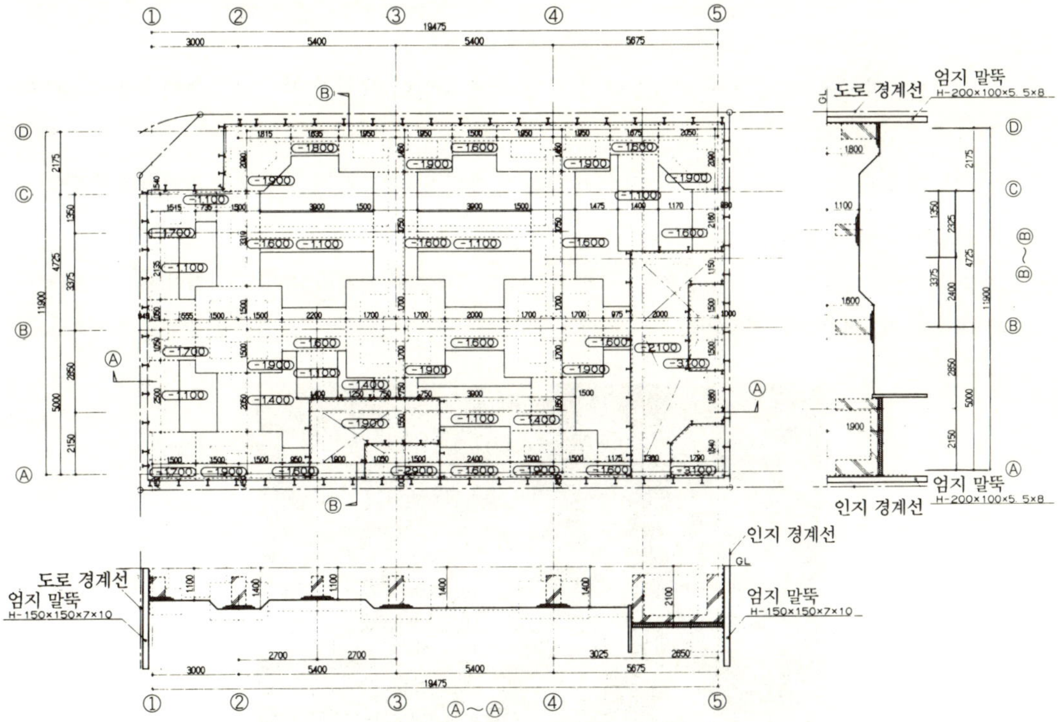

그림 3.23 터파기·흙막이 시공도

3. 시공

(1) 흙막이 공사

(a) 엄지 말뚝 박기(밑다짐 공법) 엄지 말뚝 박기는 프리캐스트 콘크리트 말뚝 밑다짐 공법에 따

라 다음과 같은 순서로 시공한다.

① 흙막이 시공 계획도를 작성하고 그것에 따라 엄지 말뚝의 박기 위치를 지면에 표시한다.

② 말뚝 박기 기계의 오거 헤드를 정해진 위치에 수직으로 세트하고 헤드 선단에서 안정액을 분사시키면서 천천히 천공한다.

표 3.5에 표준 안정액 배합을, 표 3.6에 굴착 속도를 나타낸다.

표 3.5 안정액 배합 예(버팀 기둥 묻기 · 비빔량 0.5 m^3)

토 질	시멘트 (kg)	벤토나이트 (kg)	물(m^3)
모래질 · 자갈 지반	120	25 \\ 50	0.55
실트질 · 점토질 지반	160		

표 3.6 표준 굴착 속도

실트 · 점토 · 느슨한 모래(分)	단단한 점토 (m/min)	조여진 모래 · 자갈 (m/min)
3~4	2~3	1~2

③ 오거의 선단이 소정의 깊이에 이르게 되면 구멍 속에 부압이 생기지 않도록 안정액을 흘러 보내면서 천천히 뽑아 올린다.

④ 오거를 뽑아 올리면 바로 엄지 말뚝인 H 형강을 트랜싯 또는 다림추로 수직을 확인하면서 말뚝 구멍에 삽입하고 엄지 말뚝 박기를 완료한다.

참고 말뚝을 정해진 위치(간격 · 중심선)에 바르게 세트하기 위해 그림 3.24와 같이 미리 가이드가 되는 대좌를 설치해 두고 거기에 지그를 설치한다.

그림 3.24 엄지 말뚝 박기(가이드 지그를 사용하는 광경)

(b) **가로 널말뚝 박기** 터파기 진척에 따라 굴착 측면에 널말뚝을 박아 둔다. 널말뚝(두꺼운 판)을 엄지 말뚝의 플랜지에 소요되는 길이로 절단해 두고, 좌우로 보내 엄지 말뚝 사이에 끼워 넣는다. 널말뚝의 빈틈에서 토사가 유출되지 않도록 빈틈없이 널말뚝을 박는다. 널말뚝 뒷면에는 양토

그림 3.25 널말뚝 박기 작업 광경

(良土)를 잘 충전하여 주변 지반이 느슨하지 않도록 뒤채움한다(그림 3.25).

(c) **시공 후 관리** 흙막이벽을 설치한 후는 기초 시공, 되메우기 완료하기까지의 사이, 흙막이벽에 변위·변형이 일어나지 않는지 또 주변 지반에 이상이 발생하지 않는지 등 상황을 평상시 관측한다. 사고에 관계되는 현상이 발견될 경우는 재빨리 적절한 조치를 한다.

(2) 터파기

(a) **굴착·터잡기·말뚝 박기 후 뒤처리** 시공도에 따라 터파기 위치를 지면에 석회로 표시하고 그 위치를 확인한 다음에 터파기(굴착) 작업을 시작한다. 작업은 백호로 하고 굴착토를 트럭에 직접 실으면서 진행한다. 굴착을 하는 작업 순서는 굴착 기계의 작업 반경, 트럭 진입로 등을 고려하고 효율적으로 시공할 수 있도록 계획을 세워 그 순서에 따라 굴착한다.

보통은 공사를 한 방향에서 치르는 형태로 굴착 작업을 진행한다.

터파기 깊이는 벤치 마크에서 레벨을 사용하여 깊이를 확인하면서 굴착한다(그림 3.26). 터파기 밑바닥은 지반을 너무 파지 않도록, 또 손상되지 않도록 주의하면서 정지(整地, 터잡기)한다. 터파기 밑바닥에 고저차가 있는 곳은 굴착의 경사각, 또 거푸집 시공에 필요한 여지(餘地) 등에 대해서도 고려한다.

그림 3.26 터파기 광경

굴착은 먼저 설치한 기초 말뚝에 굴착기의 버킷이 닿아 말뚝에 충격이나 손상을 주지 않도록 신중히 한다. 말뚝 주변은 **그림 3.27**과 같이 인력으로 배토(말뚝 박기 후 흙을 북돋우거나 흐트러진 표면의 흙을 제거하고 평평하게 고르는 것, 이하"말뚝 박기 후 뒤처리"라고 한다)한다. 굴착이 끝나면 말뚝 머리의 높이를 측량하고 말뚝 머리를 처리한다.

(b) **흙 반출** 굴착토 양과 반출토의 트럭 적재량, 처분지까지의 주행 시간을 감안하여 굴착 작업을 능률적으로 할 수 있도록 트럭을 배차한다.

트럭이 작업장에서 나올 때는 도로를 토사로 더럽히지 않도록 세차한다. 또 일반 통행인에 대한 재해 방지를 위해 출입구에는 감시 안내원을 배치한다(**그림 3.28**).

그림 3.27 말뚝 박기 후 뒤처리 광경

그림 3.28 잔토 반출 광경

(3) 자갈 지정 · 밑창 콘크리트 부어 넣기

터파기가 끝나고 터잡기도 끝나면 자갈을 깔고 밑창 콘크리트를 부어 넣는다.

(a) **자갈 지정** 자갈 깔기는 기초 · 기초 보에서 15~20 cm의 여유 폭을 확보할 수 있도록 한다. 높이는 기초 말뚝의 측면이나 말뚝(봉강 또는 나무 말뚝)에 소정의 높이를 기입하고 그 높이에 맞춰 자갈을 평평하게 깔고 진동 콤팩터로 다진다.

(b) **밑창 콘크리트 부어 넣기** 밑창 콘크리트는 기초 밑면을 평평하게 하고 그 위에 먹매김하여 거

그림 3.29 밑창 콘크리트 치기 광경

푸집・철근을 정확하게 배치하고 기초 공사를 바르게 하는 것을 목적으로 하는 것이다.

1) **밑창 콘크리트 배합** 밑창 콘크리트는 지반 경도 이상의 강도를 확보할 수 있으면 되고, 배합은 설계 도서에 의거하여 한다.

2) **밑창 콘크리트 부어 넣기** 깔자갈 위에 밑창 콘크리트용 거푸집을 설치하고 부어 넣는 범위의 정확도를 도모한다. 부어 넣는 범위, 높이의 측정은 자갈 지정에 따른다. 단, 부어 넣는 범위는 먹매김・거푸집 조립도 생각하여 기초・기초 보에서 10 cm 정도 크게 잡는다. 콘크리트 표면에 요철이나 경사가 없도록 부어 넣고 나무 흙손으로 마감한다(그림 3.29).

3.4 철근 콘크리트 공사

1. 개설

철근은 인장력에는 강하지만 열에 약하고 녹슬기 쉽다. 콘크리트는 압축에 강하고 내화성이 뛰어나는 반면에 인장력에는 대단히 약하다. 그러나 양자의 열 팽창률은 거의 같고 게다가 콘크리트와 철근은 부착성이 좋다. 이와 같은 성질을 이용하여 철근과 콘크리트를 일체화한 것이 철근 콘크리트 구조이다.

철근 콘크리트 공사는 건축물의 구조체를 축조한다는 뜻에서 품질 관리가 가장 중요시된다. 설계 도서나 건설교통부 제정「건축 공사 표준 시방서」등에 품질에 관한 규정이 자세히 정해져 있으며, 신중한 시공이 요구된다. 철근 콘크리트 공사는 **철근 공사・거푸집 공사・콘크리트 공사**가 중심이 되며 그 작업 과정도 복잡하므로 각기 공사를 조정하는 것도 중요하다.

철근은 구조 부재에 생기는 인장 응력・전단 응력에 저항하는 역할을 하며 구조 계산으로 필요한 철근량 및 위치가 결정된다. 철근과 콘크리트는 그 경계면의 부착력으로 응력이 전달되므로 철근 주위에는 콘크리트가 밀실하게 충전되어야 한다. 그러므로 철근 위치, 철근 상호 간격, 철근 피복 치수 확보가 중요하다. 또 철근 끝 부분은 콘크리트에 충분히 정착되어야(먹혀 들어야) 한다. 철근의 종류・형상, 콘크리트 강도, 정착 부위에 따른 정착 치수 및 철근 말단부의 구부림 가공 형상이 **구조 설계 도서나 배근 기준**에 나타내져 있다.

거푸집은 콘크리트를 부어 넣기 위한 이른바 주형(鑄型) 같은 가설 구조물이다. 부어 넣은 콘크리트에 정밀도가 좋은 형태와 마감 상태를 부여하는 것이며 소정의 콘크리트 강도가 발현될 때까지의 양생 역할을 한다. 거푸집은 콘크리트를 부어 넣을 때의 고정 하중, 작업 하중, 콘크리트 측압에 대해서 안전하고 게다가 변형이 생기지 않는 구조로 해야 한다.

거푸집 공사는 일손에 의존하는 면이 많으므로 가공・조립・해체하기가 쉽고 또 그 작업성을 좋게 하는 것이 재료 선택과 함께 작업 공정의 단축과 작업의 능률화・경제성에 크게 기여한다.

콘크리트는 시멘트・물・골재(굵은 골재・잔골재)에 소량의 혼화 재료(AE제・AE 감수제・유동화제 등)를 가하여 비벼 만든다. 현재 콘크리트의 대부분이 레디믹스트 콘크리트 공장(이하 "레미콘" 공장이라고 한다)에서 제조되어 트럭 믹서(엄격히 따지면 주행 중 혼합 교반하는 것을 트럭 믹서 또는 transit-mixer turck이라고 하고, 이미 비빈 콘크리트를 분리되지 않도록 교반하면서 운반하는 것을 agitator truck이라고 한다)로 현장에 운반하고, 현장에서는 그 콘크리트를 펌프차로 압송하여 거푸집 속에 부어 넣는다. 부어 넣은 콘크리트는 일정한 양생 기간을 거쳐야 구조체로서의 콘크리트가 된다.

제조시에는 양질의 재료를 사용하여 적절한 배합을 하는 것이 중요하다. 설계 도서에 정해진 콘크리트의 설계 기준 강도・슬럼프・공기량 등에서 콘크리트의 시공 시기를 고려하여 콘크리트의 배합 설계가 행해지고 물시멘트비, 단위 수량(單位 水量)・골재량・시멘트량 등이 결정되며 그것에 따라 배합하게 된다.

비빈 콘크리트는 소정 시간 내에 운반・부어 넣기를 하고 밀실한 콘크리트가 되도록 충분히 다진다. 콘크리트를 부어 넣은 뒤에는 경화에 필요한 온도와 습도를 적절하게 유지하고 유해한 진동이나 외력의 작용을 받지 않도록 양생한다. 또한 소요 강도・내구성을 가진 구조체 콘크리트로 하는 것이 중요하다.

2. 공사 개요

말뚝 박기(설치) 및 자갈 깔기・밑창 콘크리트 등의 지정(地定)이 끝나면 다음에 철근 콘크리트의 기초를 시공한다. 이 기초에 상부 구조가 되는 철골의 앵커 볼트를 묻는다.

기초 구조는 상부 구조를 지탱하는 구조이므로 그 품질 확보가 중요하다. 설계 도서나 「건축 공사 표준 시방서」에 나타낸 기준에 따라 시공 계획을 세우고 신중히 시공한다.

공사 착수 전에 설계 도서를 기본으로 하여 **그림 3.30**과 같은 기초 형상・치수 등을 표시한 기초 콘크리트도를 작성한다. 이때 의장상(意匠上)의 아물림 뿐만 아니라 철근 형상, 앵커 볼트의 위치, 철근의 가공 형상 및 배근 상황을 잘 파악하고 상호 정합(整合)이 취해져 있는지의 여부를 검토한다. 아물림이 좋지 않은 곳이 있으면 감리자와 협의하여 변경한다.

현장 작업은 기준점(B.M.)에서 기준선을 끌어내어 기초 콘크리트도를 기본으로 밑창 콘크리트 위에 먹매김하고 나서 시작한다. 다음에 작업용 통로 및 경미한 자재의 임시 두는 곳으로서 땅비계를 조립한다. 철근을 조립하기 전에 철골 앵커 볼트를 설치하고 이어서 철근・거푸집을 조립한 다음에 기초 콘크리트를 부어 넣는다.

이와 같은 작업을 원활하게 진행하기 위해 미리 관계자와 충분히 협의를 하고 각종 자재나 작업자 확

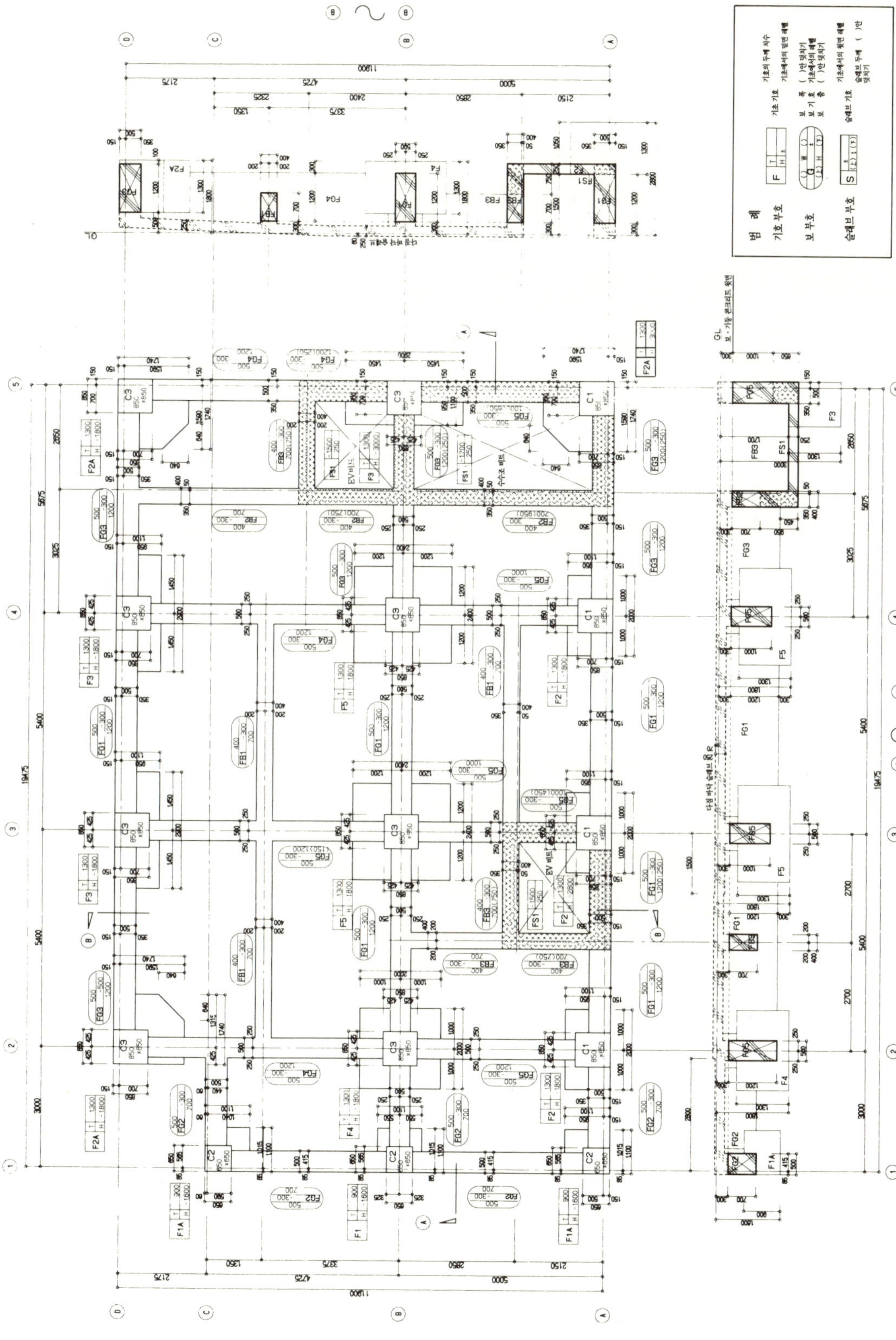

그림 3.30 기초 콘크리트도

보에 지장을 초래하지 않도록 준비 기간을 고려하여 수배해 둔다. 공사 중에는 취로 인원과 작업량을 끊임없이 체크하고 될 수 있는 한 경제 속도로 공사가 진척, 또 안전과 품질을 확보할 수 있도록 관리한다.

3. 시공

(1) 먹매김

B.M.에서 건축물의 기준선을 밑창 콘크리트 위에 표시하고, 그것을 기본으로 기초·기둥·기초 보 등의 위치를 명시하여 기초 철근 콘크리트 공사 및 철골의 앵커 볼트 설치 기반으로 하는 작업이다. 또 이 먹매김으로 먼저 박은 말뚝 위치 정밀도를 확인한다.

(a) 먹매김 작업

1) B.M.에 트랜싯을 설치하고 그 설정선(일직선) 반대측의 B.M.을 시준하여 중심 설정선을 밑창 콘크리트 위에 먹매김한다. 중심 설정선에 말뚝 등이 있어 먹줄치기를 할 수 없는 경우는 도피먹(비킴먹)을 쳐 둔다. 중심 설정선 대신에 기둥 중심도 좋지만 중심 설정선과 기둥 중심은 반드시 동일하지 않으므로 틀리지 않도록 표시한다.

   기둥·기초 푸팅·기초 보 등의 먹매김은 모두 이 중심 설정선을 기본으로 한다.

   벽기둥(pilaster)·기초 푸팅·기초 보의 접합부와 우각부(隅角部)에는 **그림 3.31**과 같이 요소(要所)를 굵게 먹줄을 치거나 페인트로 색분(色分)하여 그 범위를 알기 쉽게 한다.

2) 먹매김한 결과 밑창 콘크리트의 면적이 부족한 것이 판명된 경우는 바로 밑창 콘크리트를 보충하여 부어 넣는다.

그림 3.31 기초 먹매김

(b) 말뚝 중심 체크

1) 말뚝 박기에는 이따금 오차가 생길 수도 있다. 먹매김한 뒤에는 반드시 말뚝 전체 수에 대해서 위치를 조사하고 XY 양 방향에 대해서 얼마만큼 오차(편심값)가 생기는지를 조사한다. 그 결과를 도면 위에 **그림 3.32**와 같이 나타내고 감리자에게 보고한다.

2) 편심값이 허용값을 초과했을 때는 기초 푸팅이나 기초 보를 보강한다. 보강 방법은 감리자의 지시에 따른다. 일반적으로 기성 콘크리트 말뚝의 경우 편심값이 10 cm 이내일 때는 보강하지 않아도

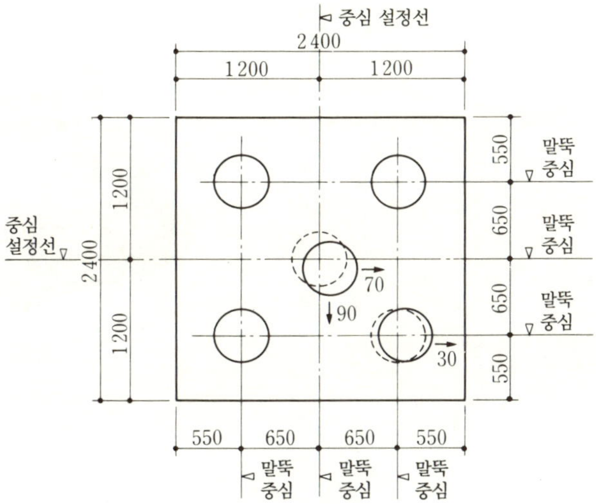

그림 3.32 말뚝의 편심값 측정

된다.

(2) 앵커 볼트 설치

밑창 콘크리트 위에 친 먹에 맞춰 철골 앵커 볼트를 설치한다. 앵커 볼트 위치의 정밀도가 나쁘면 철골 구조체 그 자체의 정밀도 및 공정에 나쁜 영향을 끼쳐 그것을 조정하는 데 많은 수고와 시간을 낭비하게 된다. 앵커 볼트는 정확하게 설치하고 콘크리트의 부어 넣기가 끝날 때까지 움직이지 않도록 고정한다.

일반적으로 철골 주각(柱脚)과 기초·기초 보 등의 철근 콘크리트 부분과의 접합은 고정(또는 반고정) 혹은 핀으로서 설계를 하며, 이와 같은 주각은 노출 형식·밑감기 형식 및 묻어 넣기 형식의 3가지로 대별할 수 있다(그림 3.33).

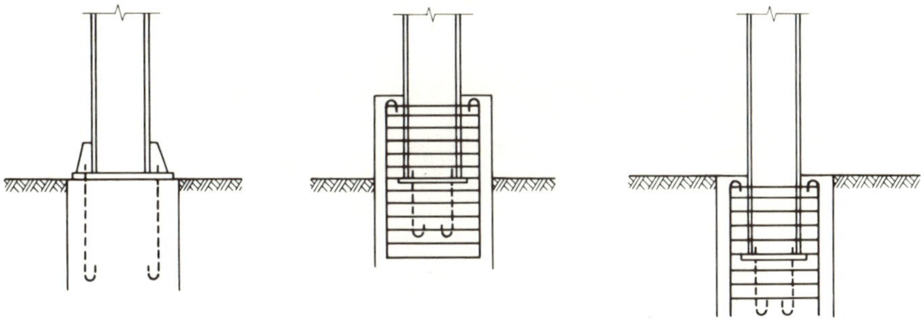

(a) 노출 형식 (b) 밑감기 형식 (c) 묻어 넣기 형식

그림 3.33 주각(柱脚) 형식

실례 공사에서 주각은 노출 형식의 하이 베이스가 채용되고 기초 콘크리트를 부어 넣은 후 앵커 볼트에 장력을 작용케 함으로써 고정단(固定端)으로 하는 형식이 취해졌다. 앵커 볼트는 콘크리트와의 사이에 부착력이 발생하지 않는 언본드 형식이 채용되었다(그림 3.34).

(a) **볼트 설치 작업** 기둥의 먹을 확인하고 그림 3.35와 같이 밑창 콘크리트 위에 ㄱ자 형강(앵글 강재)(L−75×75 정도)을 사용하여 볼트를 고정하기 위한 프레임을 조립한다. 프레임의 다리

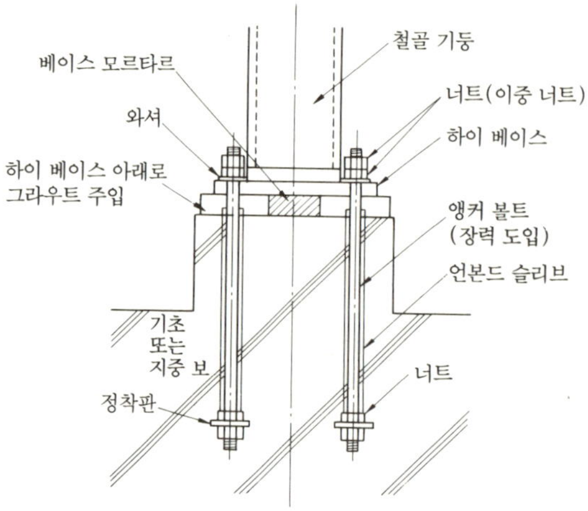

(하이 베이스)

그림 3.34 언본드 노출 형식의 주각 예

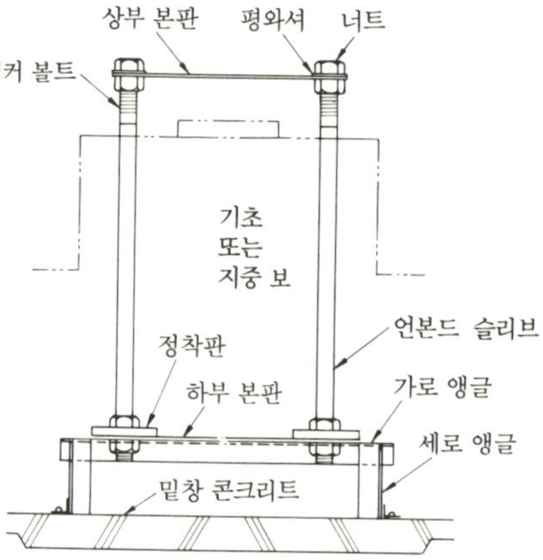

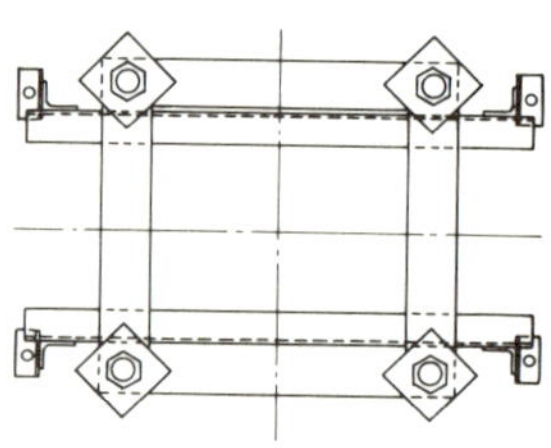

그림 3.35 앵커 볼트 설치

부분은 밑창 콘크리트에 나중 박기 앵글로 고정한다. 프레임의 가로 앵글에 볼트 구멍을 뚫은 본판(本板)을 먹에 맞춰 용접으로 설치하고, 거기에 앵커 볼트를 통하여 너트로 죈다. 볼트 머리 부분에도 본판을 배치하고 너트로 죄어 고정한다.

볼트가 커서 프레임과 하부 본판만으로 볼트 머리 부분을 확실히 고정할 수 없을 경우는 **그림 3.36**과 같이 프레임을 상부 본판까지 치올리고 여기에 철근 등으로 스테이를 설치하여 보강한다.

앵커 볼트의 설치 정밀도는 **그림 3.37**에 나타낸 수치를 목표로 하여 정밀하게 설치한다.

그림 3.36 볼트 설치 보강 예

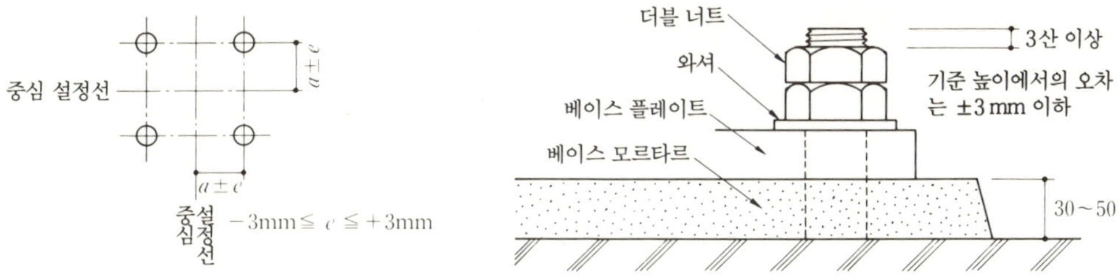

(a) 앵커 볼트 위치 (b) 볼트 머리 부분의 내기 치수

그림 3.37 앵커 볼트 설치 정밀도

(b) 볼트 보양 앵커 볼트의 상부 나사부는 철골 세우기(조립)까지에 녹이 슬거나 나사산이 손상되지 않도록 그리스를 도포하고 그 위에 테이프로 보양한다.

(3) 땅비계 조립

철골 앵커 볼트의 설치와 평행하여 땅비계를 조립한다. 땅비계는 작업자의 통로, 자재 두는 곳, 때로는 콘크리트 부어 넣기용 배관 비계로 사용한다(**그림 3.38**).

그림 3.38 땅비계

(a) 땅비계 재료 보통 땅비계는 비계용 원형 강관(단관 : ϕ48.6×t 2.3 l=2~6 m)을 주재(主材)로 거기에 부속 철물을 사용하여 조립한다(그림 3.39). 작업 바닥으로 사용하는 비계 발판도 강제가 일반적이다. 어느 것이나 규격이 정해져 있으며 그것에 합격한 것이어야 한다. 또 이들 가설재는 반복하여 사용할 수 있으므로 적정하게 정비・점검한 것을 사용한다.

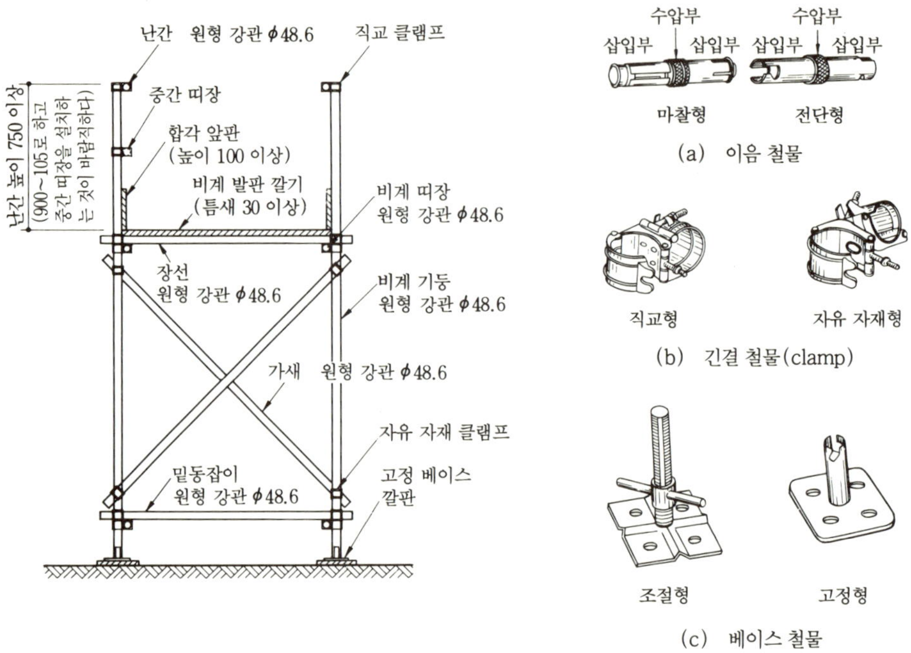

그림 3.39 땅비계의 구성과 부속 철물

(b) 조립

1) 기초 콘크리트도를 비교 확인하여 기초와 기초 보의 철근 및 거푸집 공사 등의 작업이 지장없이 안전하게 능률적으로 되도록 비계 위치, 높이, 폭 등을 검토하고 그림 3.40과 같은 비계 계획도를 작성한다. 이 현장에서는 대지 내에 자재를 임시 둘 수 있는 여유가 없으므로 땅비계의 면적을 다소 크게 하고 소량이지만 자재를 비계 위에 임시 둘 수 있도록 계획한다.

2) 비계 조립시에는 다음과 같은 점에 유의한다.

① 비계 기둥의 간격은 2 m 이내로 하고 다리 부분이 침하하지 않도록 깔판을 깐다.

② 비계가 기운다든지 흔들리지 않도록 가새를 설치한다.

③ 비계 발판은 3점 지지가 되도록 빈틈없이 깔고 이동하지 않게 장선에 긴결한다.

④ 난간이나 걸레받이를 적절하게 설치한다.

⑤ 비계재가 거푸집이나 철근에 닿아 있으면 작업에 따른 진동으로 기초 콘크리트에 나쁜 영향을 줄 염려가 있으므로 닿지 않도록 조립한다.

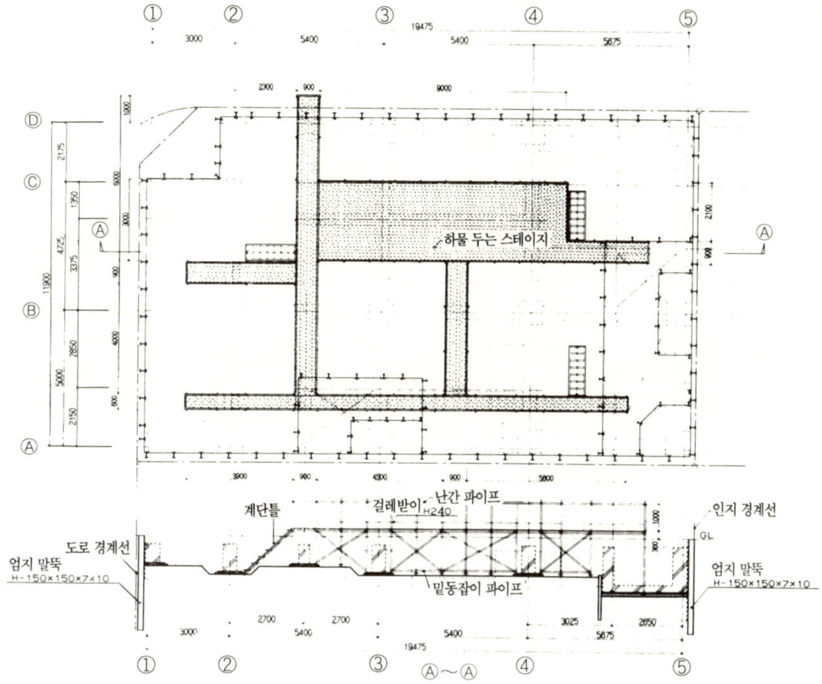

그림 3.40 땅비계 계획도

(4) 철근 공사

(a) 시공도 작성 시방서, 구조 설계도, 배근 기준에 의거하여 콘크리트도와 비교 확인하면서 철근 시공도를 작성한다(그림 3.41, 3.42). 기둥·보의 교차부나 철골 앵커 볼트를 넣은 곳에는 철근이나 앵커 볼트가 뒤섞여 복잡하여 바른 위치에 아물림할 수 없게 되는 경우가 있다. 철근 상호 간격·피복 두께가 소정의 치수를 확보할 수 있도록 아물림을 검토한다. 때로는 현치도(또는 현척도)를 작성하고 지장없이 시공할 수 있는지 아물림을 검토한다.

시공도를 작성함으로써 철근의 가공 형상·조립상의 아물림·이음 위치 등을 명확하게 할 수 있고, 또 필요한 철근의 종류·지름·길이·개수 등을 정확히 파악할 수 있다.

시공도에는 다음과 같은 것을 기재한다.

① 콘크리트 부재의 기호, 단면의 크기
② 기둥·보의 안치수, 기둥 중심 위치
③ 철근의 종류·지름·개수
④ 철근 망태의 작용 치수, 맞댐 치수 및 여장(餘長)
⑤ 피복 두께 또는 콘크리트면에 표시하는 여분 치수
⑥ 철근의 정착 길이, 가공 형상, 이음 위치
⑦ 스터럽·띠철근의 지름과 간격 및 갈고리의 구부림 각도와 길이
⑧ 보 상부 철근·중간 달철근의 여장

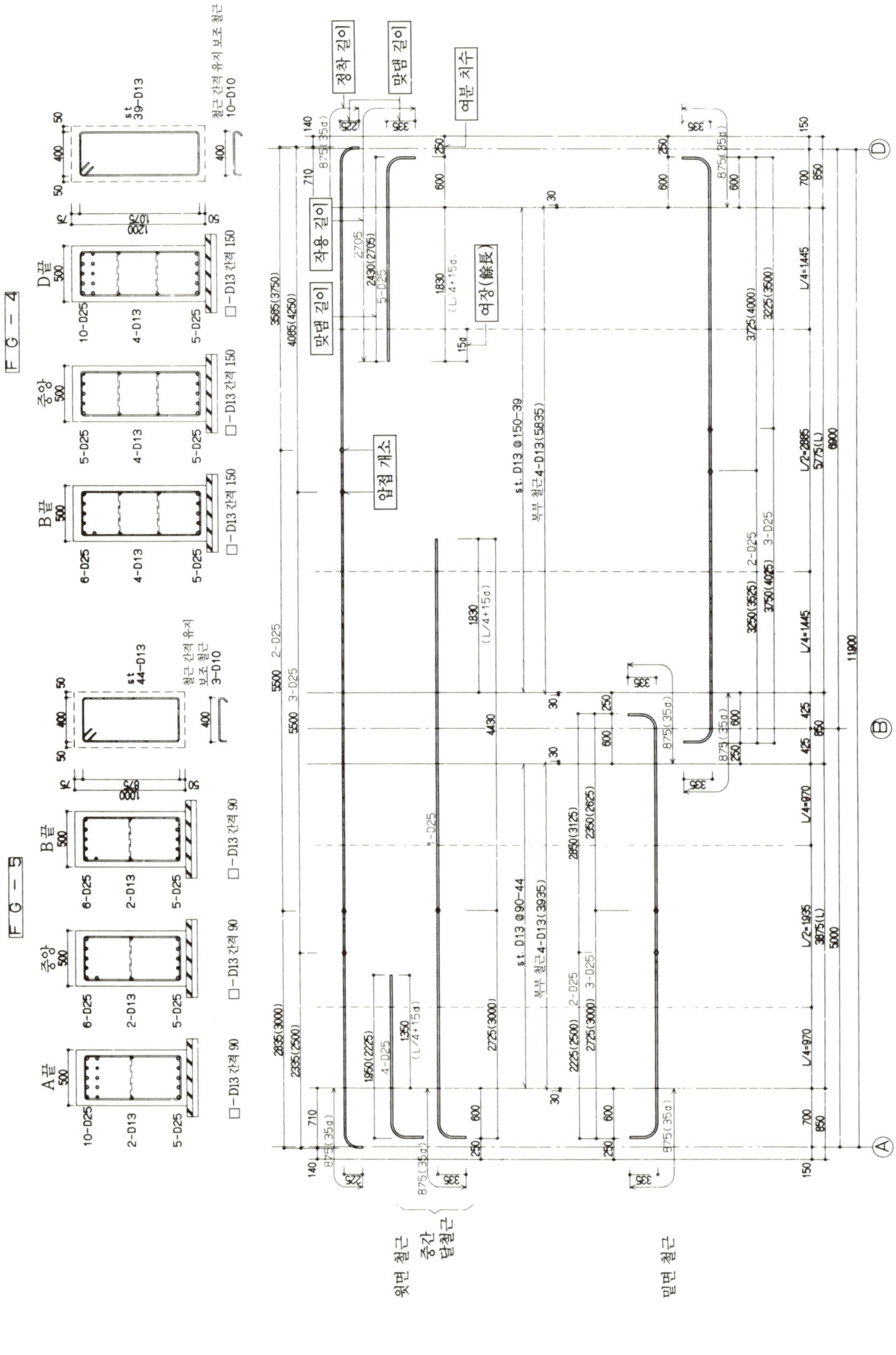
F G － 5
A끝
중앙
B끝
F G － 4
B끝
중앙
D끝
10-D25
2-D13
5-D25
6-D25
4-D13
□-D13 간격 90
□-D13 간격 150
st 44-D13
st 39-D13
철근 간격 유지 보조 철근 3-D10
철근 간격 유지 보조 철근 10-D10
정착 길이
맞댐 길이
여분 치수
자용 길이
여장(餘長)
압접 개소
st. D13 @150-39
복부 철근4-D13(5835)
st. D13 @90-44
복부 철근4-D13(3935)
윗면 철근
중간 달철근
밑면 철근
L/4=970
L/2=1935
3875(L)
5000
L/4=1445
L/2=2885
5775(L)
6800
11900
875(35d)
335

그림 3.41 철근 가공도

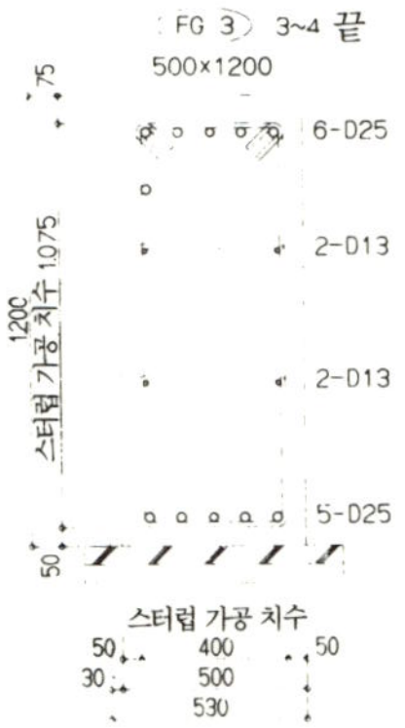

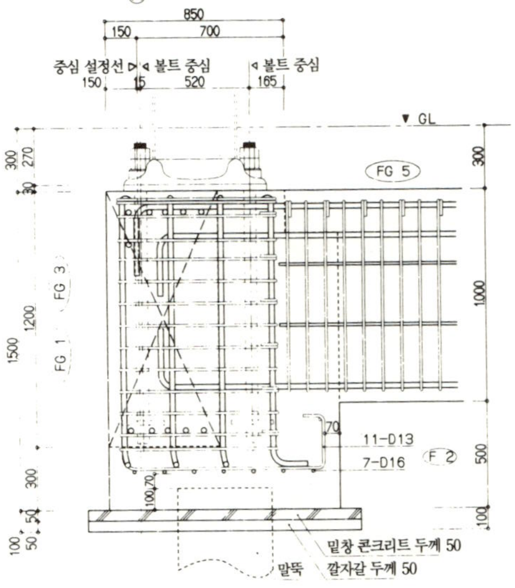

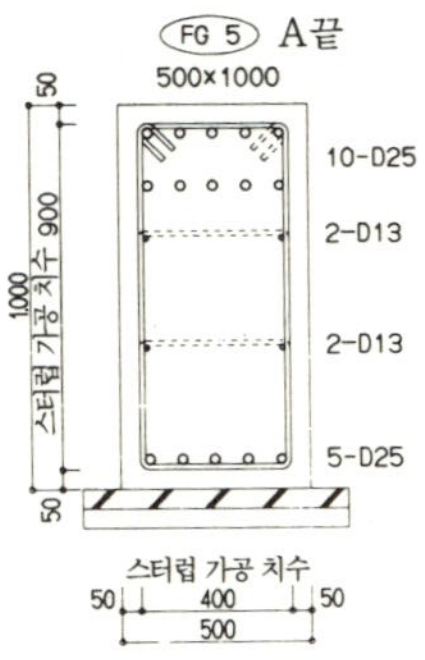

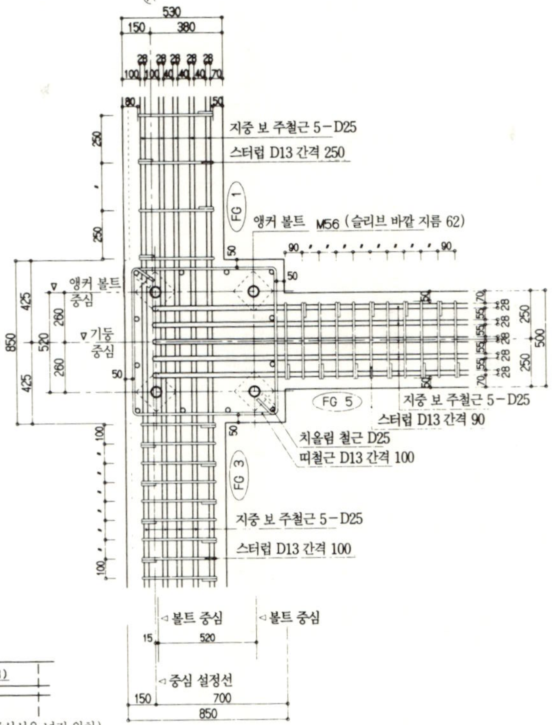

주 1) 스터럽의 가공 치수
보가 동일 높이에서 교차할 때 또는 기둥과 보가 동일 면에서 아물림하는 경우는 스터럽의 춤이나 폭의 치수를 조정하고 피복 두께를 확보한다.
H1=최소 피복 두께
H2=H1+d2
H3=H1+d3

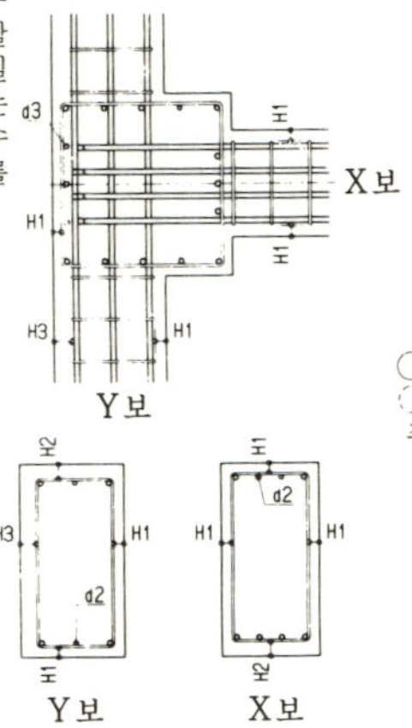

주 2) 보 모서리 철근의 아물림 위치

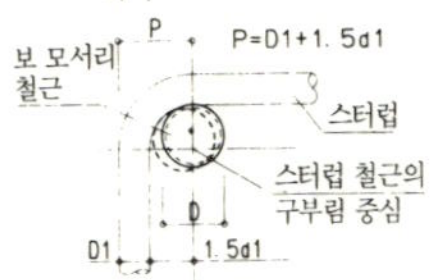

○와 같이 배근하더라도
◌의 위치에 자연적으로 아물림한다
주) d : 철근 호칭명 수치
D : 철근 가장 바깥 지름

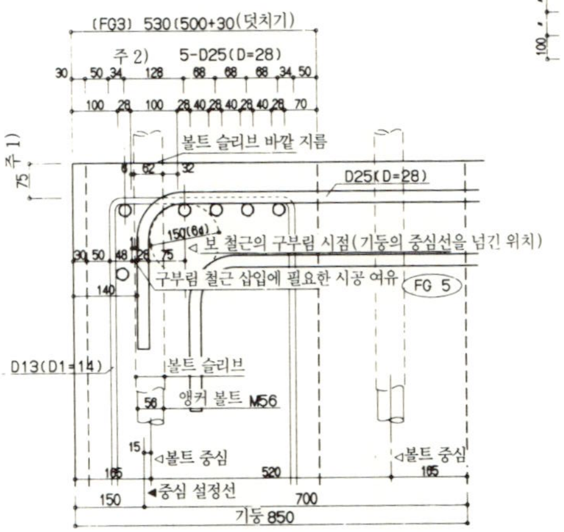

A-4 기둥 주위 배근 상세도

[참고] 이형 철근의 가장 바깥 지름

호칭명	가장 바깥 지름 D(mm)	호칭명	가장 바깥 지름 D(mm)
D10	11	D29	33
D13	14	D32	36
D16	18	D35	40
D19	21	D38	43
D22	25	D41	46
D25	28	D51	58

그림 3.42 철근 조립 아물림도

(b) 시공업자와의 협의

1) **가공에 관한 협의** 시공도 및 배근 기준을 나타내고 가공 상세에 대해서 협의한다. 가공 장소・보관 방법・가공 정밀도 및 공정에 대해서 확인한다. 또 현장의 공정에 맞도록 재료 반입일 및 가공 일정을 검토하고 장기간 철근을 방치하지 않도록 한다.

2) **조립에 관한 협의** 조립에 앞서 운반・보관・양중에 대해서 협의한다. 특히 가공을 현장 밖에서 할 경우 현장으로 재료를 반입하려면 우선 짐을 부려야 하므로 양중기의 스케줄에 대해서도 검토한다.

조립에 관한 협의는 시공법, 조립(세우기) 순서, 개구부와 특수 부분의 보강 방법, 가설 비계・공정・안전 관리에 대해서 한다.

3) **가스 압접업자와의 협의** 압접 작업은 보통 철근 조립과는 달리 업자가 하므로 압접공의 자격・공정 및 날씨 형편(한랭・강풍)에 대해서 별도로 협의한다.

(c) 재료 발주・인수

1) **철근 발주** 설계 도서 및 시공도에서 재질별・지름별・길이별 수량표(명세서)를 작성하여 제조 회사에 주문하고 현장 공정에 맞춰 납품시키게 한다.

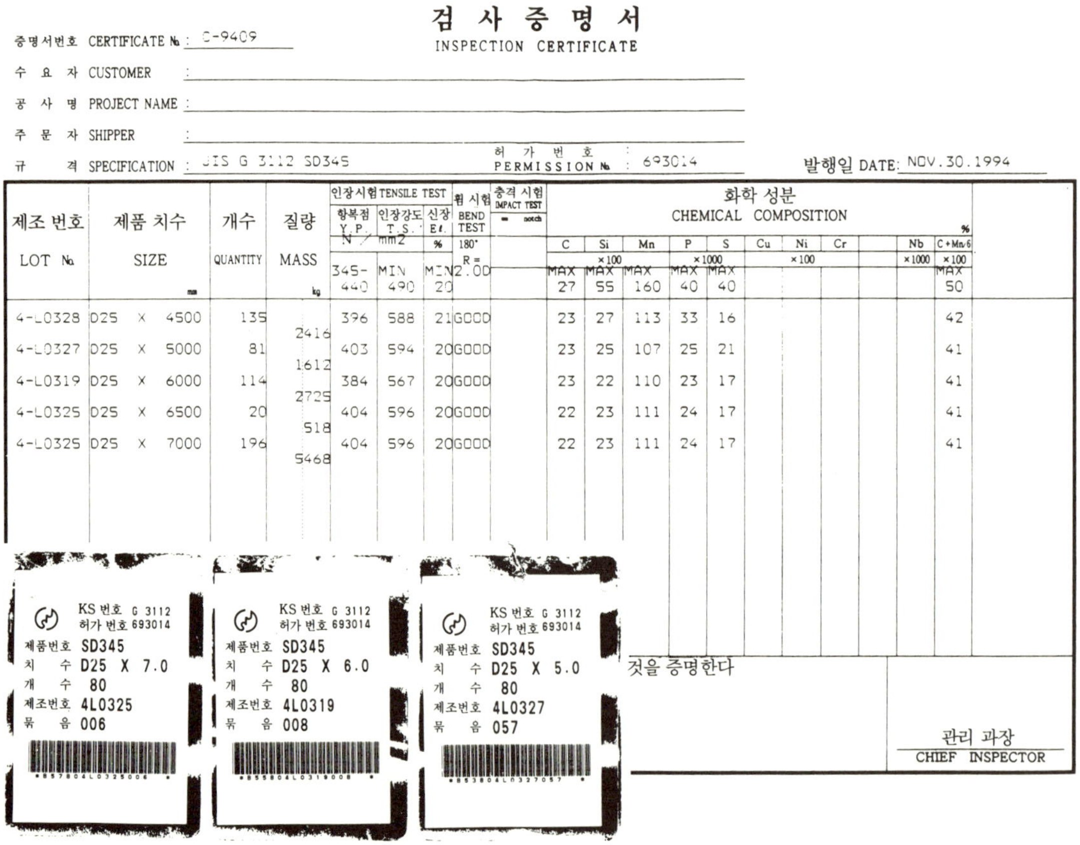

검 사 증 명 서
INSPECTION CERTIFICATE

증명서번호 CERTIFICATE № : C-9409
수 요 자 CUSTOMER :
공 사 명 PROJECT NAME :
주 문 자 SHIPPER :
규 격 SPECIFICATION : JIS G 3112 SD345
허가번호 PERMISSION № : 693014
발행일 DATE: NOV.30.1994

제조 번호 LOT №	제품 치수 SIZE mm	개수 QUANTITY	질량 MASS kg	인장시험 TENSILE TEST 항복점 Y.P. N/mm2	인장강도 T.S.	신장 El. %	휨 시험 BEND TEST 180° R=	충격 시험 IMPACT TEST notch	화학 성분 CHEMICAL COMPOSITION % C ×100	Si ×100	Mn ×100	P ×1000	S ×1000	Cu ×100	Ni ×100	Cr ×100		Nb ×1000	C+Mn/6 ×100
				345-440	MIN 490	MIN 20	2.0D		MAX 27	MAX 55	MAX 160	MAX 40	MAX 40						MAX 50
4-L0328	D25 X 4500	135	2416	396	588	21	GOOD		23	27	113	33	16						42
4-L0327	D25 X 5000	81	1612	403	594	20	GOOD		23	25	107	25	21						41
4-L0319	D25 X 6000	114	2725	384	567	20	GOOD		23	22	110	23	17						41
4-L0325	D25 X 6500	20	518	404	596	20	GOOD		22	23	111	24	17						41
4-L0325	D25 X 7000	196	5468	404	596	20	GOOD		22	23	111	24	17						41

것을 증명한다

관리 과장
CHIEF INSPECTOR

그림 3.43 재료 표시・검사 증명서

2) 철근 인수

인수시의 검사 반입된 철근을 부릴 때에는 종류·지름·길이·수량을 체크한다. 이때 철근에 첨부되어 있는 **그림 3.43**과 같은 재료 표시표(plate)와 제출된 강재 검사 증명서(mill sheet)를 비교 대조하여 KS에 정해진 규격품인지를 확인한다. 규격에 상당하는 품질의 철근을 사용하는 경우와 샘플링 검사가 지정되어 있는 경우는 KS에 정해진 시험 요령에 따라 공적 기관에서 시험을 하고, 그 결과를 기재한 재료 시험 성적서를 감리자에게 제출한다.

보관시 주의 사항 철근재를 보관할 때는 지면에 직접 철근이 닿지 않도록 **그림 3.44**와 같이 침목을 깔고 철근 위에는 시트를 씌운다든지 가설 지붕을 만들어 녹이 슬지 않도록 한다. 또 철근은 종류별·지름별·길이별로 정리하고 가공 작업이나 재고 관리를 하기 쉽도록 한다.

그림 3.44 철근 보관 광경

(d) **철근 가공** 배근 기준·철근 가공도에 따라 철근의 절단·휨 등의 가공을 한다. 절단은 시어 커터 또는 톱으로 하며, 구부림은 벤더 등의 기계로 한다. 가스 등으로 가열하지 말고, 상온에서 가공한다(**그림 3.45, 3.46**).

철근의 구부림 각도, 말단의 갈고리 형상은 규정대로 정밀하게 가공한다. 요소(要所)에 대해서는 현치도를 작성하고 가공 견본을 만들어 구부림 각도·반경·길이·형상 등이 틀리지 않도록 가

그림 3.45 철근 가공(shear cutter를 이용한 절단 광경)

그림 3.46 철근 가공(bender를 이용한 구부림 광경)

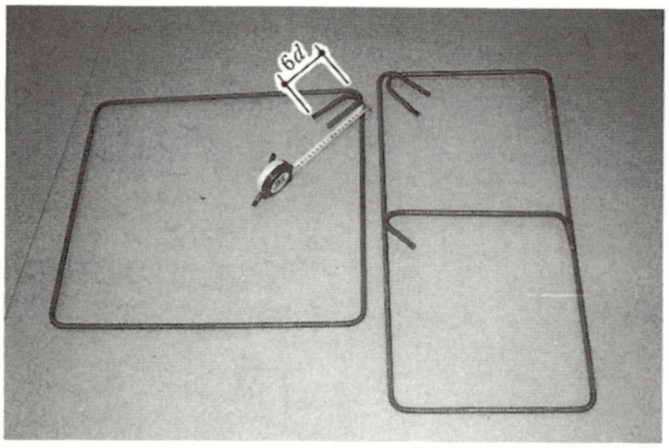

그림 3.47 철근 가공 견본

그림 3.48 철근 조립 광경

공한다(그림 3.47).

(e) 철근 조립

1) **조립** 철근 조립 작업은 거푸집 조립 작업을 비롯하여 각종 작업이 폭주하고 있으므로 신속하게 하고, 다시하거나 재손질하는 일이 없도록 질서있게 한다. 설계도·배근 기준·시공도에 따라 다음과 같은 점에 주의하면서 바르게 조립한다(그림 3.48).

a. 철근 위치, 피복 두께를 정확히 유지하기 위해 적절한 스페이서를 설치한다. 기초 보의 경우는 보 춤이 높아 조립하기가 어려우므로 강제(鋼製) T자형 받침 기둥을 사용하여 주철근 위치를 유지한다.

b. 콘크리트 부어 넣기할 때 철근이 이동하지 않도록 철근 서로를 결속선(ϕ 0.8 mm annealing 철사)으로 단단히 묶는다.

c. 철근 정착 길이, 이음 위치는 지정된 배근 규준과 시공도에 따라 한다.

d. 개구부 주위에는 보강 철근을 배근 규준에 따라 삽입한다.

e. 콘크리트 이어 붓기면에 삽입하는 철근은 규정에 맞는 정착 길이로 바른 위치에 삽입한다.

2) 가스 압접 작업 철근 이음에는 일반적으로 쓰이는 겹침 이음과 가스 압접 이음 외에 각종 용접 이음과 기계로 하는 이음이 있다.

겹침 이음은 철근을 겹쳐 주위 콘크리트의 부착력으로 응력을 전달하고자 하는 이음이며, 지름 D 16 이하의 철근 이음에 쓰인다.

가스 압접 이음은 접속하고자 하는 철근 양끝면을 평활하게 연마 가공한 다음 양끝면을 맞대어 그 부근을 가스 불꽃으로 가열하고 동시에 철근 축방향으로 압축력을 가하여 용착하는 이음이다(**그림 3.49**). 철근 이음에는 대부분 가스 압접 이음이 채용되며 D 19～D 32의 철근 이음에 쓰이고 있다.

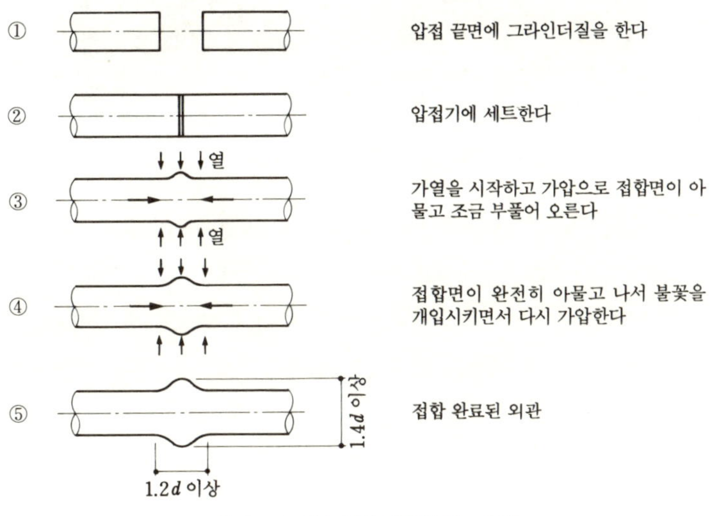

그림 3.49 가스 압접 이음을 하는 순서

가스 압접 장치의 설명도를 **그림 3.50**에, 가스 압접 작업 광경을 **그림 3.51**에 나타낸다. 양호하고 신뢰할 수 있는 접합부를 얻을 수 있도록 다음과 같은 점에 주의하면서 작업을 한다.

a. **압접공 자격** 압접하는 철근의 종류와 지름에 적응할 수 있는 기량을 가진 유자격자로 한다.

b. **철근 압접면** 철근 끝면은 축방향에 직각으로 가공하여 녹·기름 등을 제거하고 평활하게 연마한다. 철근을 맞댐할 때의 틈은 3 mm 이하로 한다.

c. **외기 조건** 고온시에는 가스가 고온이 되지 않도록 일사(日射)를 막는다.

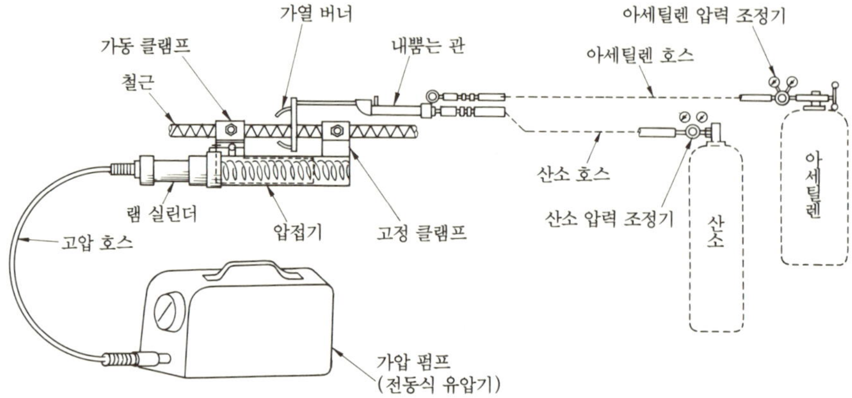

그림 3.50 가스 압접 장치의 설명도

그림 3.51 가스 압접 작업 광경

강우시와 강풍시에는 원칙으로 작업을 하지 않는다. 부득이 작업을 해야 할 때는 강우시에는 빗물에 대한 보양을, 풍속이 6 m/s 이상일 때는 바람막이 등의 설비를 한다.

d. 압접 작업 압접하고자 하는 두 철근은 편심과 축이 휘지 않도록 견고하게 압접기에 고정하고 다구식(4ロ 이상) 화구가 있는 버너로 압접부와 주변을 가열하여 볼록한 접합부를 만든다. 작업은 표준대로 해야 한다.

3) 검사 철근 조립 작업이 끝나면 거푸집 · 콘크리트 공사를 하기까지 배근 검사를 한다. 설계 시방대로 배근이 되어 있는지에 대해서 우선 공사 담당자가 자주 검사(自主 檢査)를 한 다음에 감리자의 검사를 받는다. 검사는 다음 사항에 대해서 한다.

a. 배근 검사 각 부위의 철근 종류 · 지름 · 개수를 확인한다. 이음 및 정착 위치와 길이를 확인한다. 피복 두께 · 순간격 · 고정 상태를 확인한다.

b. 압접부의 검사

① 외관 검사 : 형상 · 치수에 문제가 없는지 검사한다.

형상 (볼록함이 평활하고 구부러지지 않음)

치수 (볼록함의 치수, 축심의 어긋남(그림 3.52))

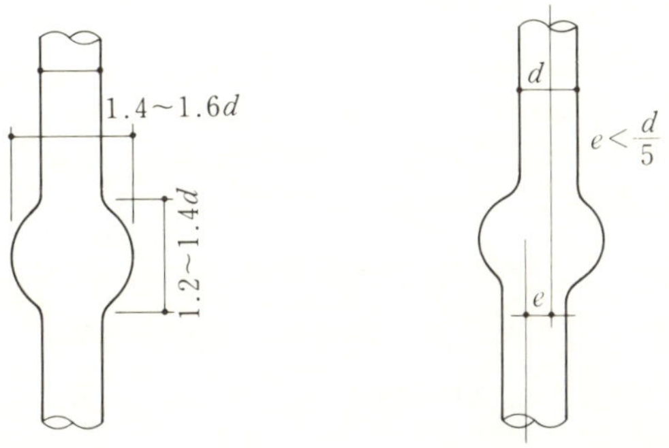

(a) 치수 (b) 축심의 어긋남

그림 3.52 압접부의 치수

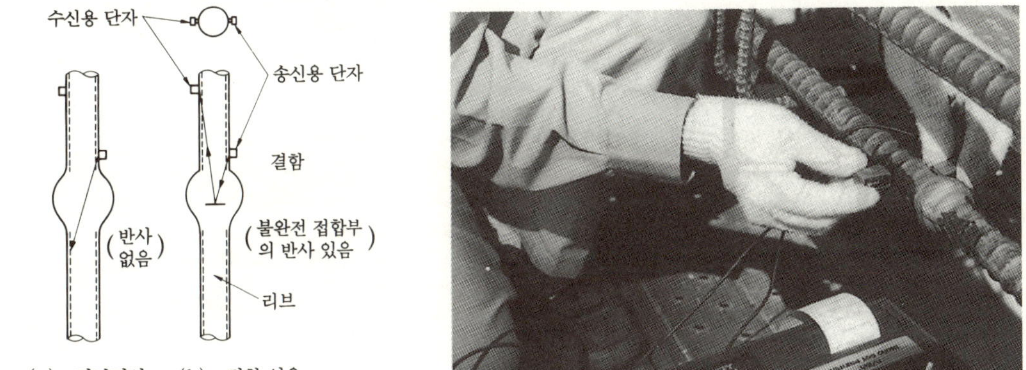

(a) 정상적임 (b) 결함 있음

그림 3.53 초음파 탐상 검사

② 비파괴 검사 : 초음파 탐상 검사를 하여 결함 유무를 확인한다(그림 3.53).

③ 파괴 검사 : 작업을 끝낸 곳에서 시험편을 임의 추출하여 외관 · 휨 · 인장 시험을 한다. 시험은 공적 검사 기관에서 한다.

보통, 외관 검사는 압접 장소의 전체 수에 대해서 하고 그후 비파괴 검사 또는 파괴 검사를 한다. 검사 종류와 검사 수량은 설계 도서에 따른다.

검사 결과 불합격된 경우는 시방서에 정해진 방법 또는 감리자의 지시에 따라 바로 시정한다.

(5) 거푸집 조립

(a) 재료

1) **거푸집널** 콘크리트에 직접 닿는 판으로 보통은 내수 합판(KS F 3110〔콘크리트 형틀용 합판〕)이 쓰인다. 합판 표면에 수지 도료를 도포하여 몇 번이나 전용할 수 있도록 내구성을 갖게 한 것도 있다. 일반적으로 두께 12, 15 mm의 합판이 쓰인다. 한 번 사용한 합판을 전용(재사용)할 때는 콘크리트에 닿는 면을 깨끗이 청소하고 볼트용 구멍 또는 기타 파손된 곳을 수선하며, 필요에 따라 박리제를 도포하여 사용한다.

2) **동바리** 거푸집널을 지지하는 재(材)로 (거푸집널) 보강재(stiffener) · (거푸집널) 지지 각

재(batter)·받침 기둥(support) 등이 있다.

보강재는 기둥·벽·보 등의 측면 거푸집널을 누르는 부재로, 보통 강제(원형 또는 각형)를 사용한다. 받침 기둥은 상부의 하중을 지지하는 것이므로 기초 공사에서는 사용하는 경우가 적지만 거푸집 이동을 방지하기 위해 버팀용으로 쓰이는 경우가 있다.

3) **죄기 철물**(clamping bolt 또는 locking bolt)　폼 타이·세퍼레이터 등이 있다. 거푸집널과 거푸집널 사이에 소정의 콘크리트 두께를 확보하기 위한 세퍼레이터를 넣고 그 양끝에 폼 타이를 고정하며 보강재를 죄어 콘크리트의 측압에 저항케 하는 것이다. 폼 타이에는 여러 가지 형식이 있다. **그림 3.54**에 거푸집 죄기 기구(機構)와 흔히 쓰이는 폼 타이의 예를 나타낸다.

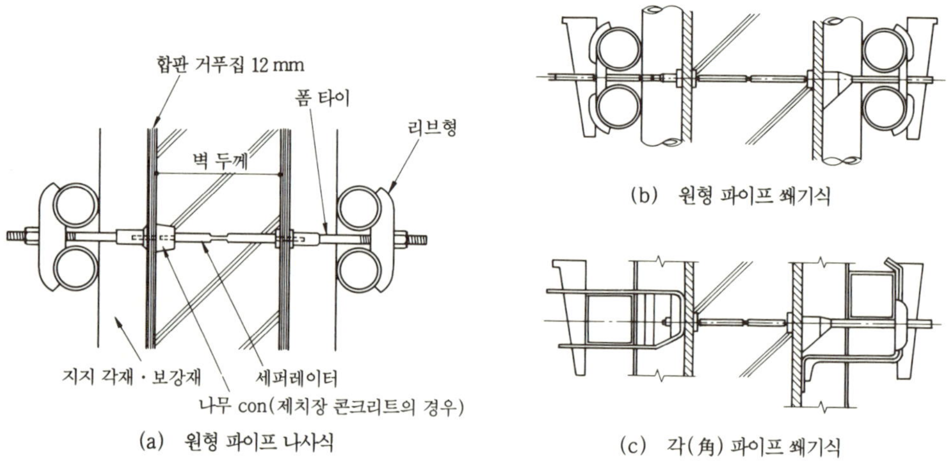

그림 3.54 거푸집 죄기 기구(機構)와 형식의 예

(b) 조립

1) **거푸집 시공 계획**　콘크리트도를 기초로 하여 거푸집의 주요 개소에 대해서 거푸집널의 시공 배치, 단면 상세, 동바리의 간격 등을 체크하고 거푸집 구조에 대해서 검토한다. 콘크리트 측압에 견딜 수 있도록 지지 각재(또는 보강재) 및 폼 타이의 간격을 검토한다.

거푸집널은 절단 낭비(손실)가 적고 또 기초 보의 윗면보다 너무 높아 콘크리트 부어 넣기에 지장을 초래하지 않는 정도의 크기의 합판을 준비한다.

2) **조립**　기초·기초 보의 거푸집 조립은 철근 조립이 거의 완료된 시점에서 시작한다. 철근 스페이서, 배관용 슬리브 및 보강 철근 등이 배치되어 있는지를 확인하고 또 밑창 콘크리트 위에 먼지·토사 등이 있으면 미리 제거하여 청소하고 나서 조립한다.

우선, 밑창 콘크리트 위에 표시한 거푸집용 먹에 맞춰 보강재를 콘크리트 못으로 밑창 콘크리트에 고정하여 거기에 맞춰 한쪽 거푸집(합판 패널)을 조립하고, 이 거푸집에 계획된 위치에 세퍼레이터를 설치하여 폼 타이로 고정한다. 다음에 반대측 거푸집을 세퍼레이터를 통하여 조립하고, 지지 각재를 배치하고 나서 세퍼레이터에 폼 타이를 설치하고 죈다. 다 짜여진 거푸집은 다림추나 수평실을 사용하여 수직성이나 일직선을 확인하고 콘크리트 부어 넣을 때의 하중이나 진동에 견딜 수 있도록

그림 3.55 거푸집 조립된 광경

보강재 · 받침 기둥 등에 스테이를 사용하여 고정한다(그림 3.55).

이때 땅비계 등에 거푸집이 닿아 있으면 진동이 전해지거나 거푸집이 휘어 콘크리트 경화에 나쁜 영향을 끼치는 일이 있으므로 주의한다.

(6) 기초 콘크리트 부어 넣기

(a) 콘크리트 부어 넣기의 준비 · 협의 콘크리트 부어 넣기 작업은 콘크리트 부어 넣는 업자 이외에 철근 · 거푸집 · 설비 등의 업자도 똑같다. 품질을 유지하고 작업을 효율적이고 또한 원활하게 진행하기 위해 다음과 같은 준비와 협의를 한다.

1) 콘크리트 준비

a. 레미콘 공장 KS 표시 허가 공장인지를 확인한다.

b. 레미콘 발주 보통, 레미콘의 주문은 ⓐ 콘크리트의 종류, ⓑ 호칭 강도, ⓒ 슬럼프, ⓓ 굵은 골재의 치수, ⓔ 시멘트의 종류, ⓕ 부어 넣는 양을 지시하고 행한다.

콘크리트 배합은 일반적으로 레미콘업자가 하게 되어 있으므로 배합표를 제출케 하여 배합을 확인한다. 레미콘에서 콘크리트 강도는 단위가 없는 호칭 강도로 나타내게 되어 있지만, 편의상 설계 기준 강도(온도 보정이 필요할 때는 온도 보정 강도)를 호칭 강도의 값으로 그대로 적용해도 지장은 없다.

일반적으로 콘크리트의 압축 강도는 물시멘트비에 따라 결정된다. 설계 기준 강도에 온도 보정 값을 더한 강도로 물시멘트비를 정한다.

슬럼프는 콘크리트 작업성(워커빌리티)의 표준이 되는 것으로 공기량이나 가수량(加水量)에 따라 좌우된다. 슬럼프를 크게 하면 유동성이 좋아지는 반면에 균열, 기타 좋지 않은 일이 생긴다. 일반적으로 슬럼프는 18 cm(기초에서는 15 cm) 이하로 한다.

콘크리트의 내구성을 확보하기 위해 건설교통부 제정 「건축 공사 표준 시방서」 제 5 장에서는 배합에 관하여 다음과 같이 규정하고 있다.

① 단위 수량은 될 수 있는 한 적게 한다(185 kg / m^3 이하).

② 물시멘트비는 65 % 이하로 한다.

③ 단위 시멘트량의 최소값은 270 kg/m^3로 한다.

④ AE제, AE 감수제 및 고성능 감수제를 사용한 콘크리트의 공기량은 3~5%의 범위로 한다.

⑤ 콘크리트 속의 염화물량을 0.30 kg/m^3 이하로 한다.

⑥ 골재는 알칼리 골재 반응을 일으키지 않는 것을 사용한다.

c. **품질 검사** 콘크리트의 품질 관리를 위해 다음과 같은 검사를 하도록 규정되어 있으므로 그 방법에 대해서 확인한다.

① 인수 검사 발주 조건과 같은 품질의 콘크리트가 현장에 납품되었는지를 체크하기 위해 짐 부리는 지점에서 한다.

② 구조체 콘크리트의 압축 강도 검사 부어 넣은 콘크리트의 재령 28일의 강도가 설계 기준 강도를 확보하고 있는지를 확인하기 위해 한다. 기타 강도 시험은 7일 강도 시험을 하고 그로 인해 28일 강도를 추정하거나 거푸집 해체 시기를 확인하기 위해 특정 재령의 강도 시험을 하는 경우가 있다.

2) 부어 넣기 작업 준비

a. **부어 넣기 양 및 부어 넣기 계획 설정** 부어 넣기 기계(콘크리트 펌프)의 부어 넣기 능력, 도로 교통 사정·대지의 상황에 따른 레미콘의 반입·인수 능력 및 건축물의 형상·구조 형태 등을 고려하여 1일당의 부어 넣기 구획과 부어 넣기 양을 결정한다.

구획을 설정하고 이어 붓기할 경우는 원칙으로 보·슬래브의 스팬 중앙 부근에 수직으로 한다. 이어 붓기 장소의 콘크리트 치기 멈춤에는 여러 가지 방법이 있지만 **그림 3.56**과 같이 익스팬디드 메탈을 사용하는 경우가 많다.

기둥·벽은 각종 바닥 슬래브 또는 기초 윗면에서 수평으로 이어 붓는다.

그림 3.56 이어 붓기 장소의 콘크리트 치기 멈춤 예

b. **부어 넣기 기계 결정** 일반적으로 콘크리트 펌프차를 사용한다. 펌프로 콘크리트를 압송하는 것이며 관을 이어 맞추는 것으로 상당한 높이·거리까지 압송할 수 있다. 붐식 펌프차는 붐(boom)에 따라 압송관의 관 끝을 직접 부어 넣는 장소로 미치게 할 수 있으므로 기초나 처마 높이가 낮은 건축물의 경우에 많이 쓰이고 있다. 부어 넣는 장소를 고려하여 기종을 결정한다(**그림 3.

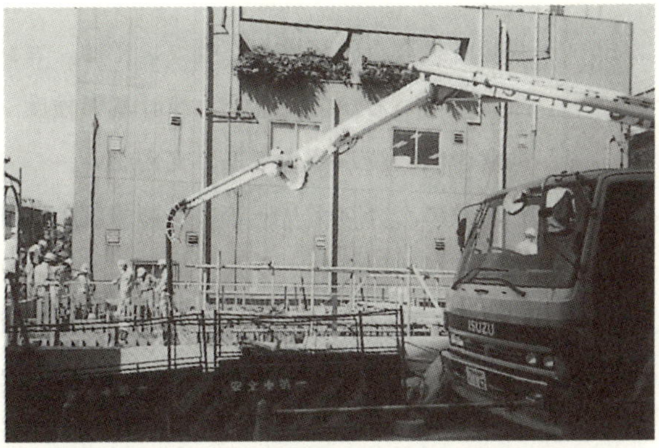

그림 3.57 붐식 펌프차를 이용한 콘크리트 부어 넣기의 광경

57).

c. **부어 넣기 순서 결정** 원칙으로 콘크리트 펌프차에서 멀리 떨어진 곳에서 부어 넣도록 계획한다. 철근이나 거푸집 및 부어 넣기가 끝난 콘크리트에 유해한 진동을 주지 않도록 배관의 경로, 방법을 연구한다.

d. **콘크리트 부어 넣기 작업자 배치** 콘크리트량, 시공의 난이도를 고려하여서 사람의 수를 결정한다. 각각이 가진 영역의 책임을 다할 수 있도록 작업자 배치를 연구한다.

콘크리트 부어 넣기는 다음의 작업자로 한다.

① 콘크리트 압송공 콘크리트의 압송과 배관을 갈아 끼운다. 콘크리트 압송 기능공이 한다.

② 콘크리트 부어 넣기공 진동기 · 다짐봉 · 나무 망치 등을 사용하여 압송된 콘크리트를 소정 장소에 부어 넣어 다지면서 차례로 콘크리트 고르기를 한다.

③ 철근 · 거푸집 · 설비공 자기가 한 공사의 점검과 흐트러진 철근을 재손질한다.

④ 콘크리트 시험 담당 공시체(test piece)의 채취, 슬럼프 · 공기량 등을 측정한다.

⑤ 배차 · 교통 정리 담당 부어 넣기 상황에 따른 믹서차의 준비와 기타 레미콘 공장과의 연락을 한다. 현장 부근의 자동차 유도와 제 3자의 안전을 확인한다.

e. **콘크리트 시공 계획 철저** 콘크리트를 부어 넣기 전에 콘크리트 공사 담당 직원과 협력업자 전원에게 시공 계획과 기타 유의 사항에 대해서 설명한다.

(b) 콘크리트 부어 넣기

1) 부어 넣기 전 청소 및 물뿌리기(살수)

a. 거푸집 속을 점검하고, 잡물이 있으면 제거하고 물로 씻어낸다.

b. 거푸집널 및 콘크리트 이어 붓기 부분은 물을 뿌려 습윤한 상태가 되게 한다.

2) 콘크리트 압송

a. 콘크리트는 원활하게 압송할 수 있도록 물 및 모르타르를 먼저 압송한다. 이 먼저 압송하는 모르타르의 강도는 콘크리트 강도보다 30～40% 높은 것을 사용한다. 압송된 모르타르에 이상이 확인될 경우는 그 부분을 폐기한다. 모르타르에 이상이 있으면 1군데로 집중되지 않도록 분산하여

부어 넣는다.

3) 부어 넣기

a. 콘크리트(트럭 믹서나 트럭 애지테이터를 사용할 경우)는 혼합하기 시작하고 나서 1.5 시간 이내에 공사 지점에 배출한다(KS F 4009에 따른다). 현장 형편이나 교통 체증으로 공사 지점에 배출하기까지의 시간이 길어지지 않도록 주의한다. 여름철 고온시에는 1시간 이내에 부어 넣도록 한다.

b. 콘크리트는 될 수 있는 한 낮은 위치에서 부어 넣는다.

c. 거푸집 내부에서 콘크리트를 옆으로 흘러 부으면 골재가 분리되기 쉬우므로 압송관의 관 끝을 될 수 있는 한 부어 넣는 곳에 가까이 대고 수직으로 부어 넣는다(그림 3.58).

그림 3.58 콘크리트 부어 넣기 · 다지기

d. 다지기를 충분하게 한다. 다지기는 봉상의 진동기(바이브레이터) 외에 두들기기, 찌르기를 병용한다. 진동기 삽입 간격은 60 cm 정도, 삽입 깊이는 먼저 부어 넣은 콘크리트에 10 cm 정도로 하고 10초/회 정도의 시간 내에 한다. 진동기가 직접 철근에 닿는다든지 응결하기 시작한 콘크리트에 삽입되지 않도록 한다(그림 3.59).

e. 배관 교체 준비, 휴식 등으로 압송을 일시 중단할 때는 배관 내의 콘크리트 경화를 방지하기 위

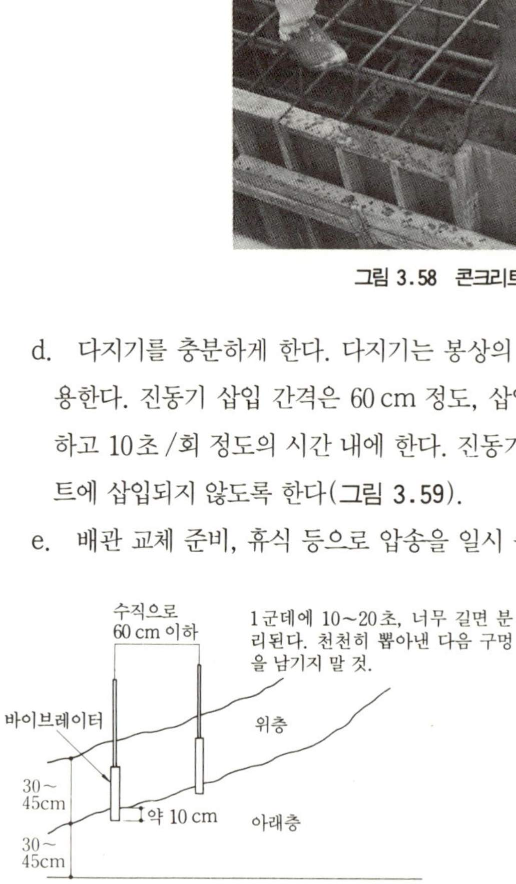

그림 3.59 바이브레이터(내부 진동기)의 올바른 사용법

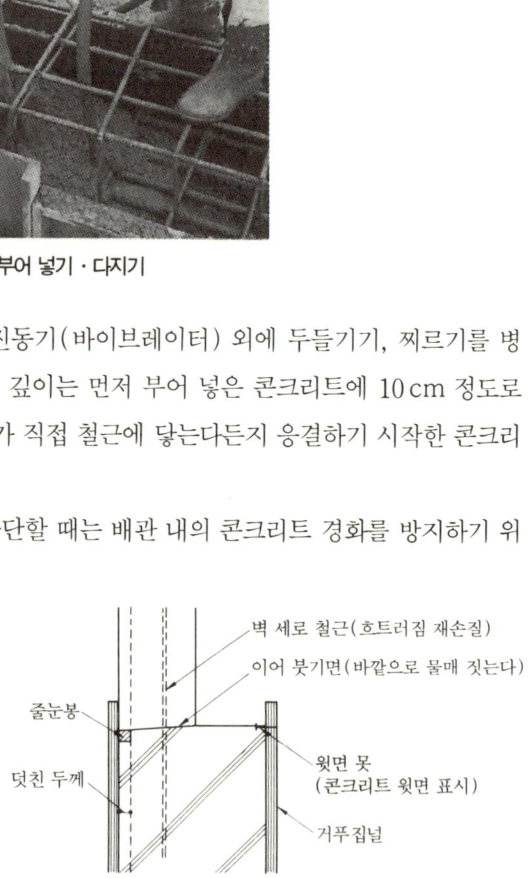

그림 3.60 이어 붓기면의 고르기

해 조금씩 압송한다.

f. 콘크리트는 **그림 3.60**과 같이 윗면을 나타내기 위해 거푸집 안쪽면에 박은 못 또는 줄눈봉 높이에 맞춰 부어 넣고 나무 흙손으로 주의하면서 고른다. 상부와 이어 붓기가 되는 면에는 레이턴스가 생기지 않도록 고른다. 외부에 면하는 곳은 바깥쪽으로 물매를 지어 둔다.

고르기 작업시에 벽 또는 다짐 바닥 배근용 삽입 철근이 흐트러졌을 때는 정규 위치에 고쳐 둔다.

g. 압송 작업이 끝나면 배관 내의 콘크리트를 공기 또는 물을 보내 청소한다. 이때 압출된 콘크리트는 폐기 처분한다.

(c) 양생

a. 콘크리트를 부어 넣은 후는 겨울철에는 시트·가마니 등으로 한기를 막아 주고, 여름철이나 건조가 격심할 때는 적당히 물을 뿌려 습윤 상태를 유지하게 한다.

b. 콘크리트를 부어 넣은 후는 진동과 충격을 주지 않도록 한다.

(d) 품질 검사

1) 인수 검사

a. **콘크리트의 종류, 운반 시간의 확인** 레디믹스트 콘크리트를 실은 믹서차가 현장에 도착하였을 때 1대마다 납품 전표(**그림 3.61**)의 내용을 체크하고 콘크리트의 종류, 품질이 지정한 것과 같은지, 또 정해진 시간(KS에서는 90분) 이내에 납품되었는지를 확인한다.

허가 번호

레디믹스트 콘크리트 납품서

No. 12 1994년 7월 5일

귀하

<table>
<tr><td colspan="3">납 품 장 소</td><td colspan="5"></td></tr>
<tr><td colspan="3">운 반 차 번 호</td><td colspan="5">107</td></tr>
<tr><td colspan="2" rowspan="2">납 품 시 각</td><td>출발</td><td colspan="5">10시 5분</td></tr>
<tr><td>도착</td><td colspan="5">10시 20분</td></tr>
<tr><td colspan="3">납 품 용 적</td><td colspan="2">4.50 m³</td><td>누 계</td><td colspan="2">54.00 m³</td></tr>
<tr><td rowspan="2">호 칭 법</td><td colspan="2">콘크리트의 종류에 따른 기호</td><td>호칭 강도</td><td>슬럼프</td><td colspan="2">굵은 골재의 최대 치수에 따른 기호</td><td>시멘트의 종류에 따른 기호</td></tr>
<tr><td colspan="2">보통</td><td>210</td><td>15</td><td colspan="2">20</td><td>N</td></tr>
<tr><td colspan="2">인수 직원 확인</td><td colspan="2">㊞</td><td>출하 담당 확인</td><td colspan="3">홍 길동</td></tr>
<tr><td>비 고</td><td colspan="7"></td></tr>
</table>

그림 3.61 레디믹스트 콘크리트(레미콘)의 납품 전표

b. 콘크리트 인수 검사 납품 전표 내용이 발주한 것과 같은지를 확인한 다음 배출 지점에서 인수 검사를 한다. 검사는 보통의 경우 워커빌리티, 슬럼프, 공기량, 콘크리트 온도, 염화물량 및 압축 강도의 항목에 대해서 한다. 검사 방법은 설계 도서, 「건축 공사 표준 시방서」 등에 표시되어 있다. 그때 사용하는 시험 기구를 **그림 3.62**에, 인수 검사 상황을 **그림 3.63, 3.64**에 나타낸다.

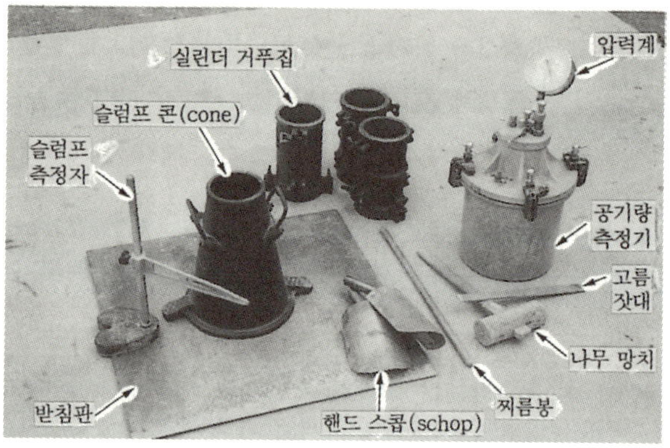

그림 3.62 콘크리트 테스트용 기구

그림 3.63 슬럼프 테스트 광경

그림 3.64 콘크리트 인수 검사

c. 불합격의 경우 처치 인수 검사의 결과가 불합격일 경우는 원칙으로 콘크리트를 되돌려 보낸다.

2) 구조체 콘크리트의 압축 강도 시험

a. 압축 강도 시험 방법 시험은 인수 검사의 강도 시험과는 다르며 부어 넣기 공사 구간・1일 부어 넣기 구획 또는 150 m^3 이하마다 1회 실시한다. 1회 시험에는 임의로 3운반차에서 1개씩 합계 3개의 공시체를 채취하고 구조체의 어떤 온도 조건에 가깝도록 공시체를 현장 수중 양생하여 압축 강도 시험을 한다. 시험은 공인 시험 기관에서 한다.

b. 합격・불합격 판정 재령 28일의 시험 결과가 설계 기준 강도 이상일 때는 합격으로 한다. 설계 기준 강도를 밑돌 때라도 설계 기준 강도의 85% 이상이며, 91일 이내의 재령에서 설계 기준 강도에 이르면 합격으로 한다(건축 공사 표준 시방서 제5장 참조).

c. 불합격일 경우의 처치 공시체를 이용한 시험 결과가 불합격일 경우에는 그 강도 부족의 원인을 조사 및 부어 넣은 콘크리트의 코어 샘플링이나 콘크리트 테스트 해머를 이용한 강도 시험을 하여 종합적으로 검토하고 대책을 강구한다.

3) **시험 결과 정리** 시험 및 검사 결과는 콘크리트 부어 넣기 장소, 부어 넣기 일수마다 **표 3.7**과 같은 기록 용지에 기입하여 정리한다. 시험의 상황 사진도 기록 용지와 함께 보관한다. 검사 결과는 건축물 준공 검사 필증 교부시에 필요하거나 준공 후에 뭔가 하자가 있을 때, 또는 보수할 필요성이 있을 때 유용한 것이다.

표 3.7 콘크리트 검사 기록 용지의 예

공사명 ____________ 콘크리트 검사 기록

기록 책임자 ____________

부어 넣기 장소 (검사 No.)	부어 넣기 날짜 (월/일)	날씨	기온 (℃)	부어 넣기 양 (m^3)	지정 호칭 강도	설계 기준 강도 (kgf/cm^2)	인수 검사											구조체 검사								비고
							슬럼프(cm)		공기량(%)		염화물량(kg/m^3)		콘크리트 온도(℃)	압축 강도(N/mm^2)				압축 강도(N/mm^2)								
							지정값	시험값	지정값	시험값	지정값	시험값		일		28일		일		28일		일		일		
															평균		평균		평균		평균		평균		평균	

(e) 거푸집 해체

1) **거푸집널 존치 기간** 콘크리트를 부어 넣은 후 콘크리트 경화를 기다렸다가 거푸집을 해체한다.

표 3.8 기초, 보 옆, 기둥 및 벽의 거푸집널 존치 기간을 정하기 위한 콘크리트의 재령(일)

평균 기온 \ 시멘트의 종류	조강 포틀랜드 시멘트	보통 포틀랜드 시멘트 고로 슬래그 시멘트 특급 포틀랜드 포졸란 시멘트 A종 플라이애시 시멘트 A종	고로 슬래그 시멘트 1급 포틀랜드 포졸란 시멘트 A종 플라이애시 시멘트 B종
20℃ 이상	2	4	5
20℃ 미만 10℃ 이상	3	6	8

거푸집널의 최소 존치 기간은 「건축 공사 표준 시방서」에서는 표 3.8과 같이 콘크리트의 재령 또는 콘크리트의 압축 강도에 따라 규정하고 있다.

콘크리트 재령에 따르지 않고 압축 강도에 따라 거푸집널의 해체 시기를 결정하는 경우는 그 시점의 강도를 추정하기 위해 미리 만들어 둔 공시체를 감리자 입회하에 시험을 하고 50 kg/cm^2 이상의 강도인지를 확인한다.

거푸집 해체 작업은 콘크리트가 손상되거나 충격을 받지 않도록 주의하면서 한다.

2) **콘크리트 쳐올린 상황 검사** 거푸집을 해체한 후 콘크리트 표면을 육안으로 검사하고 유해하다고 생각되는 곰보가 발견되었을 때는 불량 개소를 쪼아 내고 부배합한 모르타르로 보수한다.

(7) 되메우기·다짐 바닥 콘크리트 부어 넣기

(a) **되메우기** 되메우기 작업에 지장이 없는 콘크리트 강도를 얻을 수 있는지를 확인하고 나서 되메우기를 한다. 되메우기하는 곳은 거푸집재와 잡물이 그대로 방치되어 있는 경우가 많으므로 그들을 확실히 철거하고 나서 되메우기한다.

1) **되메우기 흙** 되메우기 흙은 굴착토를 유용(流用)하는 경우도 있지만 설계 도서에 사질토 등을 사용하도록 지정되어 있는 경우가 많다. 시방서대로 토사를 사용하여 되메우기한다.

2) **양생** 되메우기는 일반적으로 중기(백호·트럭 등)를 사용한다. 되메우기 작업은 기계가 지중보 등의 콘크리트 위에 직접 올려져 콘크리트에 유해한 하중을 작용케 하거나 손상을 주지 않도록 주의한다. 부득이 중기류(重機類)를 콘크리트 위에 올리지 않으면 안되는 경우는 콘크리트 위에 흙을 더돋구거나 그 위에 철판을 깔아 직접 콘크리트에 하중이 걸리지 않도록 한다. 또 벽이나 다짐 바닥용 철근을 기계에 직접 짓밟히거나 하지 않도록 주의한다.

3) **다지기** 되메우기는 원칙으로 깊이 30 cm마다 롤러 또는 진동 콤팩터로 다지면서 한다. 단번에 깊게 되메우기를 한 후의 전압(轉壓)은 표면 정도에서 그치고 하부까지 고루 다져지지 않으므로 뒷날 침하를 일으킬 염려가 있다. 모래질로 투수성이 좋은 흙의 경우는 물다짐을 한다. 충분히 다질 수 없는 경우는 뒷날 침하량을 가늠하여 북돋우어 두고, 침하가 멎었는지를 확인하고 나서 다짐 바닥 콘크리트를 부어 넣는다.

(b) **설비 공사** 건축 주체 공사와 관련하여 전기·가스·급배수 등의 설비 공사가 있다. 어느 공사도 건축 작업 공정에 맞춰 시공한다. 기초 콘크리트 공사를 할 때 배관용 슬리브 넣기와 일부 전선 박아 넣기 작업도 있지만, 되메우기 시점에서도 설비 지중 매설 작업이 있다. 미리 건축 공사와

작업 일정을 협의하고 그대로 작업이 진행되도록 면밀하게 연락을 취한다.

(c) **다짐 바닥 콘크리트** 다짐 바닥 콘크리트 시공 시기는 철골 조립 공사 전에 하는 경우와 나중에 하는 경우의 두 가지 방법이 있다. 후자의 다짐 바닥 콘크리트를 부어 넣고 나서 그 위에 중기를 올리고 철골 조립(세우기)을 하는 경우는 다짐 바닥 콘크리트가 철골 세우기용 중기의 무게에 견딜 수 있는지, 또 철골과의 아물림, 콘크리트면의 마감을 손상시키는 일이 없는지에 대해서도 검토한다. 실례 건축물에서는 되메우기 흙의 침하, 중기 무게를 고려하여 철골 세우기가 끝난 뒤에 다짐 바닥 콘크리트를 시공하였다.

1) **자갈 깔기 작업** 되메우기가 끝나면 자갈 깔기를 한다. 다짐 바닥 콘크리트 두께를 정확히 확보할 수 있도록 레벨로 높이를 보고 나서 평평하게 고른다. 움푹 패기 쉬움 또는 틈메꿈용 모래 또는 잔 자갈을 충전하고 전압기(보통은 진동 콤팩터)로 충분히 다진다(그림 3.65).

그림 3.65 진동 콤팩터를 이용한 다지기 작업 광경

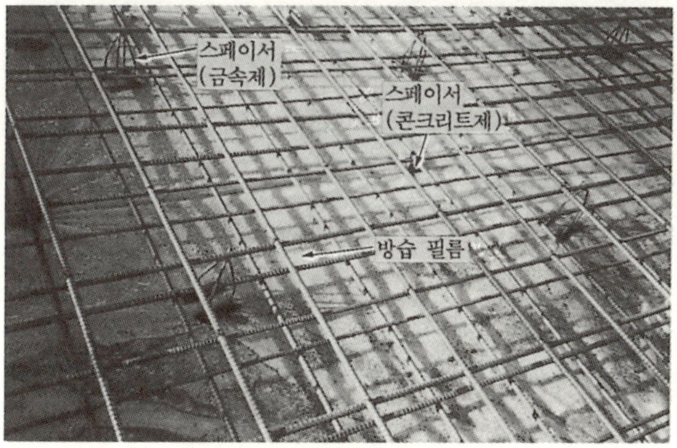

그림 3.66 다짐 바닥 배근 광경

2) **배근 작업** 다짐 바닥이라도 그림 3.66과 같이 스페이서를 사용하여 바르게 배근한다. 다짐 바닥 콘크리트가 기초 보와 접합하는 경우는 설계 도서에 따라 보강 철근을 넣어 접속한다(그림 3.67).

3) **콘크리트 부어 넣기** 부어 넣기 방법, 품질 관리에 대해서는 기초 콘크리트에 따른다. 다짐 바

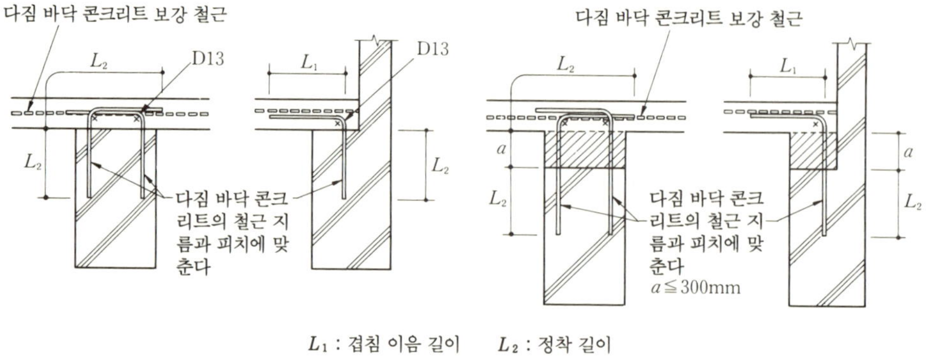

그림 3.67 기초 보와의 접합 보강 철근의 예

닥 콘크리트에서는 수평 잡는 법에 특히 주의한다. 콘크리트를 부어 넣기 전에 작은 말뚝 또는 철근을 3 m 정도 간격으로 박고 여기에 레벨로 콘크리트 높이를 재며 비닐 테이프를 감아 콘크리트 높이를 표시해 두고 여기에 맞춰 부어 넣는다.

콘크리트는 안에서 자기 앞쪽으로 모아서 부어 넣는다. 차례로 셔블, 밀개·긁개 등으로 고르면서 탬핑하여 굵은 골재를 가라앉히면서 표면을 고르게 해 나간다. 다시 한번 레벨로 높이를 확인하면서 긴 잣대로 고르고 나무 흙손으로 요철(凹凸)이 없도록 마감한다(그림 3.68).

그림 3.68 다짐 바닥 콘크리트 부어 넣기 광경

제4장 철 골 공 사

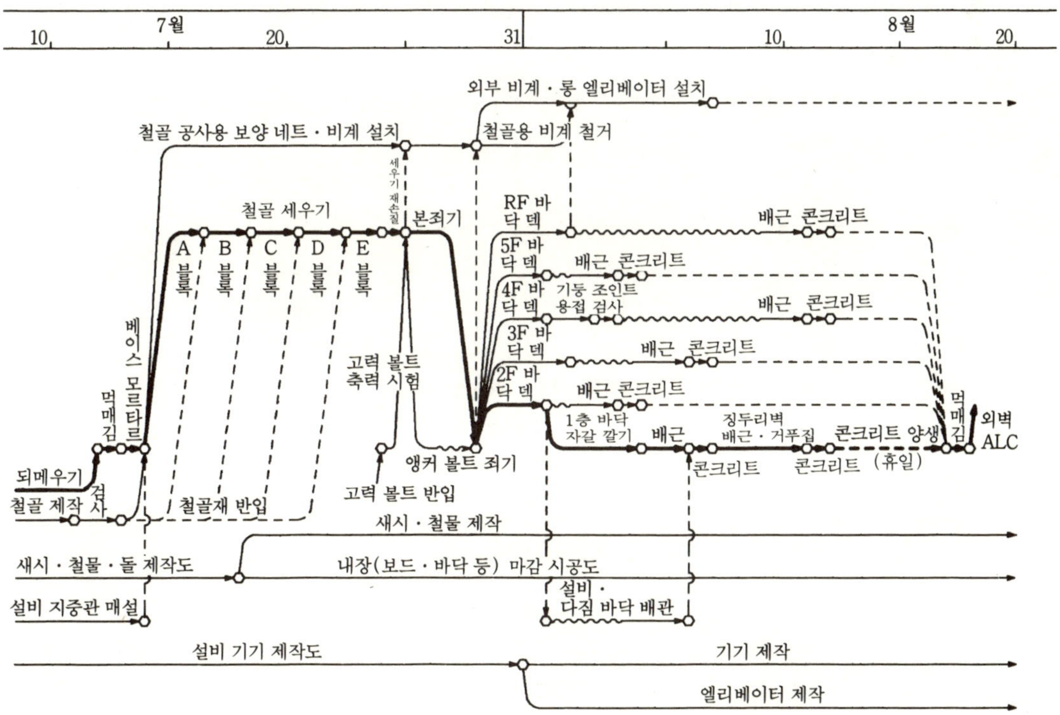
7월
8월
10
20
31
10
20
외부 비계 · 롱 엘리베이터 설치
철골 공사용 보양 네트 · 비계 설치
철골용 비계 철거
세우기 재손질
철골 세우기
본죄기
RF 바닥 데
배근 콘크리트
5F 바닥 데
배근 콘크리트
4F 바닥 데
기둥 조인트 용접 검사
배근 콘크리트
3F 바닥 데
배근 콘크리트
2F 바닥 데
배근 콘크리트
A 블록
B 블록
C 블록
D 블록
E 블록
베이스 모르타르
먹매김
고력 볼트 축력 시험
1층 바닥 자갈 깔기
배근
징두리벽 배근 · 거푸집
콘크리트 양생
먹매김
외벽 ALC
되메우기
검사
철골 제작
철골재 반입
고력 볼트 반입
앵커 볼트 죄기
콘크리트
콘크리트 (휴일)
새시 · 철물 제작
새시 · 철물 · 돌 제작도
내장(보드 · 바닥 등) 마감 시공도
설비 지중관 매설
설비 · 다짐 바닥 배관
설비 기기 제작도
기기 제작
엘리베이터 제작

4.1 개설

철골 구조는 기둥 · 보의 주요 구조 부분이 철골재로 구성된 구조물이다. 철골 공장에서 제작된 철골재를 현장에 가지고 들어가 현장에서는 그것을 조립만 하면 되므로 품질을 확인하기가 쉽고 게다가 공사 기간을 단축할 수 있다는 점이 큰 특징이다.

철근 콘크리트조에 비하여 단위 바닥 면적당 무게가 가볍고 굽힘에 강하고 또 유연성이 좋으므로 대스팬 건조물이나 고층 건축물에 적합하다. 공장 · 사무소 빌딩에 사용하는 예가 많다.

그런 반면에 내구성 · 내화성이 떨어지고 강성(剛性)도 낮으므로 흔들림 · 진동이 큰 것이 결점이다. 내화 성능에 대해서는 내화 피복을 하므로써 그 결점을 커버하고 있지만 내구성 · 강성을 향상시키는 데는 철골재를 철근 콘크리트로 감싸 철골 철근 콘크리트조로 하여 그 결점을 커버하는 방법도 있다.

1. 철골 구조물의 종류

철골 구조물에는 입체 트러스 혹은 돔으로 지붕을 구성하는 대규모 건축물도 있지만, 일반 건축물에서는 초고층도 포함하여 **그림 4.1** (a)와 같은 기둥 · 보 부재 접합부를 강 접합으로 한 라멘 가구(架構)[1]로 하는 것이 대부분이라고 해도 과언이 아니다.

근래 가공 기술의 발달로 강재의 형상이 대형화되고 기둥 · 보 부재는 단일재로 구성되는 예가 많아졌지만 공장, 체육관과 같은 스팬이 큰 건축물에서는 종래와 마찬가지로 **그림 4.1** (b)에 나타낸 트러스 등의 조립 부재도 쓰이고 있다.

그림 4.2는 이들 중 산형(山形) 라멘과 문형(門形) 라멘의 구체적인 가구(架構) 예를 나타낸 것이다.

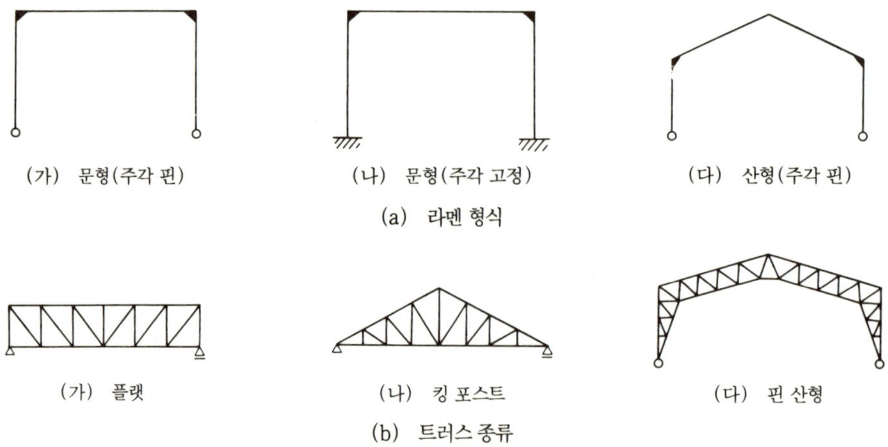

그림 4.1 철골조의 가구(架構) 형식

1) 라멘 가구(架構) : 기둥 · 보의 접합부가 핀 접합되지 않고 강 접합된 골조.

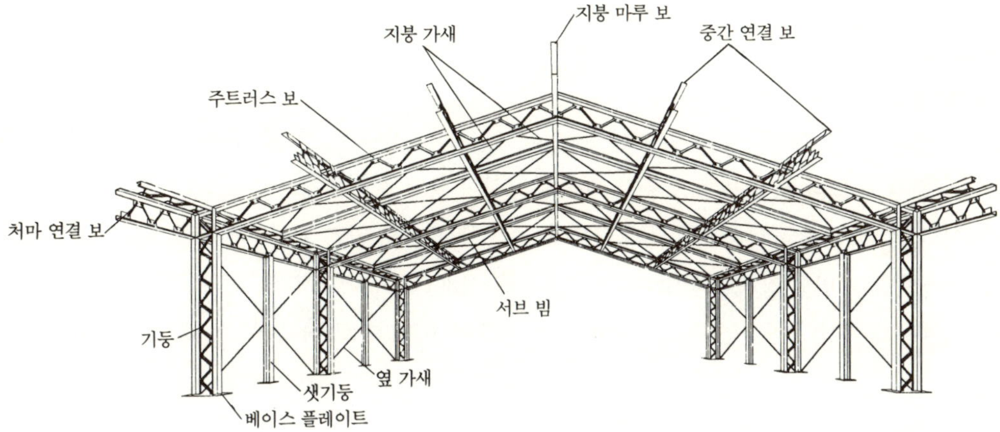

(가) 트러스형

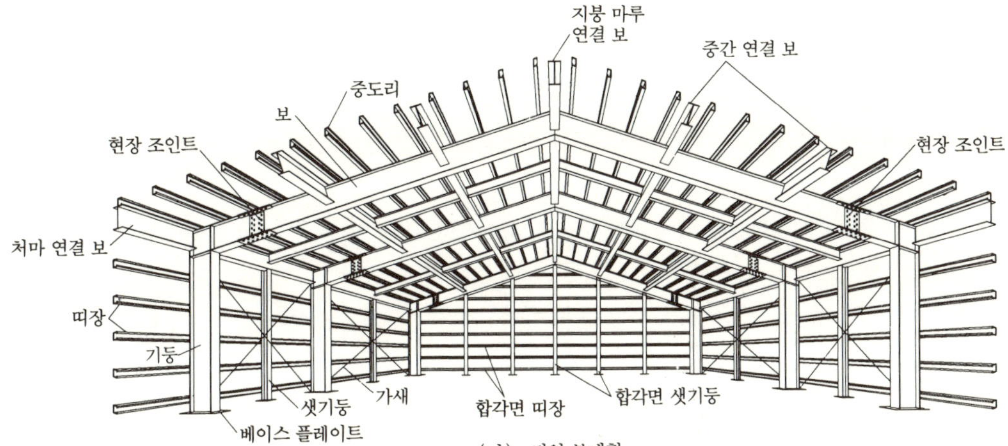

(나) 단일 부재형

(a) 산형 라멘

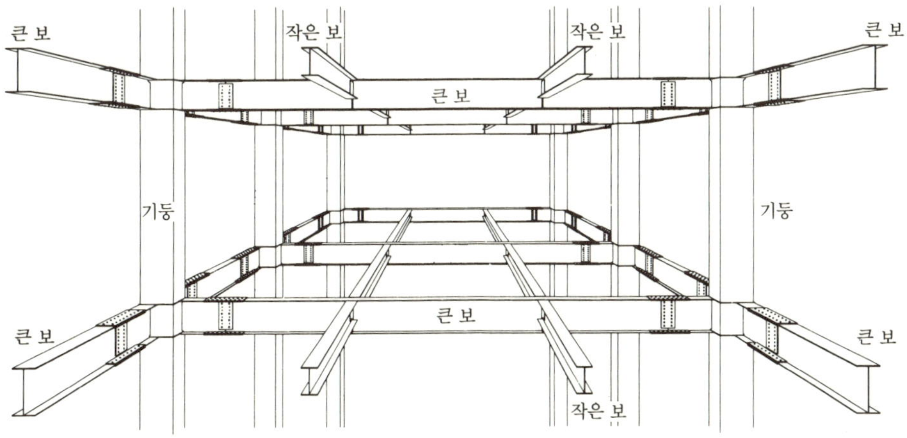

(b) 문형 라멘

그림 4.2 철골 구조물 가구(架構) 예

2. 사용 강재

(1) 강재 종류

이제까지 철골조 건축물의 강재에는 일반 구조용 압연 강재(SS재), 용접 구조용 압연 강재(SWS재), 고장력 강 등이 많이 쓰여 왔지만 용접 개소에 균열이 생기는 등 사고가 발생하여 재료면에 문제가 지적되어 왔다. 이런 문제를 해결하기 위해 일본에서는 JIS의 재평가가 행해져 새롭게 철골조 건축물에 사용하는 건축 구조용 압연 강재로서 SN 강재가 JIS G 3136으로 제정되었다.

이 SN 강재는 용접성에 중점을 두고 개발된 건축 전용 강재이며, SN 400 A, B, C, SN 490 B, C 등이 있다.

(2) 사용 강재의 형상과 철골 부재의 형태

라멘 가구 형식의 경우 주요 구조 부분인 기둥·보에는 각형 강관이나 H형강을 그대로 사용하는 경우가 많지만, 스팬 방향 스팬이 큰 건축물에서는 부재에 큰 응력이 발생하므로 **그림 4.3**에 나타낸 바와 같은 L형강·홈형강·H형강·강관·강판 등의 각종 강재를 사용하여 I형·+형·상자형·원형으로 조합하고 **그림 4.4, 4.5**와 같은 기둥·보로서 사용하는 경우가 많다.

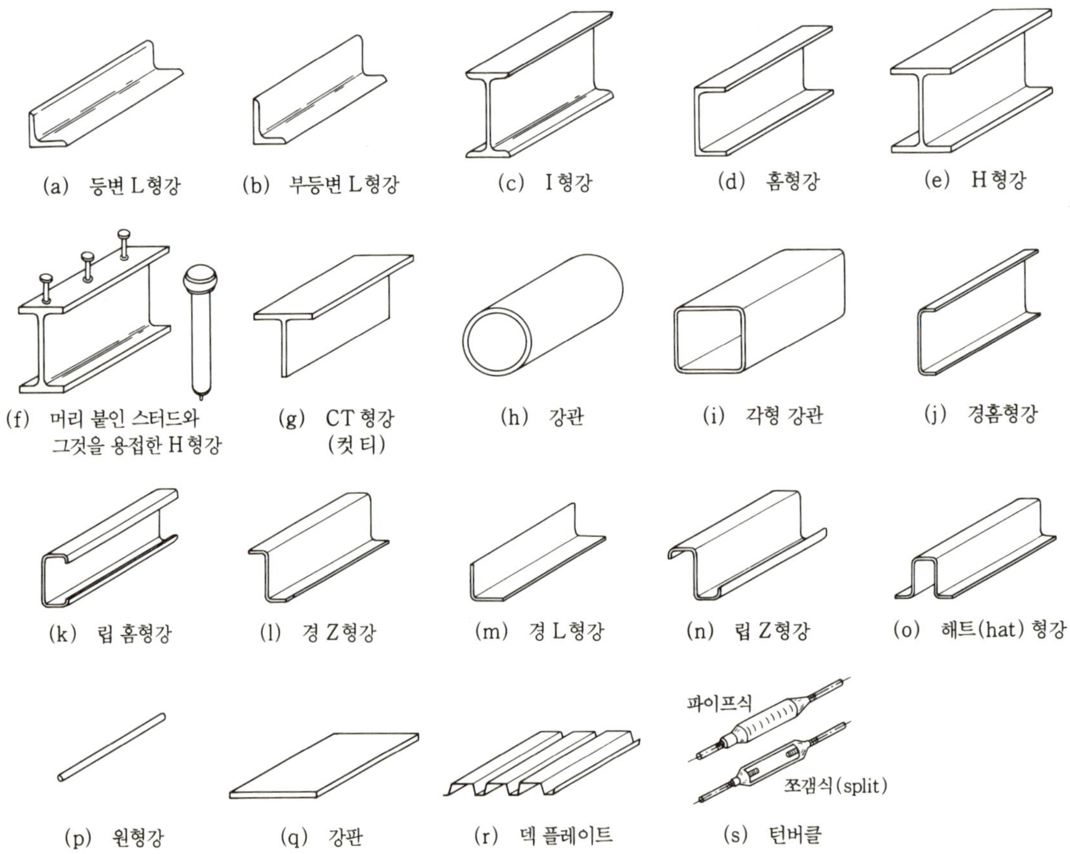

그림 4.3 강재의 종류

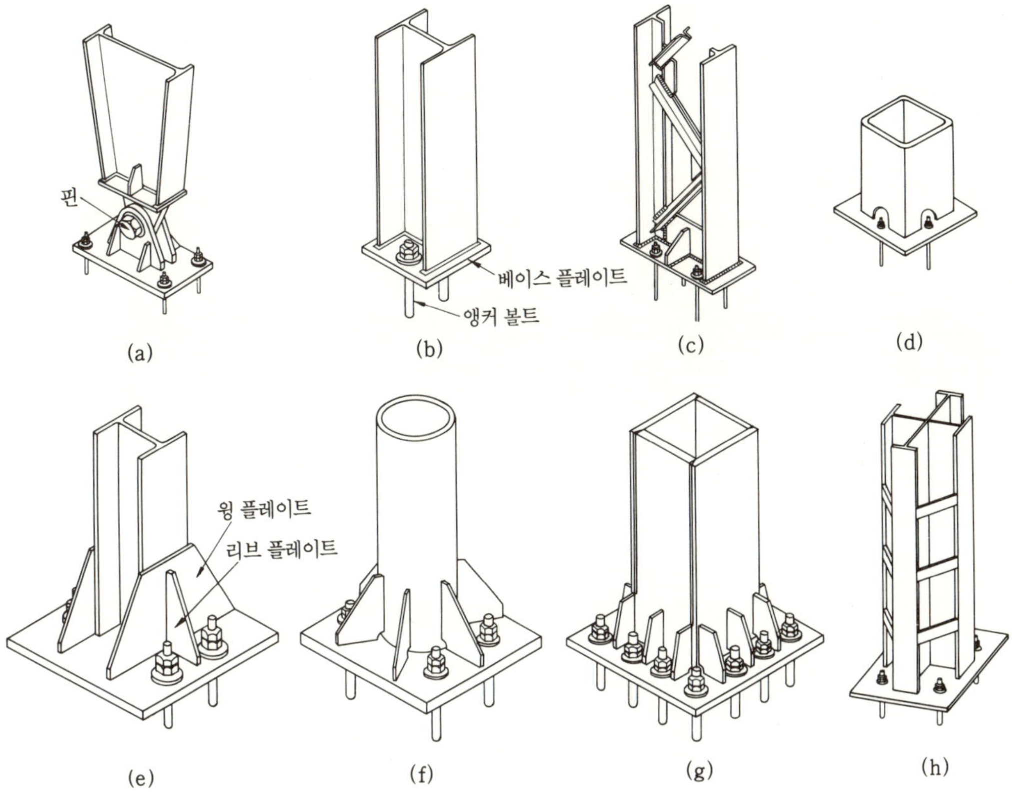

그림 4.4 기둥 형상 및 주각(柱脚) 종류

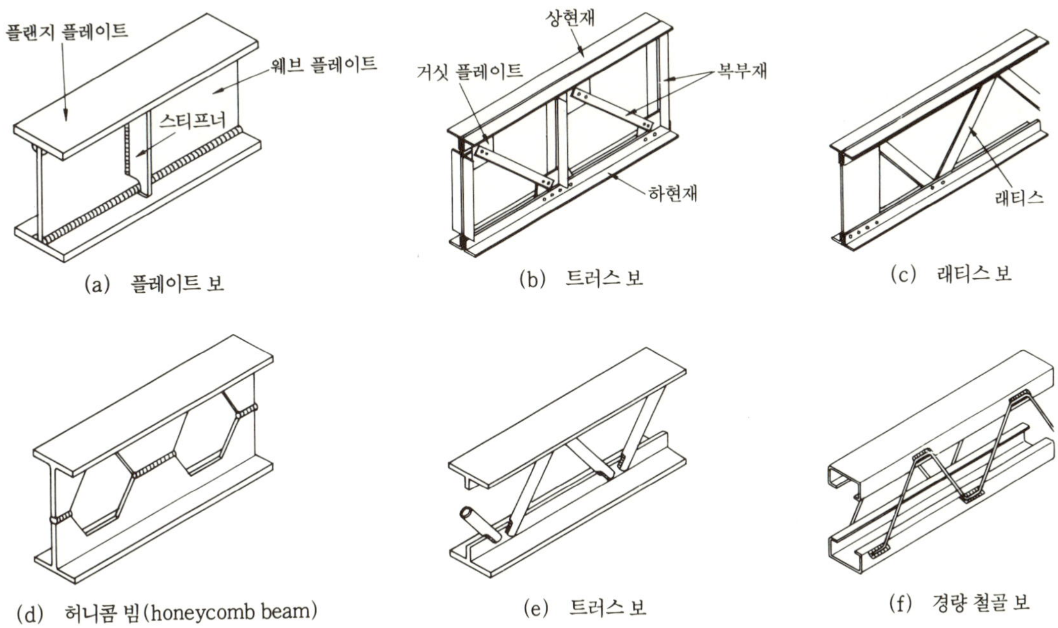

그림 4.5 보 형상

3. 부재 접합법

기둥 · 보 등의 부재는 공장에서 미리 접합해 두는 것과 공사 현장에 가지고 와서 접합하는 것이 있다. 공장에서 제작된 철골재는 공사 현장까지 차량으로 운반하므로 운반 도중의 도로 폭, 길모퉁이의 상황으로 철골재의 길이 · 폭 · 무게에 제약을 받는 것이 있으며, 또 공사 현장에서도 양중기의 매달아 올리는 능력에 한계가 있으므로 매달아 올리는 부재의 무게 · 크기에 제약을 받는 경우가 있다.

공장에서 철골재를 어느 곳에서 구분(몇 개로 나눔)하여 제작하는지는 위에서 기술한 조건에 따라 결정하지만, 일반적으로는 **그림 4.6**에 나타낸 위치에서 기둥 · 보를 구분하는 경우가 많으며, 기둥재의 경우는 2~3층마다 구분하는 경우가 많다. 일반적으로 흔히 하고 있는 기둥 · 보 접합 부분의 상세를 **그림 4.7**에 나타낸다.

현재 기둥 · 보를 접합하는 방법으로는 고력 볼트 접합이나 용접 접합 중 어느 방법이나 다 사용할 수 있다.

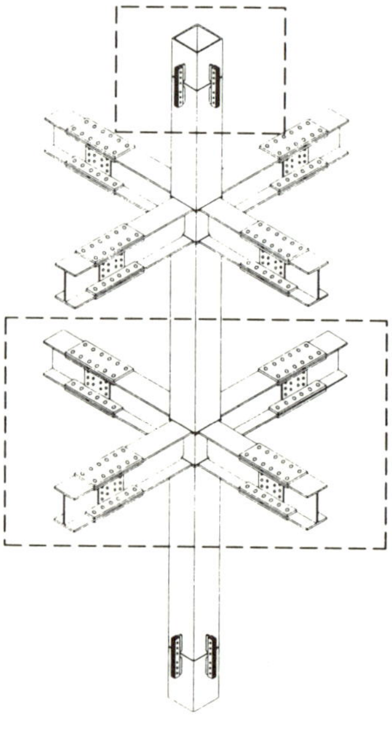

그림 4.6 기둥 · 보의 접합 위치

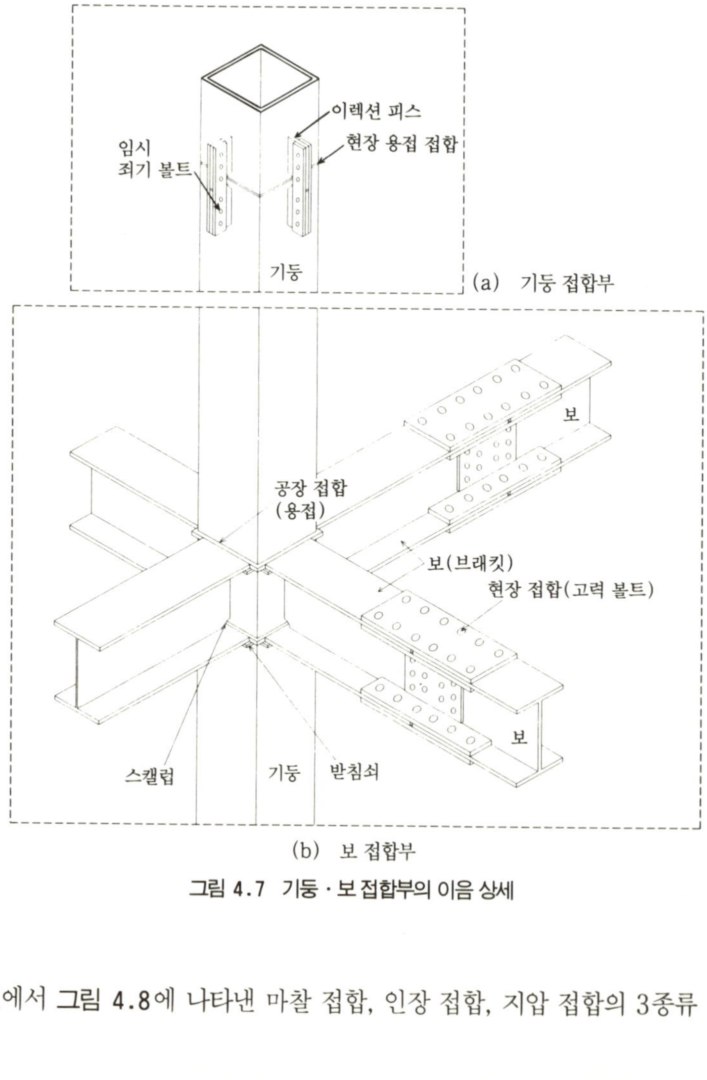

그림 4.7 기둥 · 보 접합부의 이음 상세

(1) 고력 볼트 접합

고력 볼트로 하는 접합법은 구조면에서 **그림 4.8**에 나타낸 마찰 접합, 인장 접합, 지압 접합의 3종류

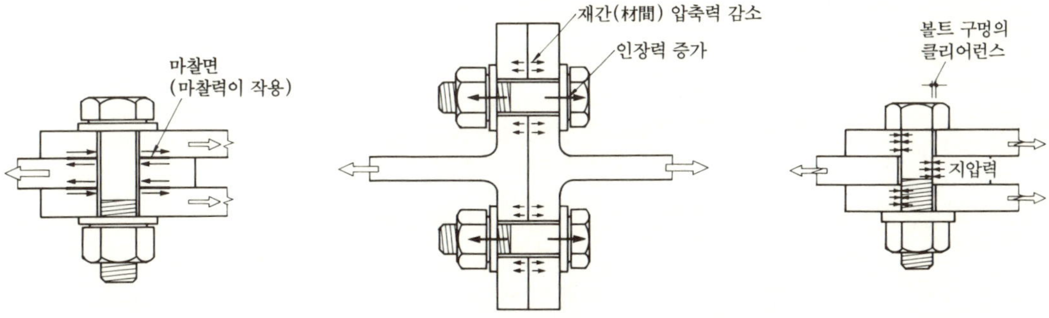

(a) 마찰 접합 (b) 인장 접합 (c) 지압 접합

그림 4.8 고력 볼트 접합법의 종류

가 있으며 그 접합부에는 **그림 4.9**에 나타낸 특수 고력 볼트인 토크 시어(torque shear : TS)형과 KS형 고력 볼트 중 어느 것을 사용해도 된다. 일반적으로 접합법으로는 **그림 4.8** (a)의 마찰 접합이 가장 많이 쓰이고 있다.

마찰 접합은 **그림 4.10**에 나타낸 바와 같이 고력 볼트의 강력한 죔력(압축력)으로 접합 부재간에 생기는 마찰력을 이용하여 응력을 전달하는 방식으로, 다른 볼트 접합 방식에 비하여 응력 전달이 원활하며 이음 강성이 높다는 장점이 있다. 이와 같이 접촉면에서의 응력 전달을 확실하게 하기 위해서는 이음 부재면에 표면 처리를 하여 미끄럼이 생기지 않도록 해야 한다.

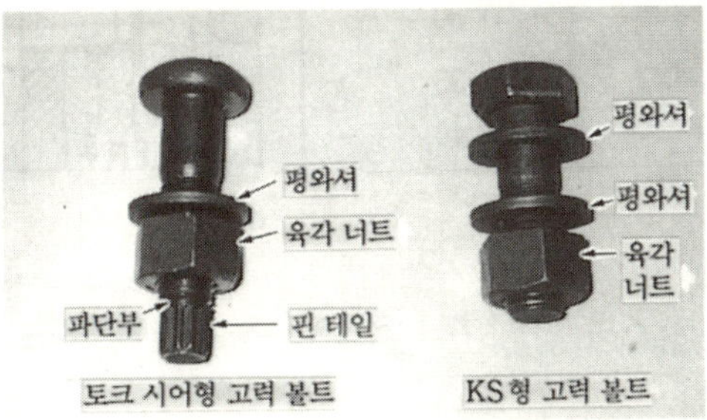

그림 4.9 고력 볼트의 종류와 명칭

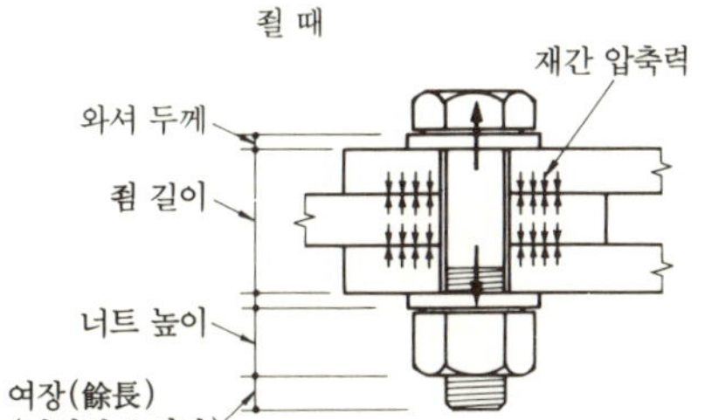

그림 4.10 고력 볼트 죌 때의 상태

일반적으로 고력 볼트 1개당 허용 마찰력 R_S는 마찰면의 수 m, 미끄럼 계수 μ, 설계 볼트 장력 T의 곱으로 나타낸다.

$$R_S = \frac{1}{\nu} \cdot m \cdot \mu \cdot T$$

ν : 미끄럼에 대한 안전율(장기 하중시 1.5)

미끄럼 계수 μ는 **표 4.1**에 나타낸 바와 같이 부재 표면의 처리 상황의 차이에 따라 정하고 있다(보통, 철골로 0.45 이상으로 하고 있다).

참고 이전에는 이음 부재를 죄는 데 보통 볼트를 사용하여 전단 접합 또는 인장 접합으로 하였는데, 이 경우 보통 볼트의 인장 강도가 41 kgf/mm^2 정도인 데 대해 고력 볼트의 인장 강도는 80～116 kgf/mm^{2}인 것도 있으므로 보통 볼트에 비해 2～3배의 강도가 있다.

표 4.1 미끄럼 계수(μ)

표면 처리 상황	미끄럼 계수
아연 도금	0.10~0.30
mill scale 그대로	0.20~0.40
표면 갈기한 것	0.20~0.35
산화염(酸化炎) 뿜칠	0.25~0.60
뜬 녹을 제거한 녹	0.45~0.70
shotblast 한 것	0.40~0.70

실례 공사에서는 보와 보 접합부에 고력 볼트가 채용되어 특수 고력 볼트(torque shear 형)가 사용되었다. 토크 시어형 고력 볼트는 죄기로 소정의 축력(軸力)이 얻어지면 자동적으로 핀 테일(pin tail)이 파단되어 표준 볼트 장력을 확보할 수 있는 기구(機構)로 되어 있다. 현장에서 인수 검사를 할 때 토크 시어형 고력 볼트의 상온시에 대한 죔 축력을 **표 4.2**에 나타낸다.

표 4.2 상온시(10℃~30℃) 죔 축력(볼트 장력)(단위 : kgf)

볼트 호칭 지름	동일 로트의 세트에 대한 죔 축력(볼트 장력)의 평균값
M 16	11 000~13 300
M 20	17 200~20 700
M 22	21 200~25 600
M 24	24 700~29 800

주) M 27, M 30은 특기 시방에 따른다.

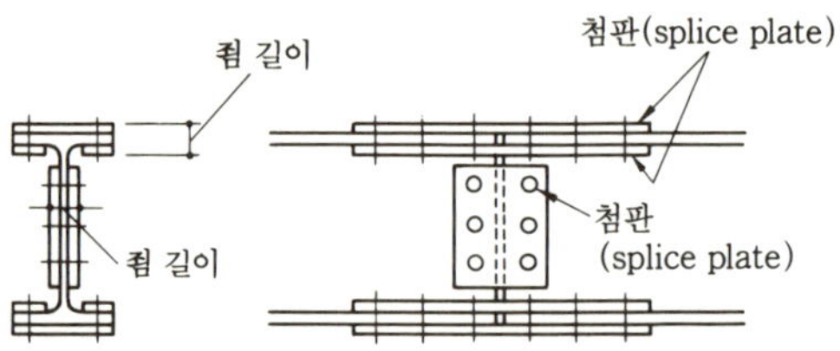

그림 4.11 볼트 죔 길이

표 4.3 죔 길이에 더하는 길이(토크 시어형 고력 볼트)(단위 : mm)

볼트 호칭 지름	죔 길이에 더하는 길이
M 16	25
M 20	30
M 22	35
M 24	40

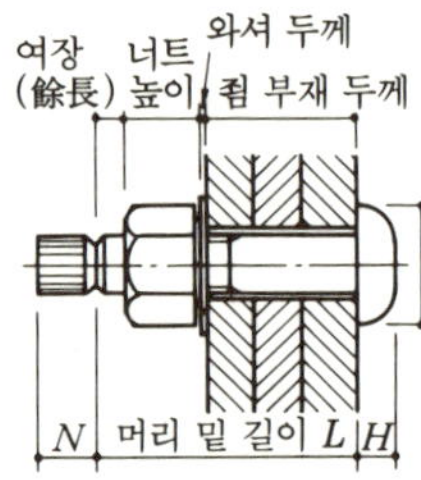

또 토크 시어형 고력 볼트를 사용할 때 그 길이는 **그림 4.11**에 나타낸 접합부 죔 길이에 **표 4.3**의 길이를 더한 것을 표준으로 하고 있다.

(2) 용접 접합

용접 기술의 발달로 요즘은 공장에서 하는 철골 제작이 볼트 접합이 아니라 용접 접합으로 하는 경우가 많아졌다.

용접은 그 접합 방법에 따라 **융접·압접·납땜**(soldering)으로 분류된다. 융접(融接)은 모재(母材)

를 용융시켜 융착 접합하는 방법이며, 압접은 모재를 가열 또는 상온에서 기계적 압력을 가하여 접합하는 방법이다. 또 납땜은 접합면에 첨가제(납 등)를 용융시켜 접합하는 방법이다. 용접 종류는 다음과 같다.

- 용접
  - 융접
    - 아크 용접
    - 가스 용접
    - 저항 용접
    - 기타
  - 압접
    - 가스 압접
    - 기타
  - 납땜(납땜식, 백철땜식)

(a) 아크 용접법의 종류와 기구(機構)

아크 용접법이란 용접봉과 모재를 2개의 전극으로 하여 그 전극간에 발생하는 아크 열(약 5 000 ℃)로 금속을 용융시켜 접합하는 방법이다.

아크 용접에는 용접 작업을 모두 수동으로 하는 **아크 손용접**, 용접 와이어는 자동적으로 공급되지만 용접 토치(welding torch)는 손으로 조작하는 **반자동 용접**, 용접 와이어가 자동적으로 공급되고 용접 장치나 모재를 모두 자동적으로 이동하는 **자동 용접**이 있다.

다음에 아크 용접법의 종류를 나타낸다.

- 아크 용접
  - 아크 손용접 ── 피복 금속 아크 용접
  - 반자동 용접
    - 셀프 실드 아크 반자동 용접
    - 가스 실드 아크 용접
    - 기타
  - 자동 용접
    - 서브머지드 아크 용접
    - 기타

그림 4.12는 각기 아크 용접법의 종류별 기구(機構)를 나타낸 것이다.

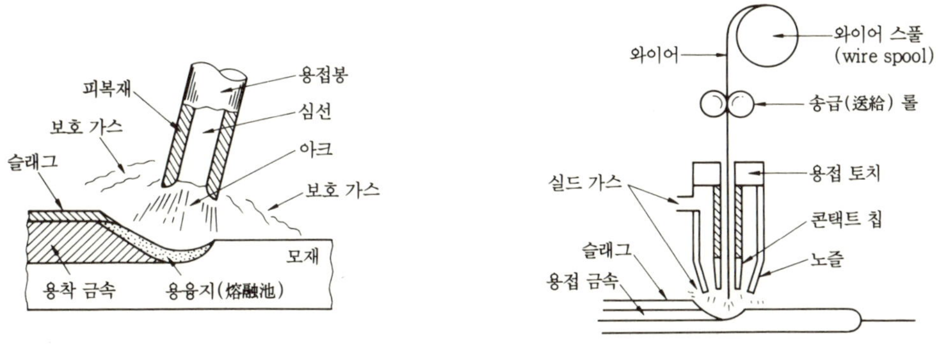

(a) 아크 손용접

(b) 반자동 용접(가스 실드 아크 용접)

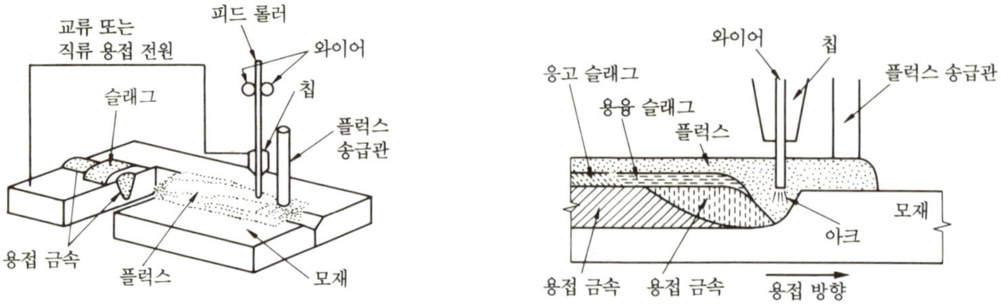

(c) 자동 용접(서브머지드 아크 용접)

그림 4.12 아크 용접법의 종류별 기구

아크 손용접에 사용하는 용접봉은 일반적으로 **그림 4.12** (a)에 나타낸 바와 같이 금속 심선(心線)에 피복제(flux)를 도포한 피복 아크 용접봉이 사용된다. 플럭스는 아크 열로 분해하여 아크를 안정시키는 효과와 발생하는 가스로 용접 금속을 대기(大氣)에서 차단하여 산화를 방지하고 슬래그를 생성하여 산화나 급랭을 막는 역할도 한다.

어느 용접법이나 중요한 것은 용접 모재인 강재의 재질과 용접봉 또는 와이어의 조합을 해야 한다. **표 4.4**는 강재와 용접봉의 조합을 나타낸 것이다.

표 4.4 강재와 용접봉의 조합

강재	용접봉 종류
SS 400	일루미나이트계 · 라임티타니아계 · 철분 산화철계
SM 400 A, B, C	일루미나이트계 · 라임티타니아계 · 철분 산화철계
SM 490 A, B, C	라임티타니아계 · 철분 산화 수소계
SM 490 YA, B	저수소계 · 철분 저수소계
SM 520 B, C	저수소계 · 철분 저수소계
SM 570	저수소계 · 철분 저수소계
SM A 400	라임티타니아계 · 저수소계 · 일루미나이트계
SM A 490	라임티타니아계 · 저수소계 · 철분 저수소계
SM A 570	저수소계 · 철분 저수소계

아크 손용접과 아크 반자동 용접을 할 때 용접공은 KS B 0885(용접 기술 검정에 있어서의 시험 방법 및 그 판정 기준), KS B 0515(반자동 아크 용접 기술 검정에 대한 시험 방법 및 판정 기준)에 합격한 유자격자라야 한다.

(b) 용접 이음매의 종류

용접하는 접합부를 **용접 이음**이라고 하고 용접된 부분을 **용접 이음매**라고 한다. 용접 이음매 종류에는 두 부재간 접합부에 그루브(groove ; "벌림끝" 또는 개선이라고도 한다)를 만들어 용접하는 맞댐 용접, 두 부재간을 직각 또는 겹쳐 조합시켜 그 접합부를 삼각형으로 용접하는 필릿 용접(일명 "모살 용접"), 원형 강과 강판 또는 경량 형강끼리 곡면(flare) 부분을 용접하는 플레어 용접(flare welding)이 있으며, 그 밖에 부분 용입 용접 · 플러그 용접(plug welding) 등이 있다.

그림 4.13는 맞댐 용접부의 명칭과 그루브 형상을 나타낸 것이다. 그루브 형상은 판 두께에 따라 정해진다.

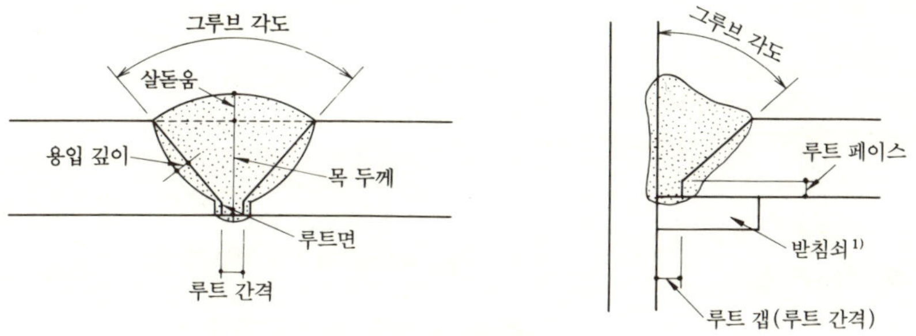

(a) 용접부의 명칭

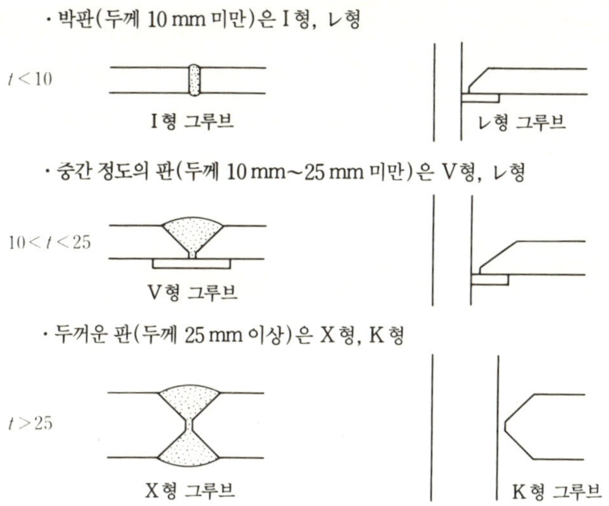

(b) 판 두께별 그루브 형상

그림 4.13 맞댐 용접부의 명칭과 그루브 형상

다음 그림 4.14~4.17은 필릿 용접, 플레어 용접, 부분 용입 용접, 플러그 용접의 각기 형태를 나타낸 것이다.

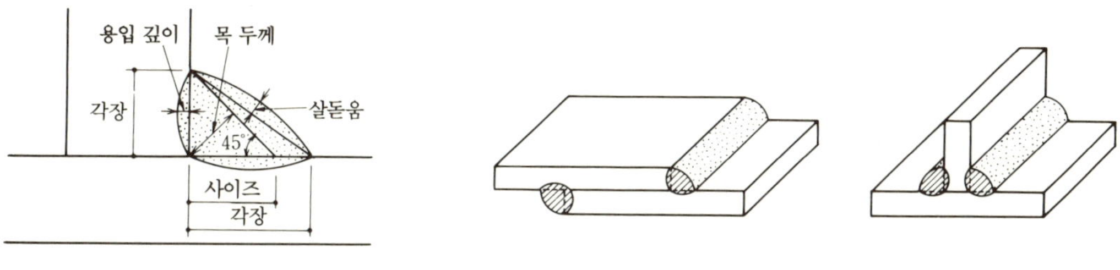

(a) 필릿 용접부의 명칭

(b) 필릿 용접의 형상

그림 4.14 필릿 용접의 명칭과 이음 형상

---

1) 받침쇠 : 맞댐 용접 중에 한쪽면에서 용접하는 V형, ㄴ형 용접시 용접부 뒤에 고정하는 판을 말한다. 받침쇠의 재질은 모재와 동질의 재료를 사용하는 것이 바람직하다.

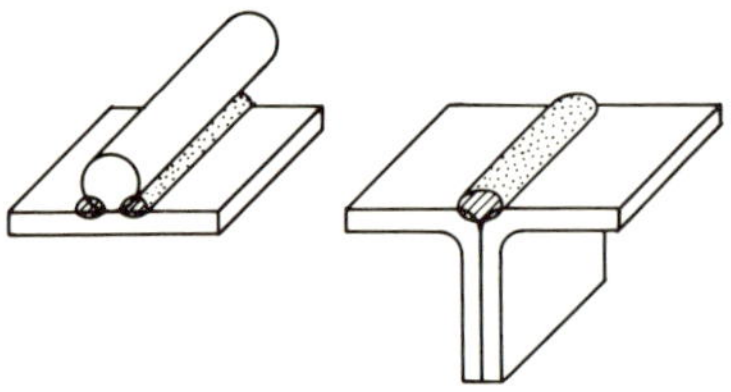

그림 4.15 플레어 용접의 형상

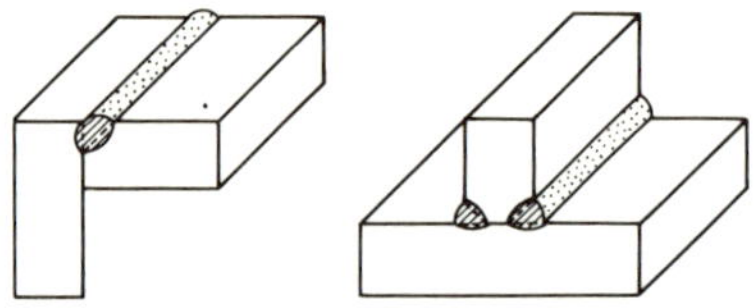

이음 · 형상은 맞댐 용접과 같이 그루브를 만든다

그림 4.16 부분 용입 용접의 형상

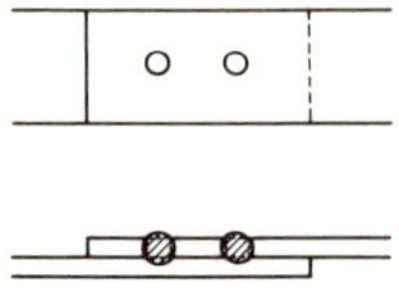

그림 4.17 플러그 용접의 형상

(c) 용접 기호

용접부의 그루브 형상 · 치수, 용접 이음매의 종류 · 위치 등을 **그림 4.18**에 나타낸 용접 기호를 사용하여 도면에 표시한다. 단, **그림 4.18**은 용접 명칭과 실형의 개략을 나타낸 것이다. 자세한 것은 KS B

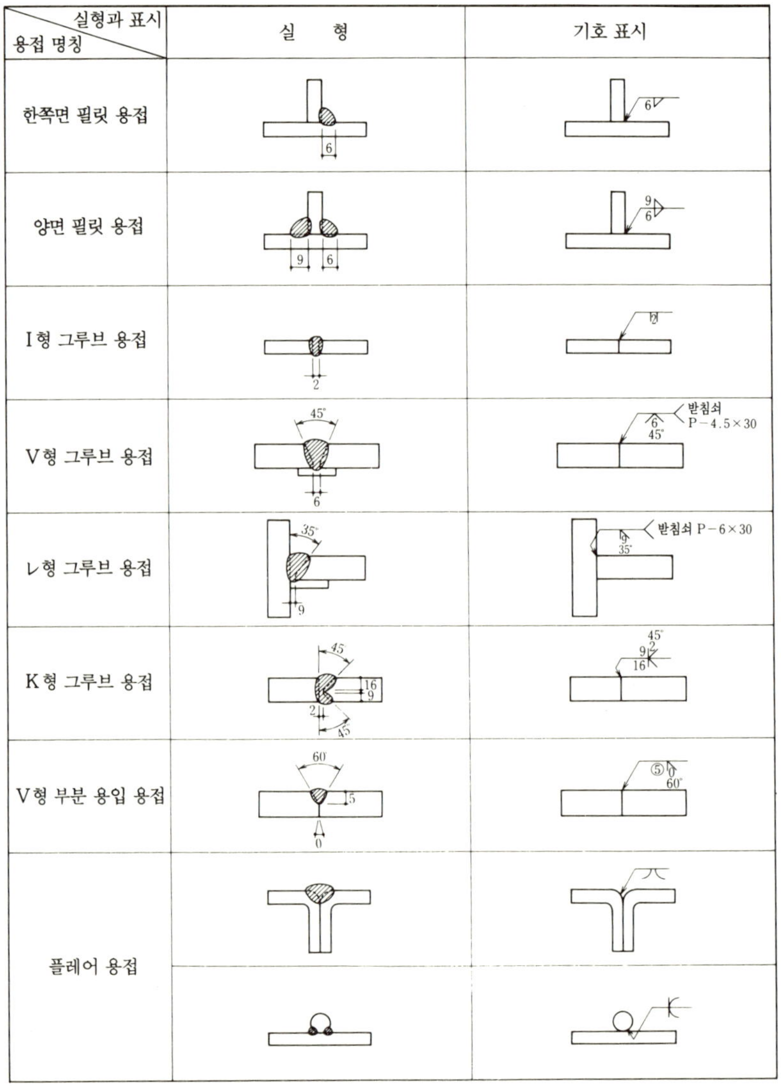

그림 4.18 용접 기호의 표시 예

0052(용접 기호) 또는 「건축 공사 표준 시방서」 제8장 철골 공사 부칙 4를 참조하기 바란다.

4. 타공사와의 연결

철골 공사를 원활하게 하기 위해서는 ALC판이나 커튼 월 등의 외벽 공사 이외에 지붕 공사, 바닥 방수 공사, 벽·천장의 내장 공사, 설비 공사 등의 연결부를 시공 계획 시점에서 충분히 검토하여 나중에 문제가 생기지 않도록 해야 한다.

(1) 설비 공사로 인한 보 관통 보강

천장 속에 설비 배관을 할 때 배관의 위치 관계로 철골 보를 관통하는 예를 자주 볼 수 있다. 보에 관통 구멍을 내는 것은 구조 내력상 바람직하지 않으므로 될 수 있는 한 그러한 일이 일어나지 않도록 미리 배관 위치를 검토해 둔다. 아물림상 부득이 보를 관통해야 하는 경우에는 보 구조 내력이 떨어지지 않도록 관통 부분을 보강한다.

그림 4.19는 실례 공사에 사용된 보강 방법을 나타낸 것이다.

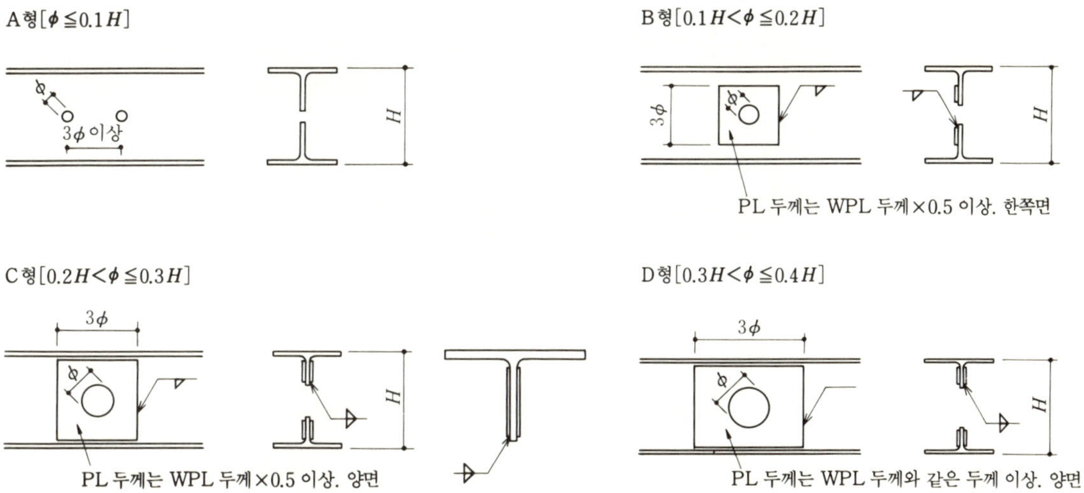

- 특기 시방이 없는 한 보강 방법은 위에 기술한 바에 따르지만 구멍 지름(ϕ)은 $0.4H$ 이하로 하고 피치는 3ϕ 이상으로 한다.
- 슬리브는 원칙으로 보 춤의 1/2 이내로 한다.

그림 4.19 철골 보 관통 보강 방법

(2) 바닥의 단차

철골조 바닥은 구조면, 제작면에서 보아 단차가 없는 것이 바람직하다. 그러나 화장실·주방과 같이 방수 공사가 필요한 곳에서는 바닥 및 보에 단차를 만들어야 하는 경우가 생기는데 이런 경우에는 패널 존[1]에 대한 철골 부재의 아물림, 철골 보와 천장 마감재 및 설비 배관의 아물림에 대해서 충분히 검토해 두어야 한다.

---

1) 패널 존 : 라멘 구조 골조에서 기둥 부재와 보 부재가 교차하는 부분.

기둥과 보가 교차하는 패널 존은 1개의 기둥에 복수 보가 설치되므로 패널 존에 설치하는 보에 단차가 생기면 구조상 복잡하게 되어 그 아물림에 반드시 주의해야 한다.

패널 존의 조립은 용접으로 하게 되므로 용접 작업을 하기 쉽고 또 용접 결함이 생기지 않는 아물림으로 해야 한다. 150 mm 이상의 바닥 단차가 있는 경우는 **그림 4.20** (a)에 따른다. 150 mm 이하의 경우는 같은 그림 (b)에 따른다. 또 보 아래에서 설비 배관을 할 때는 천장과의 아물림에 주의한다(**그림 4.21**).

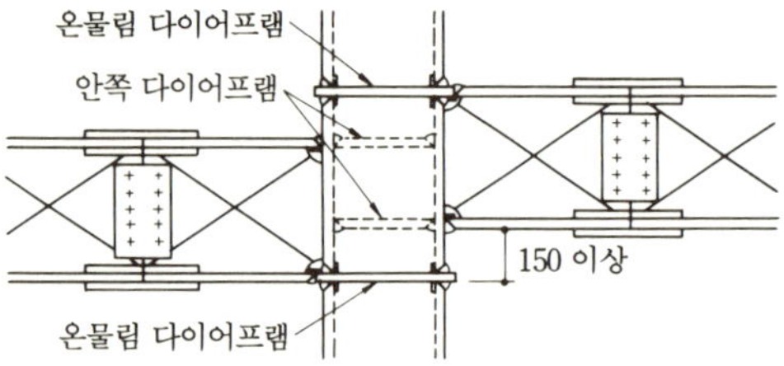

(a) 150 이상의 단차가 나는 경우

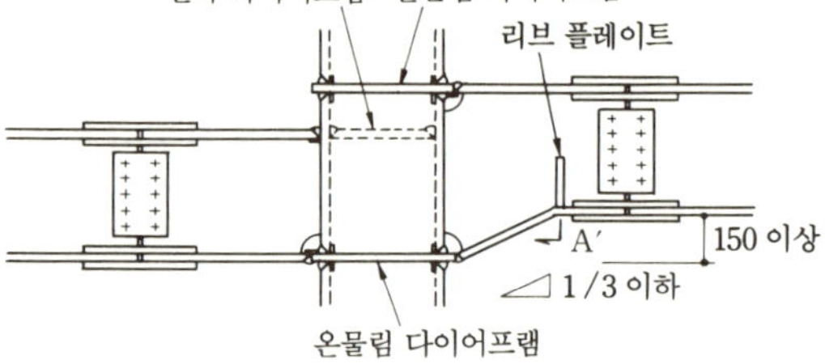

(b) 150 이내의 단차가 나는 경우

그림 4.20 바닥에 단차가 있는 경우의 패널 존의 아물림

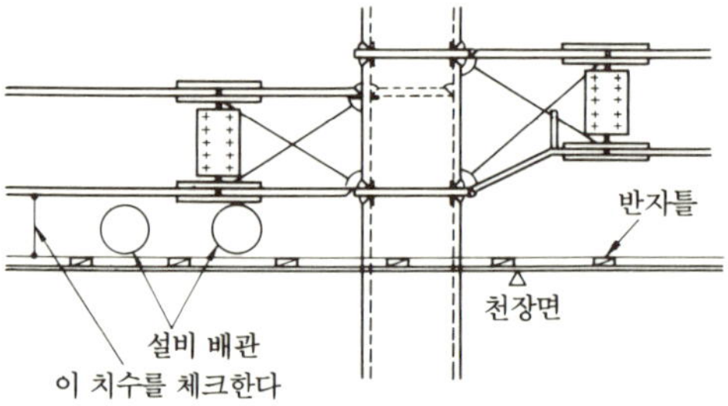

그림 4.21 보 · 천장과 설비 배관의 아물림

5. 전체 공정 중에서의 철골 공사

철근 콘크리트조의 경우 철근 콘크리트 공사가 전체 공정의 과반(過半)을 차지하지만 철골조의 경우에도 그 예외는 아니다. 그러므로 철골 공사의 존재가 공정을 크게 좌우한다.

따라서 철골 조립(또는 세우기) 작업에 착수하기까지에는 기초 공사를 완성해야 한다. 반대로 기초 공사가 빨리 완료되더라도 철골재의 제작이 완료되지 않으면 그 동안 현장은 손을 놓는 상태가 된다.

철골재 제작에 어느 정도의 일수가 필요한지는 그 부재의 수량 · 무게, 제작의 난이성 등 제작 내용을 잘 검토한 다음에 전체 공정 중 철골 공사의 자리매김을 명확하게 해둔다(**그림 4.22**).

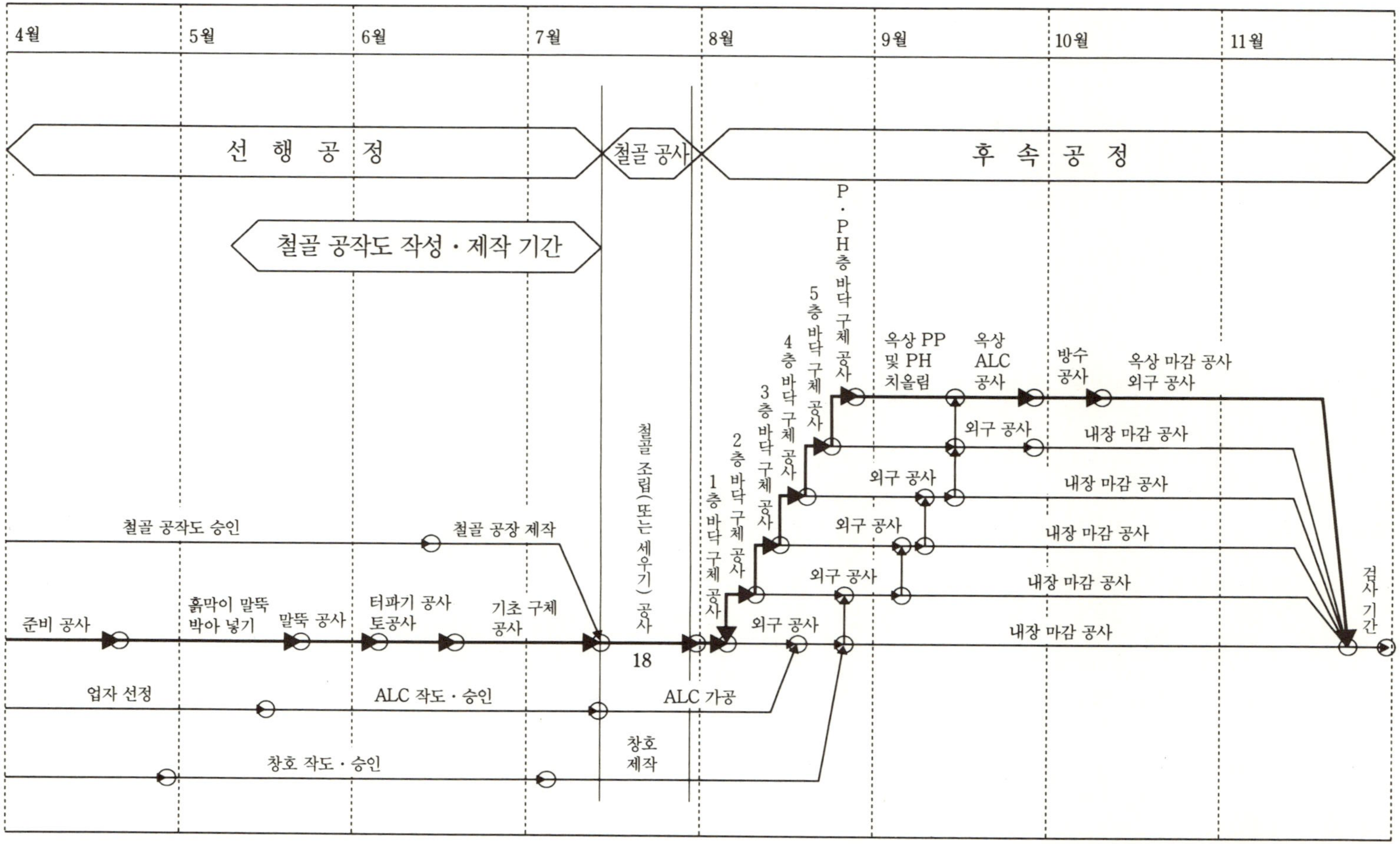

그림 4.22 전체 공정 중에서 철골 공사의 공정

4.2 공사 개요

실례 공사의 건축물은 서장 2에 든 지상 5층 건축물의 사무소 빌딩이다. 구조는 철골조이며 그림 4.23

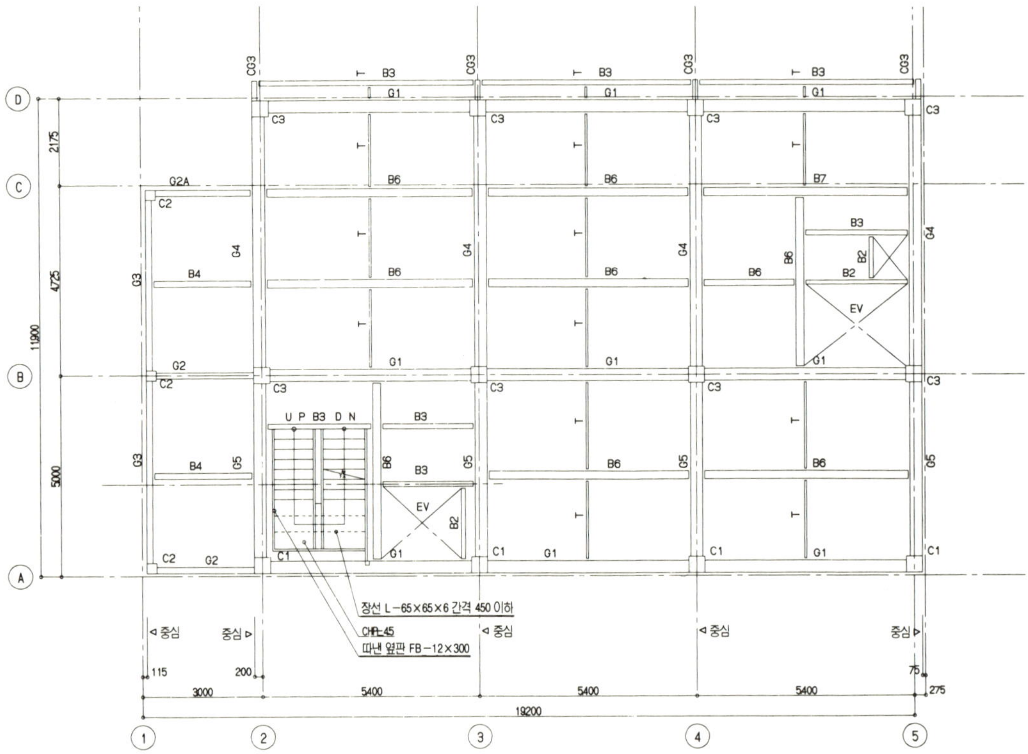

(a) 기준층 보 평면도

1) 슬래브 부호는 S1으로 한다.
2) 보 윗면 3SL−180으로 한다.

층	기둥			보		바닥
	C1	C2	C3·C3A	G1	G2	
PRF				H−250×125×6×9		Re deck
PHF	□−300×300×9		□−300×300×9	H−350×175×7×11		QL deck
RF	□−300×300×12		□−300×300×9	H−450×200×9×14	H−250×125×6×9	QL deck
5F	□−300×300×12	□−200×200×9	□−350×350×12	H−450×200×9×14	H−250×125×6×9	QL deck
4F	□−350×350×12	□−200×200×9	□−350×350×12	Ⓗ−440×300×11×18	Ⓗ−300×150×6.5×9	Re deck
3F	▢−400×400×12	▢−250×250×9	▢−400×400×16	Ⓗ−440×300×11×18	Ⓗ−300×150×6.5×9	Re deck
2F	▢−400×400×12	▢−250×250×9	▢−400×400×16	Ⓗ−440×300×11×18	Ⓗ−300×150×6.5×9	QL deck
1F	▢−400×400×16	▢−250×250×9	▢−400×400×16			

(b) 각 층 기둥 · 보 부재 리스트

· ▢ 및 Ⓗ는 SWS 490 A를 나타낸다. 그외에는 모두 SS 400으로 한다.
· 주각은 하이 베이스를 사용.
· QL deck(그림 4.119 (d)), Re deck(그림 4.119 (a))

그림 4.23 기준층 보 평면도 및 각 층 기둥 · 보 부재(部材) 리스트

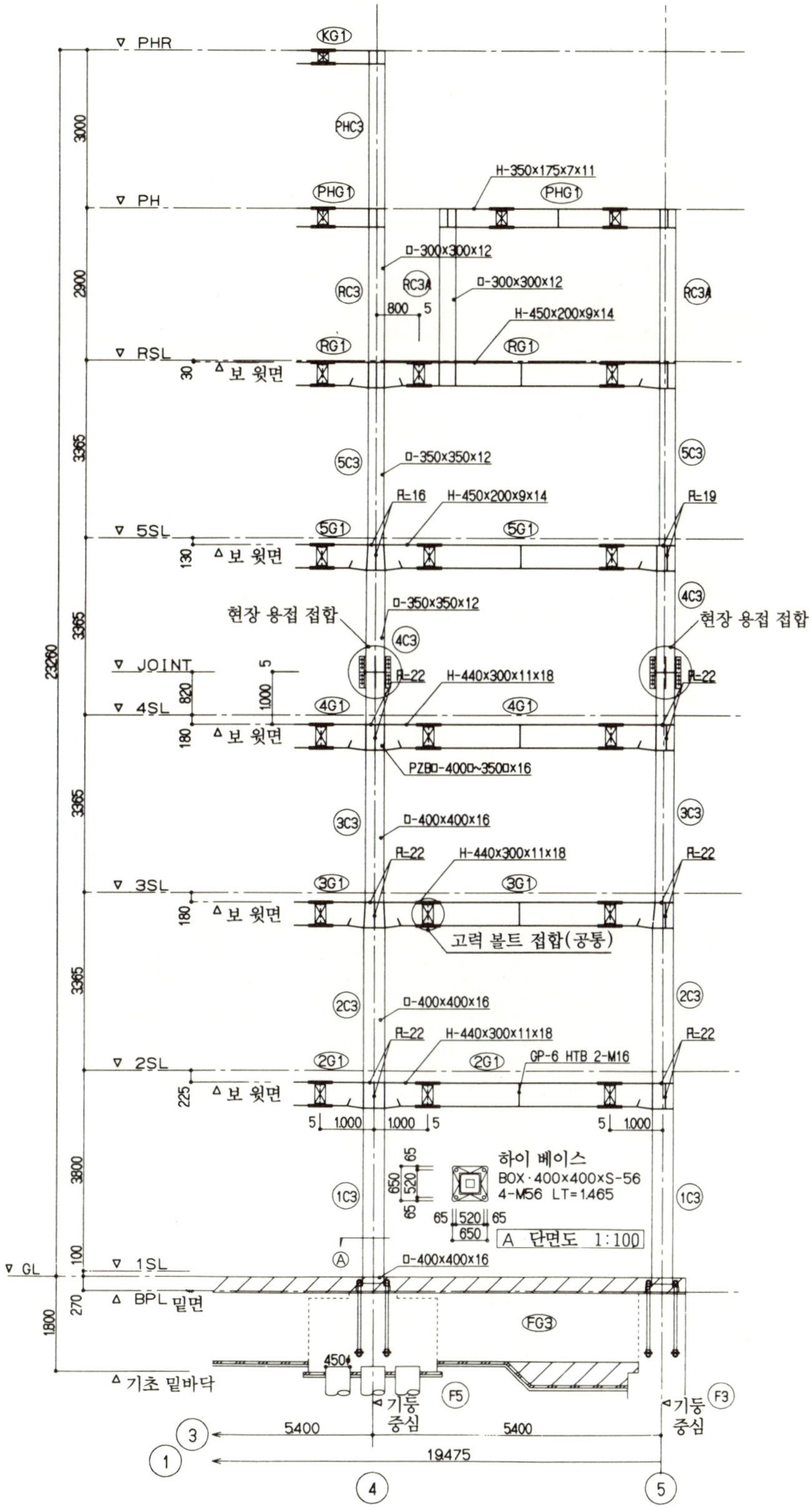

그림 4.24 철골 단면 상세도

과 같이 1층에서 3층까지는 400×400×16 박스형 기둥으로, 4층에서 5층은 350×350×12의 박스형 기둥으로 설계하였으며 주각(柱脚)에는 **그림 4.24**에 나타낸 것처럼 하여 베이스를 사용하였다.

제1절의 기둥과 제2절의 기둥은 4층에서 현장 용접 접합으로 하였다. 보는 모두 H형강이 쓰이고 기둥에 설치된 브래킷과 고력 볼트로 접합하였다(**그림 4.23, 4.24**).

3층, 4층은 창고로도 쓰이므로 바닥은 철근 콘크리트로 설계하였지만, 기타 바닥은 합성 바닥[1)]으로 하였다(**그림 4.23** (b)).

1층에서 3층까지는 기둥·보 모두 SWS 490 A의 용접용 강재가 사용되었으며, 기타는 SS 400의 보통 강재가 사용되었다(**그림 4.23** (b)).

4.3 제작 공장의 선정과 발주

철골 공사는 먼저 제작 공장의 선정으로부터 시작한다. 설계 도서에 나타낸 요구 품질을 만족케 할 수 있는 공장을 선정하기 위해서는 철골 공사의 규모, 사용 재료의 재질·판 두께·접합 방법 등을 설계 도서로 판단하고, 요구하는 품질을 만족케 하는 철골재를 제공할 수 있는 능력을 가진 제작 공장을 선정해야 한다. 공장 선정시에는 그 공장이 어느 정도 능력을 가지고 있는지를 잘 조사하고 또 공장의 입지 조건·제작 코스트도 고려한 다음에 결정·발주한다.

선정하고자 하는 공장이 어느 정도의 능력을 가졌는지를 판단하기 위한 근거는 관계 단체를 이용하면 된다.

그림 4.25는 실례 공사에서 선정한 제작 공장 내부 광경이다.

그림 4.25 제작 공장의 내부 광경

1) 합성 바닥 : 합성 바닥용 덱 플레이트(deck plate 또는 steel deck)를 사용하여 콘크리트와 밀착시켜 덱 플레이트와 콘크리트가 일체가 되어 기능을 갖게 하도록 연구한 바닥판(또는 바닥 슬래브).

4.4 철골 제작

제작 공장에서는 **그림 4.26**에 나타낸 작업 공정도(flow chart)에 따라 제작에 착수한다. 공작도의 작성, 현치도 작성, 가공 작업, 검사, 철골재 공사 현장으로의 발송까지가 철골 공장에서 하는 주된 작업이지만, 재료 준비, 제작 요령서 작성 등도 제작 공정 중에 소홀히 할 수 없는 중요한 작업이다.

일반적으로 재료가 준비되고 나서 철골재를 현장으로 발송하기까지의 기간은 철골재의 수량·재질·형상·무게에 따라 일정하지 않지만, 100~150 t 정도의 철골재라면 60~120일 정도의 일수가 필요하다(특수재를 사용하면 roll 관계도 있어 70~80일 정도 여분 일수가 필요하다).

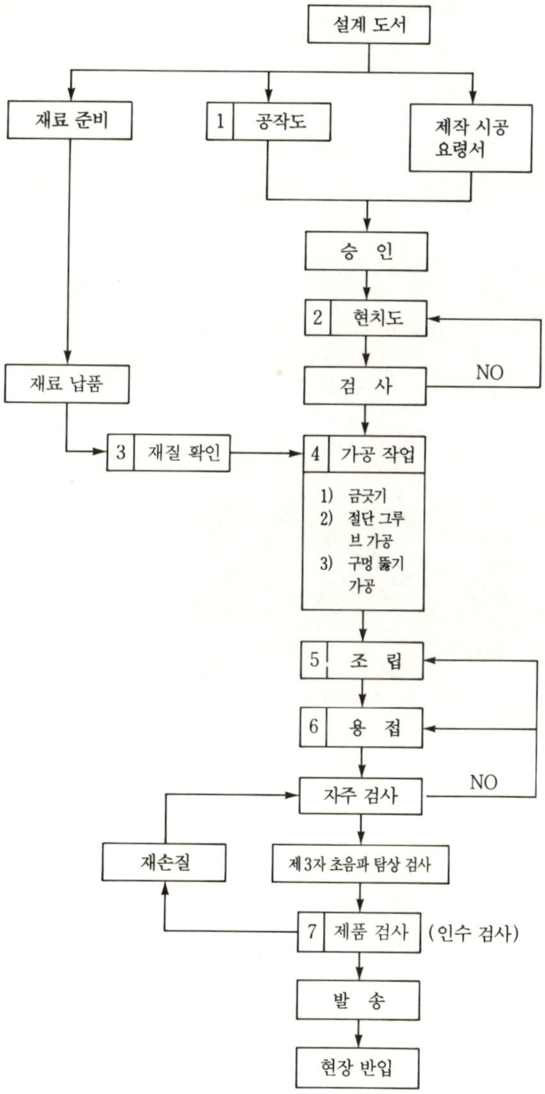

그림 4.26 철골재 제작의 작업 공정도

제작 요령서는 현장에서 작성하는 시공 계획서와 마찬가지로 철골 공사에서는 대단히 중요한 계획서이다. 공장에서 철골재를 어떤 방법과 순서로 가공해 가는지를 자세히 기술한 것으로 품질 확보면에서도 중요한 것이다.

다음에 일반적으로 사용되는 강재의 종류, 조립・용접 등의 공작 방법, 녹막이, 수송 계획, 검사 체제에 대해서도 구체적으로 기술한다(부록 참조).

1. 공작도

제작 공장에서는 먼저 공작도 작성 작업부터 시작한다. 공작도는 설계 도서에 나타낸 철골재의 품질, 현장 시공에 필요한 아물림, 접합 등을 도면에 자세히 표시한 것이며, 철골재의 품질과 제작 및 현장에 대한 조립 정밀도에 영향을 끼치는 중요한 도면이다. 공작도에는 기둥과 보에 사용되는 재질 및 치수, 접합부의 아물림, 스팬・층 높이 치수 등 철골 본체에 관한 내용을 기입한다.

요즘은 컴퓨터의 발달로 공작도도 **그림 4.27**에 나타낸 바와 같은 CAD를 사용하여 작성할 수 있게 되어 CAM과 연동(連動)시켜 부재 리스트의 작성, 부재 절단, 구멍 뚫기도 자동적으로 할 수 있게 되었다.

그림 4.27 CAD를 이용한 공작도의 작성

(1) 실례 공작도

그림 4.28은 본공사의 기준층 바닥 평면도의 공작도이며, **그림 4.29**는 그 구조 골조 부분의 공작도이다. 또 **그림 4.30**은 보 접합 부분의 상세도이다.

(2) 공작도에 기입하는 기타 항목

공작도에는 철골 본체에 관한 내용 이외의 것으로 철골 계단, 설비 배관용 관통 구멍, 외장 커튼 월 설치용 파스너 등의 설치 위치와 크기 등을 기입한다. 또 조립(또는 세우기) 공사를 할 때에 필요한 안전 설비용 철물이라든지 양중기의 전도 방지를 위한 스테이용 피스(받이 철물)의 위치, 시방을 기입한다.

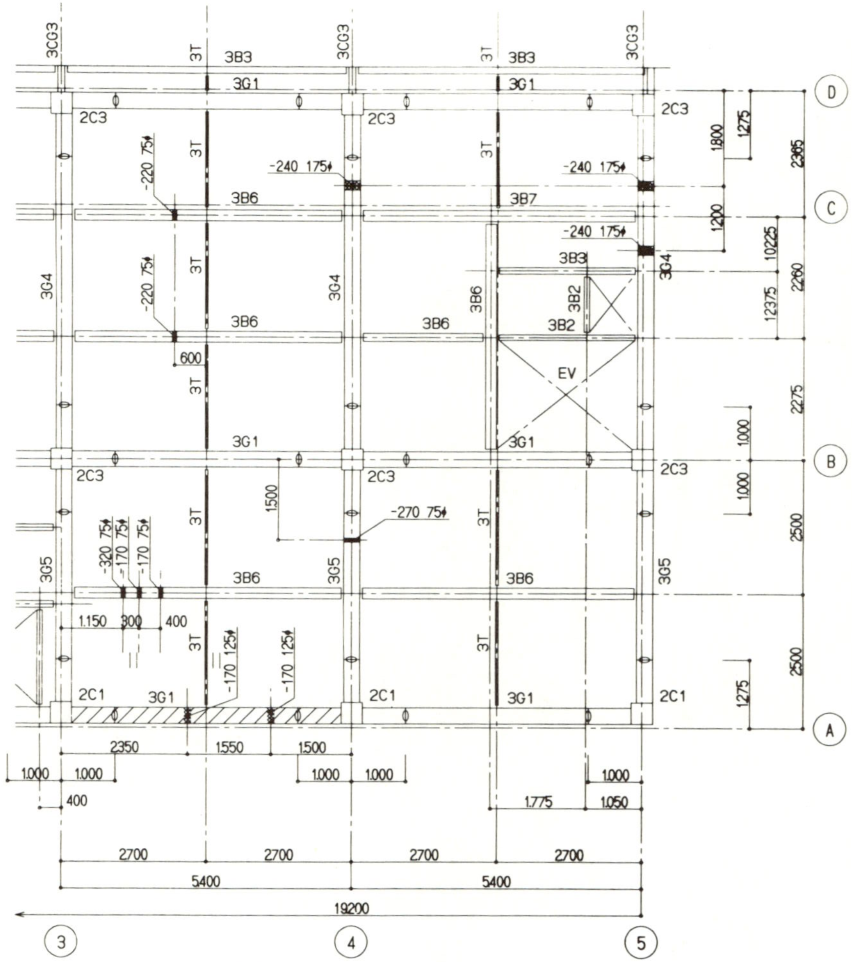

철골 보 윗면까지 3SL−180
ϕ는 보 이음 위치를 나타낸다.
덕트관 관통 구멍(−0)은 철골 윗면보다 낮은 치수를 나타낸다.
−270 75ϕ는 설비 슬리브를 나타낸다.

그림 4.28 기준층 공작도

3층 기둥 리스트	
부호	부재
2C1	□−400×400×12
2C2	□−250×250×9
2C3	□−400×400×16

3층 보 리스트		
부호		부재
A열 3G1 (공통)	끝 부분	Ⓗ−440×300×11×18
	중앙	
B·D열 3G1 (공통)	끝 부분	Ⓗ−488~440×300×11×18
	중앙	Ⓗ−440×300×11×18
2열 3G2 (공통)	끝 부분	ⒷⒽ−300×150×9×12
	중앙	Ⓗ−300×150×6.5×9
3G3 (공통)	끝 부분 중앙	Ⓗ−488×300×11×18
3G5 (공통)	B열 끝 부분	Ⓗ−488~440×300×11×18
	A단 중앙	Ⓗ−440×300×11×18
3CG3 (공통)	끝 부분	Ⓗ−250×125×6×9
	중앙	

3층 작은 보 리스트	
부호	부재
3B2	H−200×100×5.5×8
3B3	H−250×125×6×9
3B4	H−298×149×5.5×8
3B5	H−446×199×8×12
3B6	H−500×200×10×16
3T	H−200×100×5×7.5

〈공통〉
스터드 다월 폭 176 이하 16ϕ L=100 간격 300 1열
스터드 다월 폭 199 이하 19ϕ L=100 간격 300 2열(지그재그)
스터드 다월 폭 300 이하 19ϕ L=100 간격 300 2열
(주) Ⓗ는 SWS 490 A를 나타낸다. 기타는 SS 400을 나타낸다.
주각은 모두 하이 베이스를 사용

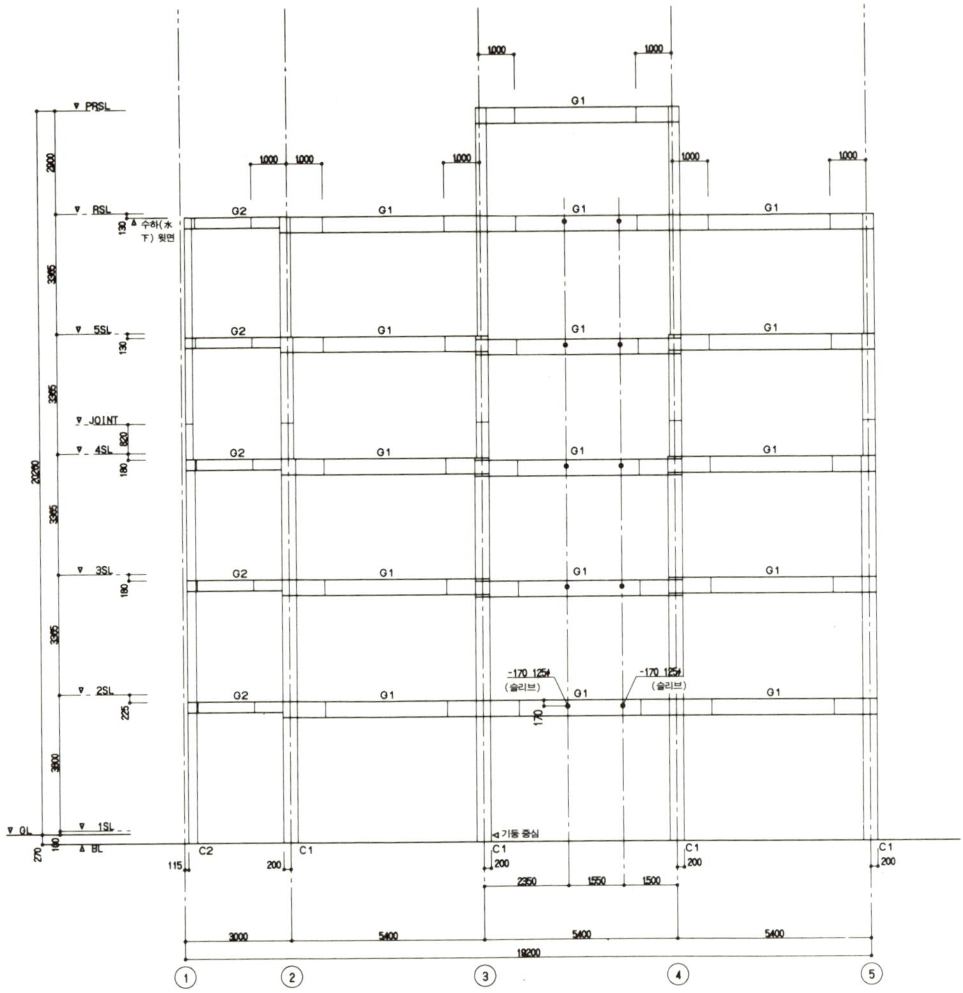

그림 4.29 구조 골조 공작도

주 재		Ⓗ-488×300×11×18 2G4 2CG2 3G4 4G4	H -446×199×8×12 B6
단 면		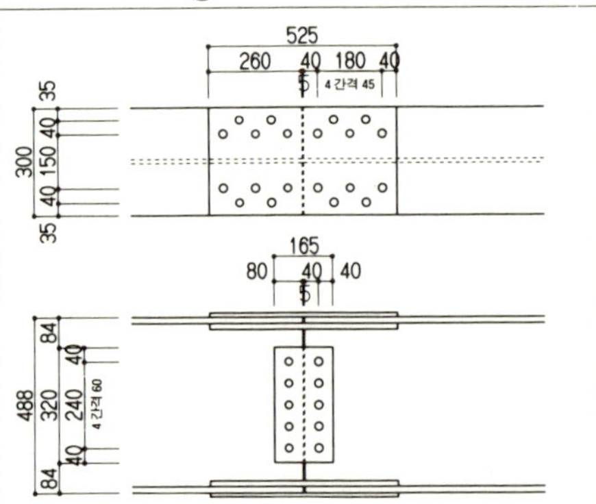	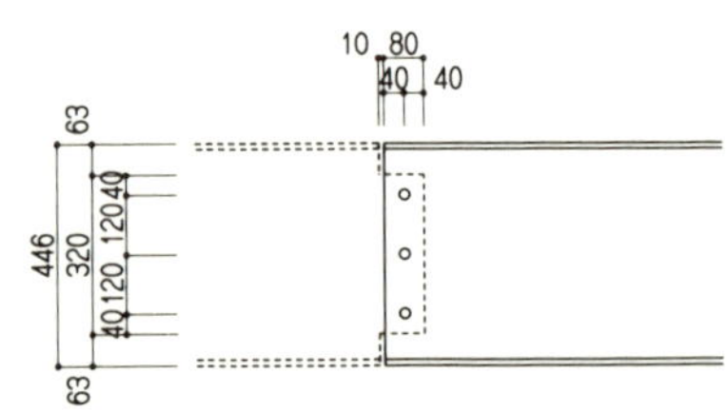
플랜지	SPL	2PL-12×300×525 4PL-16×110×525	
	HTB	40-M22	
웨브	SPL	2PL-12×165×320	GPL-9
	HTB	10-M22	3-M22

그림 4.30 보 접합부 상세도

또 철골 철근 콘크리트조(SRC조)인 경우는 보의 주철근, 보의 폭 유지 보강 철근, 기둥의 띠철근 등의 관통 구멍과 거푸집 조립용 세퍼레이터의 관통 구멍 등의 위치, 구멍 지름을 기입한다. **그림 4.31**에 설비 배관용 관통 구멍을, **그림 4.32**에 SRC조의 기둥·보에 낸 관통 구멍의 광경을 사진으로 나타낸다.

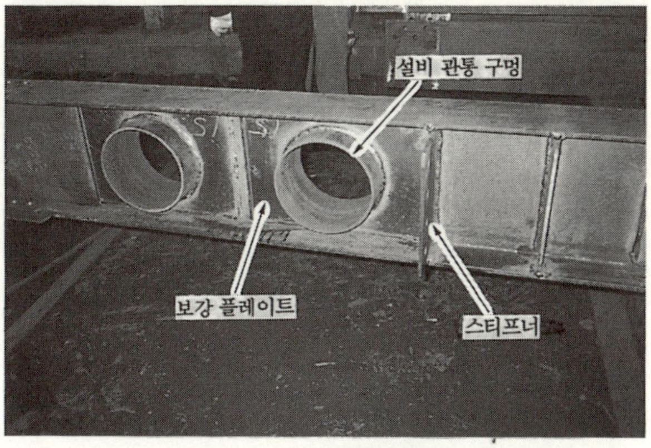

그림 4.31 설비 배관용 관통 구멍

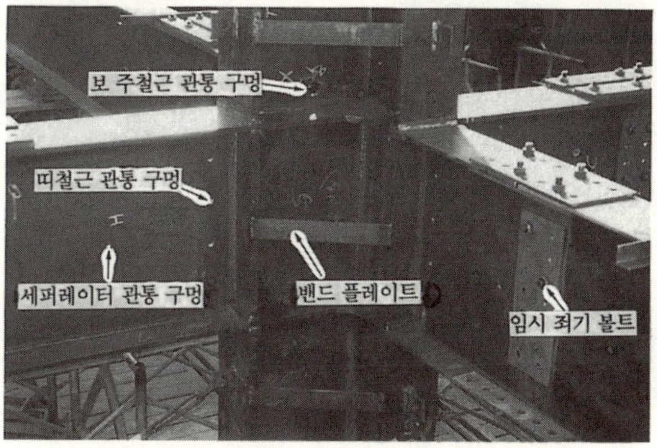

그림 4.32 SRC조의 기둥·보에 마련한 관통 구멍

2. 현치도

(1) 현치도

현치도란 공작도에 기입된 철골의 부재 치수를 바닥 위에 실제 치수로 그린 것이다. 현치도를 작성할 때는 다음과 같은 점에 주의해야 한다.

1) 중심 설정선·층 높이 등의 기본 치수를 확인한다.

2) 아물림이 어려워 도면 위에 잘 그릴 수 없는 것을 명확하게 한다.

3) 트러스 구조나 복잡한 형상을 한 것을 명확하게 한다.

그림 4.33은 철골 공장에 대한 현치 장소의 전경 사진이다.

그림 4.33 현치 장소의 전경

(2) 현치 검사

현치 검사는 공작도 및 변경된 내용이 모두 현치도에 표현되어 있는지의 여부, 또 용접 작업이나 고력 볼트 죄기 작업을 지장없이 할 수 있는 아물림으로 되어 있는지 등을 확인하기 위해 하는 중요한 검사이다. **그림 4.34**는 그 현치 검사를 실시하고 있는 장면이다.

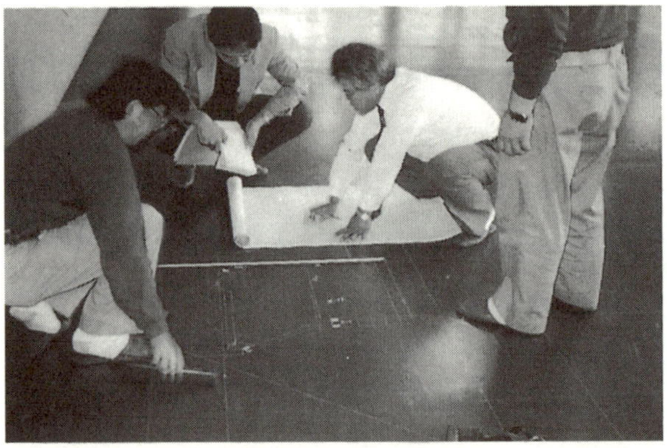

그림 4.34 현치 검사

현치 검사는 다음과 같은 점을 중심으로 하여 한다.

1) 공사 현장과 제작 공장에서 사용하는 권척(강제 줄자 따위)과 대조 확인한다. 양자의 오차가 KS에서 규정하는 허용 범위 내에 있는지 확인한다. 강제 줄자는 공사 현장용을 기준측, 공장 제작용을 비교측으로 하고, 각기 강제 줄자에 5 kg의 장력을 가했을 때 10 m 길이에서 그 오차가 ±0.5 mm 이내인 것을 선정한다. **그림 4.35**는 그 테이프 맞추기를 하고 있는 광경이다.
2) 스팬 방향 · 층 높이 등의 기본 치수 및 보의 이음 위치를 확인한다.
3) 부재의 형상 · 치수 · 재질을 확인한다.
4) 각 부재의 맞춤 치수를 확인한다.
5) 슬리브 관통 구멍 및 보강 방법을 확인한다.
6) 용접 및 고력 볼트 접합을 할 때 작업성의 양부를 확인한다.

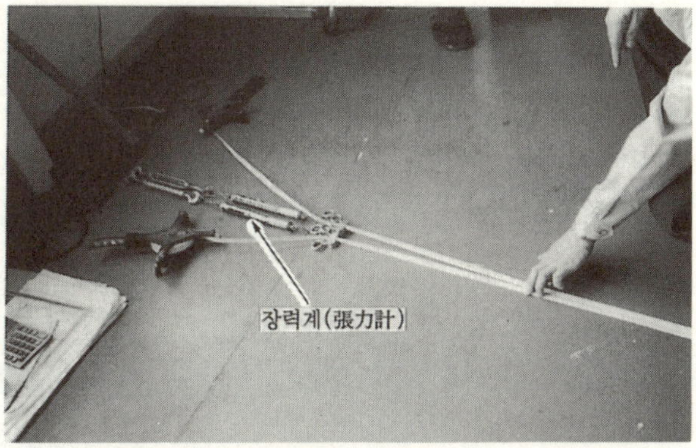

그림 4.35 테이프 맞추기

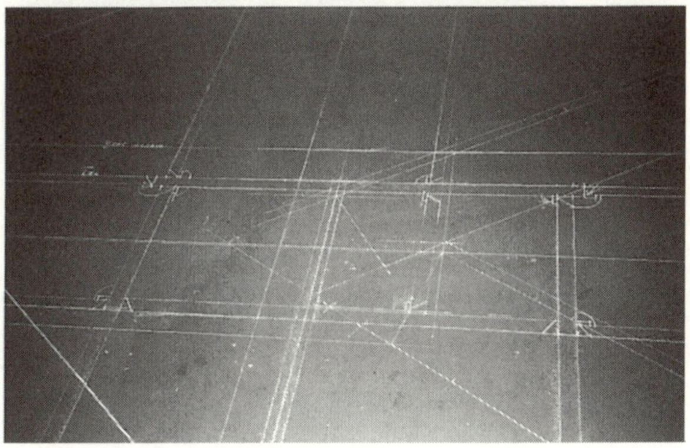

그림 4.36 현치도

7) 베이스 플레이트의 형상 · 치수 및 앵커 볼트의 위치를 확인한다.

8) 기타 변경 항목이 명기되어 있는지를 확인한다.

그림 4.36은 현치 장소에서 작성한 현치도이다.

3. 재질 확인

제작 공장에서 제조 회사에서 납품된 강재가 설계 도서에 지정된 것과 동질한 재료인지를 확인한다.

확인 방법은 **그림 4.37**의 재질 표시 라벨에 따르는 방법, **그림 4.38**의 재질에 정해진 색[1]으로 식별하는 방법이 있다. 기타 재질별로 결정된 마크로도 식별하는 방법이 있다. 제작 과정에서 재질을 확인할 수 없는 경우는 화학 분석과 기계 시험을 하여 그 시험 결과와 **그림 4.39**에 나타낸 바와 같은 제조 회사가 발행하는 강제 검사 증명서를 비교하여 재질을 판별한다.

---

1) 색을 이용한 재질 식별 SS 400………백
SWS 400A…녹
SWS 490A…황
으로 정해져 있다.

그림 4.37 재질 표시 라벨

그림 4.38 식별 색 표시 방법

검 사 증 명 서
INSPECTION CERTIFICATE

수요가 Purchaser	:	TSUJIKAWA TEKKOSHO CO., LTD.
수요가 관리 번호 Purchaser's Order No.	:	
주문자 Trading Co..	:	
주문자 대조 번호 Reference No.	:	
품명 Commodity & 규격 Specification	:	ROLLED STEEL SHAPE, EXCEL BEAM JIS G3106 SM490A

증명서 번호 Certificate No.	:	
월 일 Date	:	
배 번호 Ship's No.	:	
공사 번호 Construction No.	:	
계약 번호 Contract No.	:	

관리코드 Code	제품 번호 Roll No. / 강 번호 Heat No.	행 번호 Item No.	치수 Size (MM) A X B X T1 X T2 X L	원수 Quantity	질량 Mass CAL	C ×100	Si ×100	Mn ×100	P ×1000	S ×1000	Cu	Ni	Cr	Mo	V	Nb ×100	Sol.Al ×1000	Ceq ×100	Y.P N/MM2	T.S N/MM2	El %	YR %	Bend
C	0399	008	550.0 X 200.0 X 9.0 X 19.0 X 7200	1	697	14	23	133	15	4						1			F 403	523	A 27		G
C	0399	007	550.0 X 200.0 X 9.0 X 22.0 X 8600	1	912	14	23	133	15	4						1			F 414	529	A 26		G
C	0510	012	500.0 X 200.0 X 9.0 X 19.0 X 8600	1	802	15	24	136	18	5						1			F 453	551	A 25		G
C	0512	003	600.0 X 200.0 X 12.0 X 22.0 X 7000	1	861	13	28	136	13	9						2			F 417	529	A 30		G
C	0513	013	500.0 X 200.0 X 12.0 X 25.0 X 9600	1	1171	14	27	140	15	7						2			F 424	544	A 30		G
C	0515	004	600.0 X 200.0 X 12.0 X 22.0 X 10500	1	1292	14	28	141	15	6						2			F 430	547	A 28		G
C	0581	003	600.0 X 200.0 X 12.0 X 22.0 X 7000	1	861	14	30	136	12	4						2			F 437	557	A 29		G
			TOTAL	7	6596KGS																		

(주 1)
(Note1)
Size of Impact Test Piece: Gauge Length: A:GL=200MM(RECTAN.)
Position: T:Top. B:Bottom. F:Flange. W:Web. Direction: L:Longl. C:Trans. Z:Through-thick. RA:Reduction of Area.
Heat Treatment: N:Normalizing. Q:Quenching. T:Tempering. SP:Stress relieving. CR:Controlled Rolling. U·S·T:Ultrasonic Test.
S.P.T:Sulphur Print Test. V.&D.:Visual & Dimensions. G:Good. Decarburized. Y.P: Y.S: T.S: El: YR:

위 제품은 검사 결과 지정 규격에 합격된 것을 증명합니다.

WE HEREBY CERTIFY THAT THE MATERIAL DESCRIBED HEREIN HAS BEEN TESTED AND INSPECTED WITH SATISFACTORY RESULTS IN ACCORDANCE WITH THE REQUIREMENTS OF THE ABOVE SPECIFICATION.

그림 4.39 강재 검사 증명서

4. 가공

금긋기·절단, 그루브 가공, 구멍 뚫기 가공, 마찰면 처리 등의 작업을 정리하여 가공하면 된다.

(1) 금긋기

현치도에서 모사한 현치 본판을 사용하여 강재 표면에 절단 개소, 게이지 라인을 긋는다. **그림 4.40**은 현치 본판의 일례이고, **그림 4.41**은 강재 표면에 브래킷의 플랜지를 금긋기하는 장면이다.

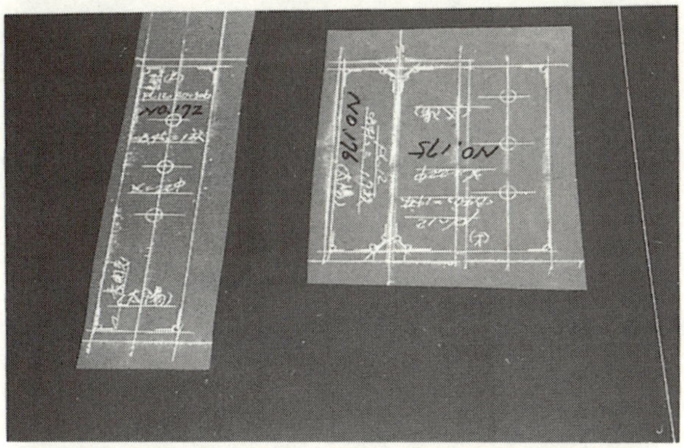

그림 4.40 현치 본판

그림 4.41 금긋기 작업 광경

(2) 절단·그루브 가공

금긋기한 강재의 절단은 **그림 4.42**의 자동 가스 절단기(가스 절단법)나 **그림 4.43**의 기계 절단기로 한다. 절단하는 강재의 재질, 단면 형상, 요구되는 단면 정밀도, 기계 절단 능력, 경제성 등을 충분히 검토한 다음에 가장 적절한 기계를 선정한다.

그루브 가공은 **그림 4.44**의 가반식 자동 가스 절단기(가스 가공법)나 **그림 4.45**의 그루브 가공 전용기(기계 가공법)를 사용한다. 가공이 끝나면 **그림 4.46**에 나타낸 게이지를 사용하여 그루브 각도를 검사한다.

그림 4.42 자동 가스 절단기(가스 절단법)

그림 4.43 기계 절단기

그림 4.44 가반식 자동 가스 절단기를 이용한 그루브 가공 광경(가스 가공법)

그림 4.45 그루브 가공 전용기(기계 가공법)

그림 4.46 그루브 각도의 검사 광경

(3) 구멍 뚫기

기둥 · 보 등에 쓰이는 철골 모재는 조립하기 전에 **그림 4.47**에 나타낸 드릴로 볼트 구멍을 뚫는다. 스플라이스 플레이트[1)]는 **그림 4.48**에 나타낸 다축(多軸) 보르반(㉮ boor 盤)으로 한 번에 몇장을 겹쳐

그림 4.47 드릴을 이용한 모재의 구멍 뚫기 광경

1) 스플라이스 플레이트 : 철골재를 연결하는 첨판

그림 4.48 다축 보르반(㊄boor盤)으로 구멍 뚫기의 광경

뚫는다.

그림 4.49는 천공기(punching machine)를 이용한 구멍 뚫기 광경이다.

표 4.5는 건축법「건축물의 구조 내력에 관한 기준」에 정해진 각종 볼트 구멍 치수를 나타낸 것이다.

그림 4.49 천공기를 이용한 구멍 뚫기 광경

표 4.5 각종 볼트의 구멍 뚫기 치수(단위 : mm)

종 류	구멍 뚫기 치수	볼트 호칭 지름
고력 볼트	$d+2.0$	M 12, M 16, M 20, M 22, M 24
볼트	$d+0.5$	―――
앵커 볼트	$d+5.0$	―――

주) d는 볼트의 축지름(軸徑)

(4) 마찰면 처리

모재의 마찰 접합면의 처리는 고력 볼트 접합일 때 대단히 중요한 작업이며 **그림 4.50**에 나타낸 바와 같이 디스크 샌더를 사용하여 모재 표면의 밀 스케일이나 기타의 부착물을 제거하고 6개월 정도 자연 방치하여 붉은 녹을 발생시키게 한다.

그림 4.50 디스크 샌더를 이용한 마찰면의 처리 광경

스플라이스 플레이트(첨판)는 그림 4.51의 기계로 숏블라스트(shotblast) 처리를 하여 부재 표면의 밀 스케일이나 부착물은 반드시 제거해 둔다. 그림 4.52는 숏블라스트 처리를 하기 전의 스플라이스 플레이트와 처리를 한 후의 스플라이스 플레이트이다.

숏블라스트 처리를 한 부재는 붉은 녹을 발생시키지 않더라도 마찰 접합면으로서 사용할 수 있다.

그림 4.51 숏블라스트를 이용한 처리

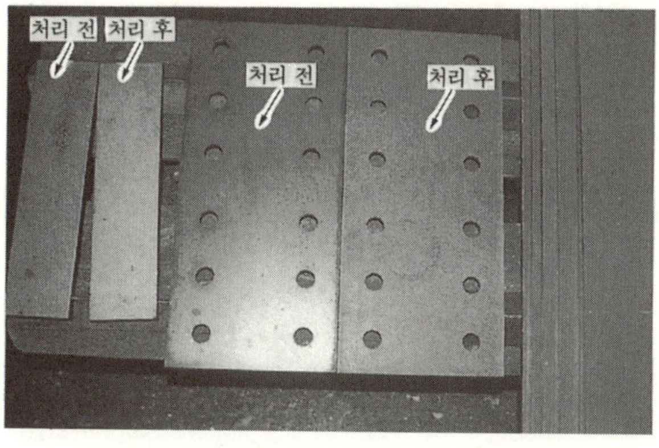

그림 4.52 숏블라스트를 처리하기 전과 처리한 후

5. 조립

가공이 끝나면 철골재를 조립한다.

공장에서는 주로 벽기둥이나 트러스 보 등의 조립이 중심이 된다.

박스형 기둥의 가공은 온물림 다이어프램으로 하는 경우가 많으므로 패널 존과 기둥·보를 따로따로 제작하고 맨 나중에 이들을 조립하는 방법을 취한다(부록 참조).

조립은 다음과 같이 한다.

1) 보(브래킷)와 패널 존은 따로따로 제작한다.

   그림 4.53과 같이 패널 존에 설치하되 보 춤이 다른 경우는 낮은 쪽의 보 춤에 맞춰 안쪽 다이어프램을 설치한다.

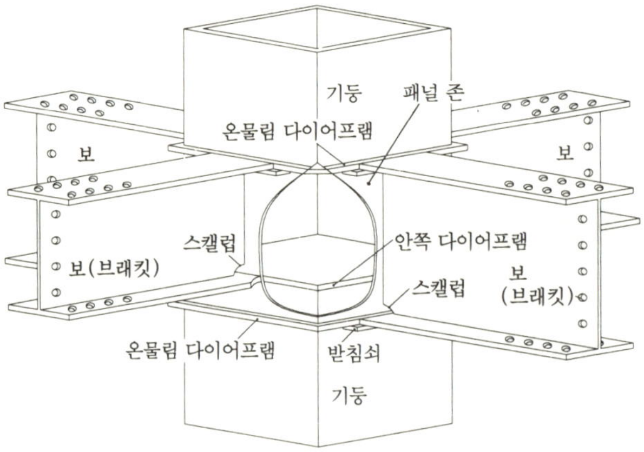

그림 4.53 기둥·보 접합부의 명칭

2) 바닥면에 그려진 금긋기에 맞춰 **그림 4.54**에 나타낸 바와 같이 브래킷과 기둥과 패널 존을 세트하고 임시 용접한다. 그때, 접합 장소가 울퉁불퉁하거나 어긋나지 않는지 주의하고 또 받침쇠의 유무(**그림 4.13**)와 루트 간격(**그림 4.13**)이 적정한지의 여부를 확인한다.

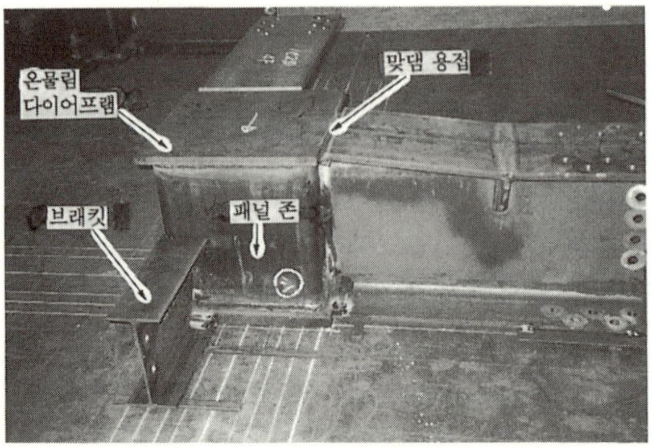

그림 4.54 브래킷·기둥·패널 존의 조립

그림 4.55 조립 지그

3) 패널 존과 브래킷의 조립이 끝나면 거기에 기둥을 설치하고 기둥 조립을 끝낸다. 조립은 **그림 4.55**에 나타낸 조립 지그를 사용한다.

조립 후 그루브 형상 · 루트 페이스의 상태 · 루트 간격 등이 적정한지의 여부를 검사한다.

6. 용접

부재 조립이 끝나면 임시 고정 용접, 본용접의 순서로 용접 작업을 진행한다.

1) 맞댐 용접부의 그루브 상황을 검사하여 잘못이 없으면 **그림 4.56**에 나타낸 바와 같이 임시 고정 용접을 한다.

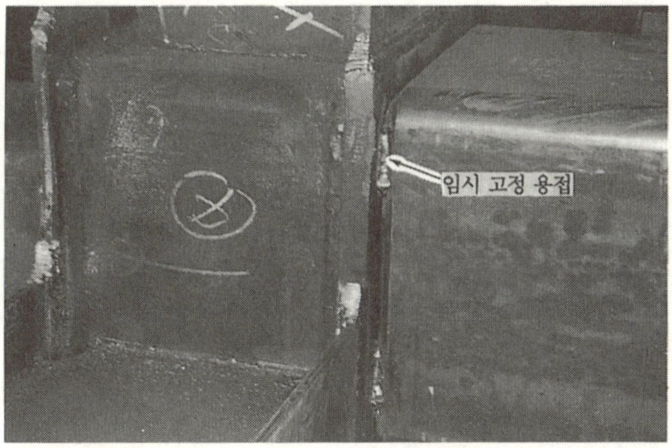

그림 4.56 임시 고정 용접

임시 고정 용접을 엉터리로 하면 용접부의 결함 원인이 되는 경우도 있으므로 임시 고정 위치, 피치 · 길이 등을 미리 검토해 둔다.

2) 그루브 가공 상태를 다시 한번 검사한다. 그루브 내에 부착물(수분 · 油脂 · 페인트 · 녹) 등이 있으면 용접부의 균열 원인이 되므로 완전히 제거해야 한다.

3) 임시 고정 용접 및 그루브 내의 검사가 끝난 부재는 **그림 4.57**에 나타낸 회전 지그에 고정하고 지그를 회전시켜 바른 용접 자세를 확보하고 본용접을 한다.

그림 4.57 회전 지그를 사용한 본용접

용접봉은 반드시 건조된 것을 사용한다.

7. 제품 검사(현장 인수 검사)

제품 검사는 완성된 철골 부재를 제작 공장에서 공사 현장으로 반출하기 전에 설계 도서에 요구된 품질을 확보할 수 있는지의 여부를 검사하는 것으로 출하의 가부를 결정하는 중요한 검사이다.

제품 검사에는 치수 검사·외관 검사·용접부 비파괴 검사 등이 있다.

(1) 치수 검사

그림 4.58은 기둥의 치수 검사를 하는 광경이다. 부재 치수·층 높이·폭·브래킷 길이·춤 등에 대해서 치수를 측정한다. 공작도와 대조 확인하여 잘못이 없는지 확인한다.

치수 측정에 쓰이는 강제 줄자는 현치 검사시 테이프 맞추기를 한 것을 사용한다.

그림 4.59의 기기는 치수 검사에 사용하는 필러 게이지(feeler gauge)·노기스(Nonius)·강제 줄자(steel tape)이다.

그림 4.58 기둥의 치수 검사 광경

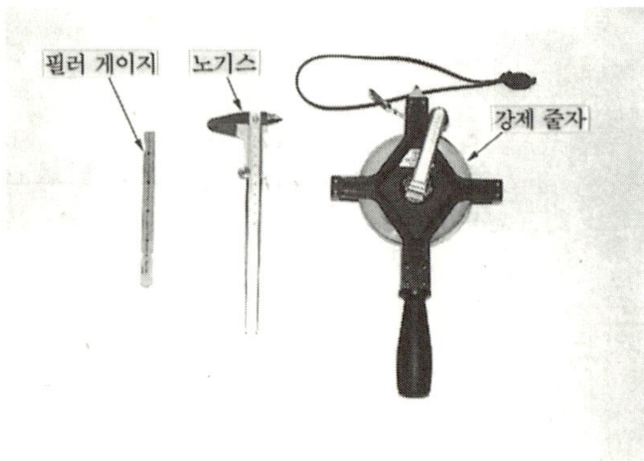

그림 4.59 치수 검사용 기구

(2) 외관 검사

부재와 용접부 표면의 결함을 육안 및 기구를 사용하여 검사한다.

부재 표면 검사는 표면의 손상을 발견하는 것이 주된 일이며, 용접부의 표면 검사는 균열 · 언더컷[1] (그림 4.60) · 각장(그림 4.61) · 살돋움 높이 등을 육안 관찰 또는 측정한다.

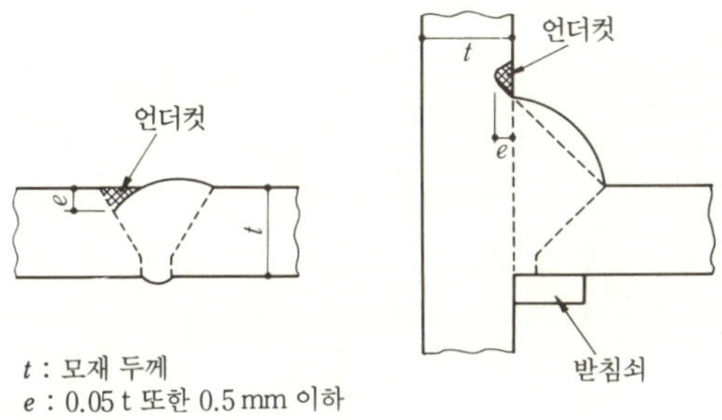

그림 4.60 언더컷

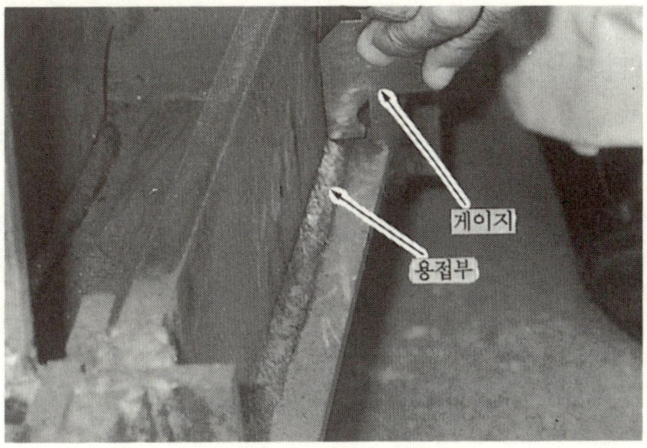

그림 4.61 각장의 측정

(3) 비파괴 검사(초음파 탐상 검사)

육안으로만 한 외관 검사는 용접 내부에 생긴 결함까지 검출할 수 없으므로 필요에 따라 초음파 탐상 검사를 하여 내부 결함의 유무를 검출한다.

초음파 탐상법은 용접부를 파괴시키지 않고 검사하는 방법으로 **그림 4.62**에 나타낸 바와 같이 용접부와 그 주변부에 바른 글리세린(glycerin) 위에서 초음파 탐상기를 사용하여 초음파를 발사하고 그 발사음의 강도와 전파 시간 결과를 보아 용접부의 내부 결함을 검출하는 방법이다. 내부 결함에는 블로홀[2], 내부 균열, 슬래그 혼입물 등이 있다.

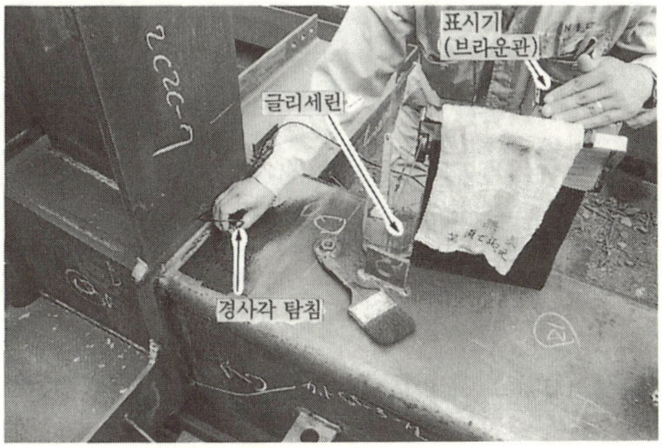

그림 4.62 초음파 탐상법

참고 **그림 4.63**은 초음파 탐상법 중에 용접부 결함을 검출하기 위해 쓰이는 경사각 탐상법을 나타낸 것이다. 탐상면에 대해서 비스듬하게 횡파 초음파를 입사(入射)시킬 때 용접 내부의 상처에 닿으면 브라운관에 **그림 4.63**

1) 언더컷(undercut) : 용접 윗면을 따라 모재가 패어 용착 금속이 채워지지 않고 홈이 되어 남은 용접 결함.

2) 블로홀(blowhole) : 용접 금속 중에 가스로 된 구형(球形) 또는 거의 구형의 공동(空洞).

(b)와 같은 탐상 도형이 나타난다. 이 탐상 도형의 결함 반향(echo) F의 치올림 위치를 판독하여 탐침 입사점에서 초음파 빔의 진행 방향에 따른 결함까지의 거리 W_F(beam 路程)를 측정한다. 탐침의 입사점 및 굴절각 θ를 미리 측정해 두고 결함까지의 수평 거리를 Y_F, 탐상면에서의 깊이를 d라고 하면

$$Y_F = W_F \cdot \sin\theta,\ d = W_F \cos\theta$$

에 따라 Y_F, d의 값을 계산하여 결함 위치를 발견할 수 있다.

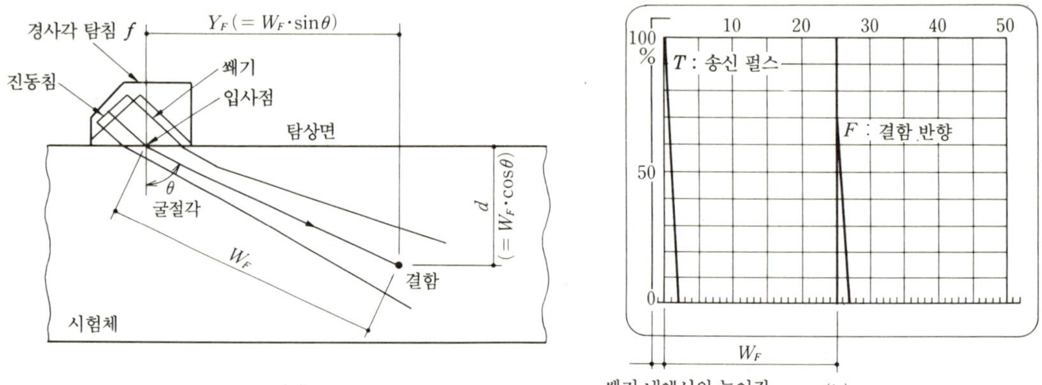

(a) (b)

그림 4.63 초음파 탐상법과 탐상 도형

(4) 녹막이 도장 검사

공장에서 제품을 출하하기 전에 녹막이(방청) 도장 상태를 검사한다. 일반적으로는 육안으로 하는 경우가 많지만 계측기로 확인하는 방법도 있다. 녹막이 도장의 상황 확인과 함께 공사 현장에서 용접하는 부분, 고력 볼트의 마찰 접합 부분, 콘크리트에 묻히는 부분, 내화 피복을 한 부분(도장하는 경우도 있음) 등으로 녹막이 도장이 잘못되거나 하지 않는지 등도 확인한다.

4.5 철골 조립(또는 세우기) 공사

공장에서 제작된 철골 부재는 출하 전에 최종 검사를 하고 나서 공사 현장으로 반입하여 조립한다. 공사 현장에서는 철골 공사의 품질 확보, 공사 기간 준수, 작업의 안전성 확보를 중점 관리의 목표로 하고 후속 공정에 지장을 초래하지 않도록 공사를 진행한다.

1. 철골 조립 계획

(1) 철골 조립 방법

철골 조립 방법은 대지의 형상, 주변 도로의 상황 등 입지 조건 이외에 지하 공사의 유무, 철골 구조체의 형상에 따라 달라지기도 한다. 조립 공사 계획시에는 이와 같은 여러 조건과 함께 철골 공사의 품질, 공사 기간, 안전성, 경제성 등도 충분히 고려하는 것이 중요하다.

실례 공사의 건축물은 좁은 대지가 빠듯하게 인접 건축물과 대단히 근접하여 짓게 설계되어 있으며,

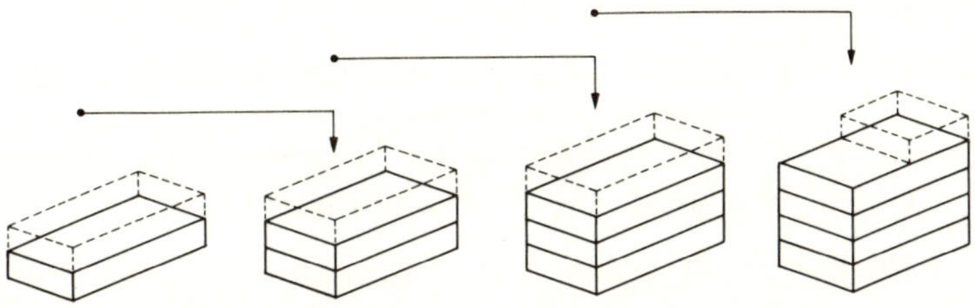

각 층마다 철골재를 조립하고 차례로 그 위에 쌓아 올려 나가는 방법

(a) 쌓아 올림 방식

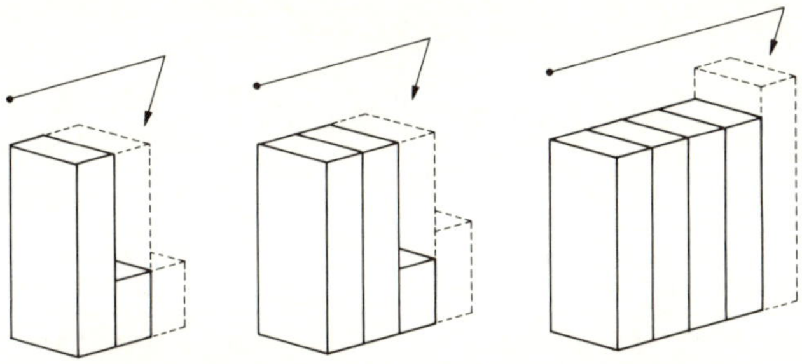

건축물을 몇 개의 블록으로 분할하고 최상층까지 한꺼번에 쌓아 올리고 다음 블록으로 후퇴하여 조립하는 방법

(b) 후퇴 조립 방식

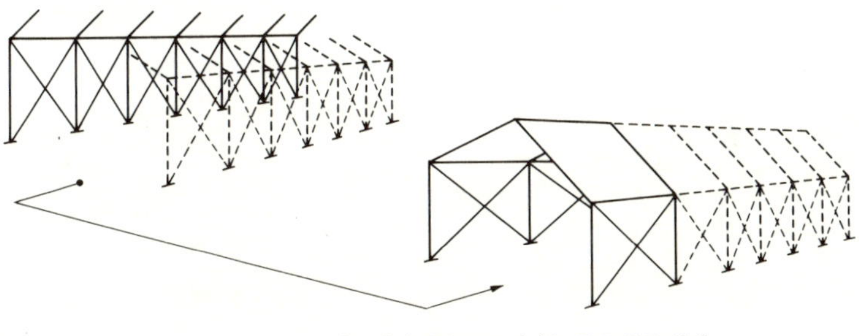

토대 · 기둥 · 보 · 도리 · 가새 등으로 구성하는 구조 골조 방법

(c) 골조 조립 방식

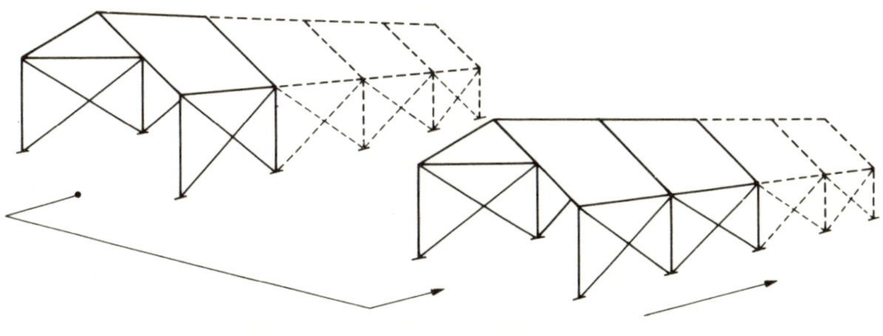

원통을 절반 자른 형태로 구성하는 골조 방식

(d) 원통 절단형 조립 방식

그림 4.64 철골 조립(또는 세우기) 방법

도시형 중소 규모의 건축물에서 많이 볼 수 있는 입지 조건을 가지고 있다. 대지가 좁으므로 효율적으로 조립 공사를 하기 위해서는 어떻게 조립 계획을 세우면 좋은지 **조립용 중기 선택·조립 순서** 등을 포함한 세부에 대한 검토가 필요하다. 일반적으로 철골 조립 방법에는 **그림 4.64**에 나타낸 쌓아 올림 방식, 후퇴 조립 방식, 골조 조립 방식, 원통 절단형 조립 방식의 4가지 방법이 있다.

건축물의 형상, 기둥과 보의 접합 방법, 입지 조건, 조립 기계의 종류에 따라 적절한 조립(또는 세우기) 방법을 선택한다.

4가지 방식 중 쌓아 올림 방식과 후퇴 조립 방식이 일반적으로 많이 채용되고 있다. 공장이나 창고 같은 단층 건축물의 경우에는 골조 조립 방식, 원통 절단형 조립식이 많이 쓰인다. **표 4.6**은 각기 조립 방식의 특징을 비교한 것이다.

표 4.6 철골 조립 방식의 비교

(a) 쌓아 올림 방식과 후퇴 조립 방식의 비교

	쌓아 올림 방식	후퇴 조립 방식
공정	후속 공정의 겹침 작업이 가능한 방식. 공정 진척이 일정하다.	구획 분할에 의거하여 공사 진척이 결정된다. 공정 페이스를 정할 수 없다.
안전대책	단번에 층 전체의 네트 보양을 할 수 있다.	철골 자립 검토를 요한다.
조립정밀도	1절마다 건축물 전체 평면의 다림보기 조정을 할 수 있다.	다림보기 수정이 어렵다.
조립중기	타워 크레인 등 대형 중기가 된다.	이동식 크레인을 이용한다.

(b) 골조 조립 방식과 원통 절단형 조립 방식

	골조 조립 방식	원통 절단형 조립 방식
공정	좀 길어진다.	골조 조립 방식에 비하여 단축할 수 있다. 겹침 작업이 가능하다.
안전대책	내풍압에 대책이 쉽다. 자재 정리하기가 쉽다.	내풍 대책이 쉽다. 겹침 작업의 경우 위험하다.
구내운반	구내 통로를 확보할 수 있다.	구내 통로가 제약을 받는다. (높이가 제한된다)
지상조립공간	건축물 공간에서 지상 조립할 수 있다.	건축물 이외에 지상 조립 공간이 필요하다.

실례 공사의 건축물은 지상 5층 규모의 작은 건축물이며, 정치식 크레인을 설치하여 조립(세우기) 공사를 할 정도의 철골량도 아니므로 주변 도로의 상황을 고려하여 조립 방법으로서 후퇴 조립 방식을 채용하였다. **그림 4.65**는 그 철골 조립 계획도를 나타낸 것이지만 대지 주변 중 3방향은 각기 빈터, 사무소 빌딩, 인도로 되어 있으므로 최종적으로 조립용 중기가 후퇴할 수 있는 방향, 즉 비킬 수 있는 방향은 일방 통행의 도로 위가 된다. 또 반입된 철골재를 트럭에서 부리는 작업도 일방 통행 도로 위에 트럭을 주차하여 하는 것으로 되었다.

(2) 조립 기계

철골 조립(또는 세우기) 공사를 효율적이고 좀더 안전하게 하기 위해서는 그 공사 현장에 가장 적합한 조립용 기계를 선택하는 것이 중요한 포인트이다. 조립 기계의 설치 방법, 사용법에 대해서는 「산업 안전 보건법」에 그 기준이 정해져 있지만, 크레인차는 대단히 큰 사고로 이어질 염려가 있으므로 기계 선정은

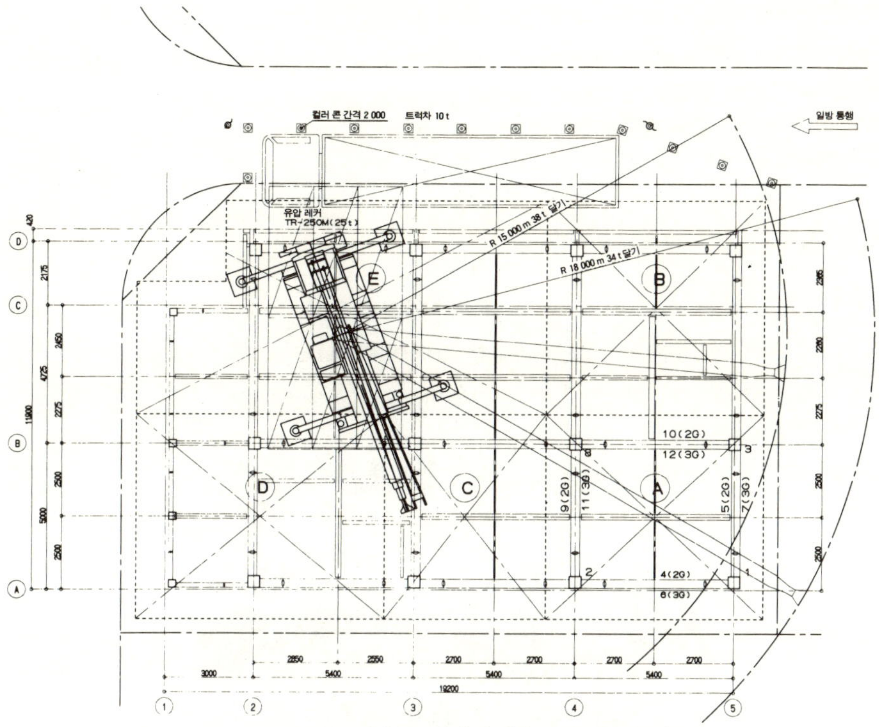

(a) 조립 순서 평면도

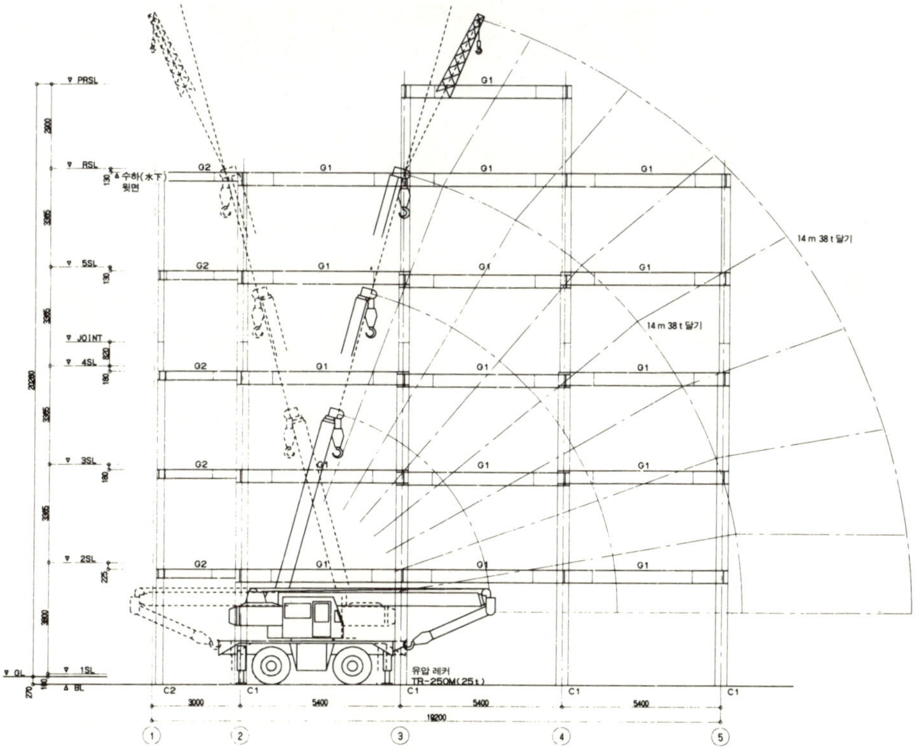

(b) 조립 순서 입면도

그림 4.65 철골 조립 계획도

반드시 신중히 하고 특히 작업 중 안전 확보에 주의해야 한다.

조립용 기계에는 「2.4 양중 설비」의 항에서 나타낸 바와 같이 여러 가지 종류가 있지만 실례 공사에서는 대지가 좁으므로 작은 회전이 효과가 있고 달아 올림 능력이 큰 **그림 4.66**과 같은 25 t 유압식 휠 크레인(wheel crane)을 사용하였다.

- 철골 조립용 기계
  - 1. 정치식 크레인
    - 타워 크레인(수평식 · 기복식)
    - 지브 크레인
  - 2. 이동식 크레인
    - 트럭 크레인(유압식 · 기계식)
    - 휠 크레인(유압식)
    - 크롤러 크레인(붐식 크레인)

그림 4.66 휠 크레인 사용한 철골 조립

(3) 철골 조립 순서

후퇴 조립 방식일 경우 철골 골조는 조립(세우기)하면서 후퇴해 가는 방향으로 쓰러진다는 습성이 있어 조립을 시작하기 전에 그 습성을 충분히 판별해 두어야 한다. 조립 정밀도가 나쁘다고 하여 조립 도중에 조립 순서를 변경하면 조립 정밀도가 더욱 나빠질 뿐만 아니라 제작 공장의 제작 순서, 발송 순서에도 영향을 끼치게 된다. 그러므로 조립 순서를 변경하지 않도록 조립 계획을 미리 신중히 검토해 두어야 한다.

실례 공사에서는 **그림 4.65** (a)와 같이 A, B, C, D, E의 블록으로 건축물을 분할하고 정해진 순서에 따라 조립하였다.

그림 4.67을 기본으로 하여 A 블록에 대한 조립 순서를 설명한다.

먼저 A 블록의 철골 조립 장소를 선정하고 크레인을 설치한다. 처음에 **그림 4.67** (a)와 같이 가장 먼 위치에 있는 ①의 기둥재를 크레인으로 달아 올려 소정의 위치에 세운다. 이어서 ②, ③의 제1절의 기둥을 세운다.

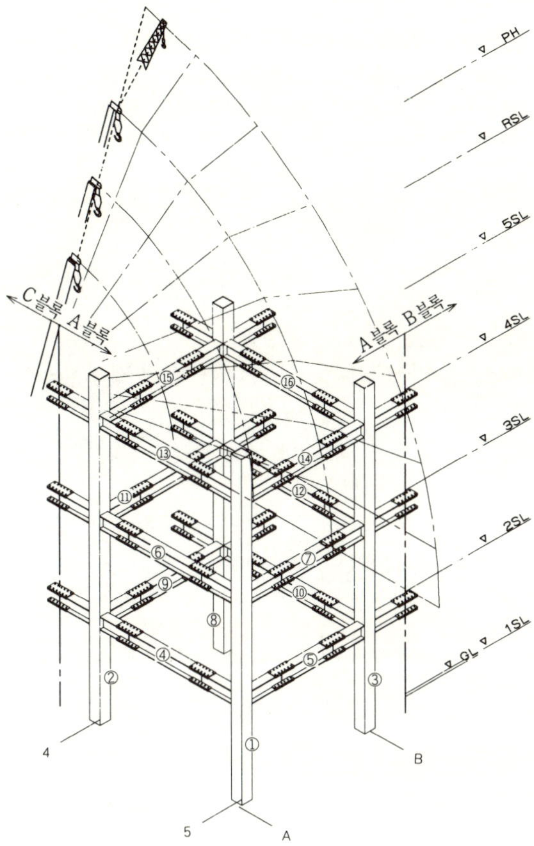

(a) A블록 1절(1마디) 조립 순서

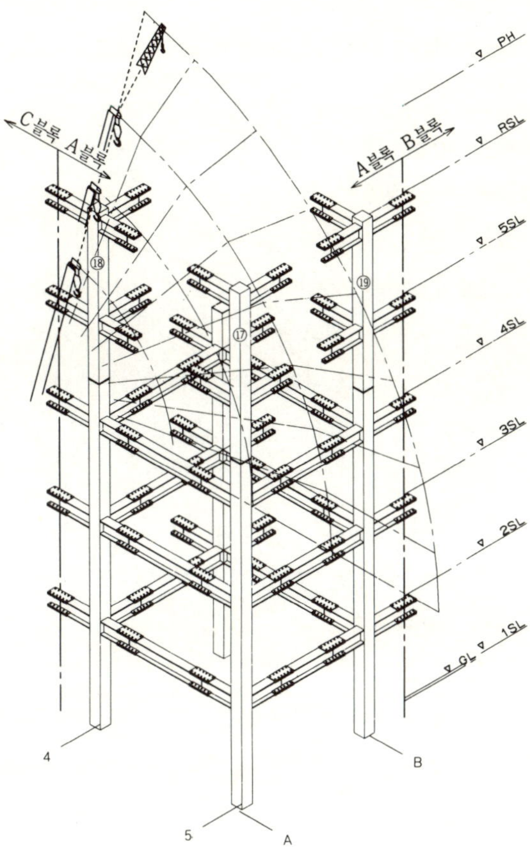

(b) A블록 2절(2마디) 조립 순서

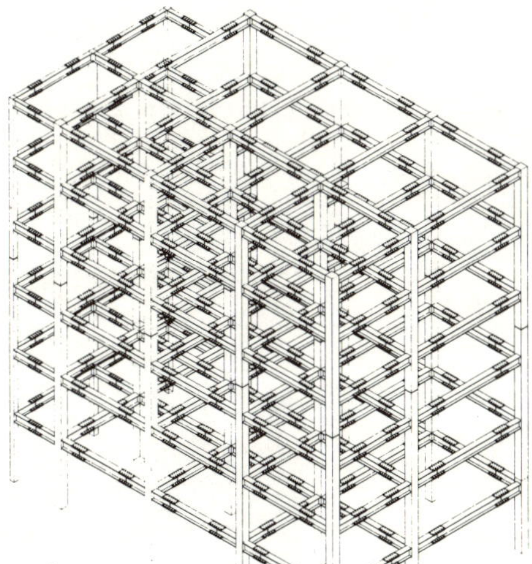

(c) 완성도

그림 4.67 철골 조립 순서

기둥은 세운 형태가 L형이 되도록 세우고 다음에 ④~⑦의 큰 보를 ①~③의 기둥에 연결해 간다. L형으로 기둥을 세움으로써 철골 골조가 강고하게 되어 안전성이 좋고 도괴 방지가 된다.

다음에 ⑧의 기둥을 세우고 ⑨, ⑩의 큰 보를 연결, 건축물의 형태가 4각형이 되도록 조립해 나간다. 다음에 같은 그림 (b)와 같이 골조를 상부로 짜올려 다림보기 정밀도를 확인하고 나서 좌우의 B, C 블록 세우기로 이동한다.

(4) 철골 골조의 자립 검토

철골 조립 공사 중에 철골이 도괴하여 큰 사고나 재해로 이어지는 경우가 많으므로 조립 계획시 다음과 같은 점에 유의해야 한다.

① 철골 부재의 단면이 자중(自重)에 견딜 수 있는 단면을 가지고 있을 것. 또 풍하중에 대해서도 안전할 것.

② 앵커 볼트는 적정한 지름일 것.

③ 본죄기가 끝날 때까지 임시 볼트는 정해진 필요 개수 이상일 것.

④ 전도 방지용 스테이 와이어(stay wire 또는 guy rope)를 적정한 위치에 배치할 것.

(5) 비계 계획

철골 조립을 하기 위해서는 비계가 필요하다. 이 비계에는 작업자가 이동하기 위한 통로용 비계와 고력 볼트를 죄거나 부재의 용접 작업을 하기 위한 작업 비계가 있다. 철골의 형상, 부재의 접합 위치, 그 접합 방법 등을 잘 생각하여 계획한다.

(a) 작업용 통로 비계　수직 이동용과 수평 이동용의 두 가지가 있다. 수직 이동용으로는 **그림 4.68**에 나타낸 바와 같은 상하층으로 이동하기 위한 승강용 트랩이 있다. 수평 이동을 하는 경우는 철골 보를 이용하는데 이때 **그림 4.69**와 같이 기둥과 기둥 사이에 메인 로프를 치고 거기에 구명삭을 걸고 이동한다.

그림 4.68 수직 이동용 가설 트랩과 수직 메인 로프

그림 4.69 수평 메인 로프

(b) **작업용 비계(달비계)** 고력 볼트 죄기, 용접 작업용 비계에는 조롱 비계, 달틀 비계, 달선반 비계 등이 있다(가설 공사의 항을 참조). 조롱 비계는 고력 볼트 죄기 작업용으로서 사용할 수 있는 것으로 접합 부분에 설치하는 비계이다. 달틀 비계, 달선반 비계는 SRC조의 보 배근용을 겸하여 보 아래 또는 전면(全面)에 설치한다.

(6) 안전 보양 설비 계획

철골 조립 기간 중 작업자의 추락 방지, 낙하물로 인한 제3자에 대한 재해 방지 등을 위해 안전 보양 설비를 해야 한다. 추락 방지용 안전 설비로서는 수직 메인 로프(**그림 4.68**), 수평 메인 로프(**그림 4.69**)와 그것을 고정하기 위한 갈고리(**그림 4.70**) 등이 있다. 또 조립 중 추락, 낙하물로 인한 작업자에 대한 재해를 방지하기 위해 **그림 4.71**과 같은 수평 네트를 친다.

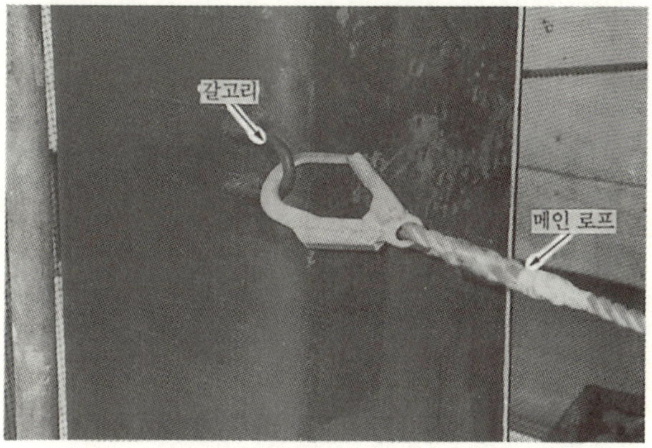

그림 4.70 수평 메인 로프 고정 갈고리

그림 4.71 수평 네트

그 밖에 공사 현장에서 낙하물로 인한 제3자 재해를 방지하기 위해 **그림 4.72**에 나타낸 수직 네트를 건축물 외주 부분에 치고 외부에 대한 비래 낙하 방지를 도모한다.

건축물의 최상층에는 기둥이 없어 수평 메인 로프를 고정할 수 없으므로 **그림 4.73**에 나타낸 바와 같이 수평 메인 로프 설치용 가설 지주(支柱)를 설치하였다.

그림 4.72 수직 네트

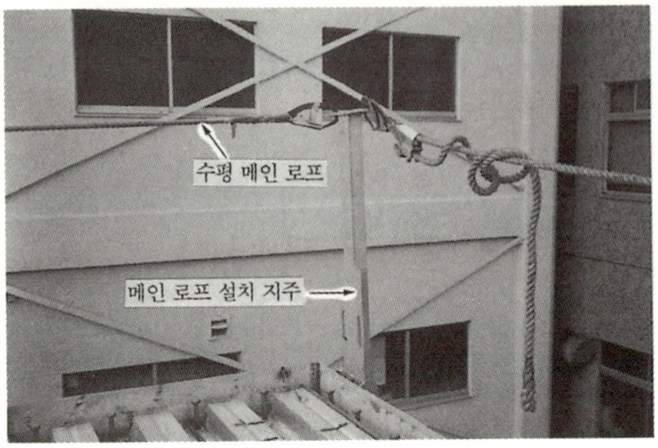

그림 4.73 메인 로프 설치 지주

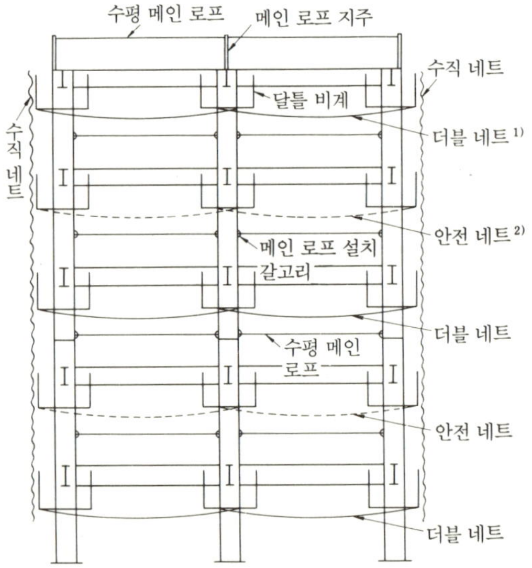

1) 더블 네트 : 추락 및 자재 낙하를 방지하는 네트
2) 안전 네트 : 추락 방지용 네트

그림 4.74 안전 보양 설비

그림 4.74는 철골 조립을 끝낸 뒤 기본적인 안전 설비를 나타낸 것이다.

(7) 철골 조립 공정 계획

조립 공사를 예정 기간 내에 효율적이고 안전하게 하기 위해 공정 계획을 세운다.

공정 계획과 조립 계획은 뗄래야 뗄 수 없는 관계에 있으므로 공정 계획을 세울 때는 조립 계획에 따라 달아 올림 부재의 종류 · 피스 수 · 중량, 양중기의 달아 올림 능력, 조립 난이도 등을 배려하고 공정 계획에 필요한 품셈[1]을 산출하여 계획한다. 철골 부재를 저장(stock)하는 장소의 유무, 앞면 도로의 교통

1) 품셈 : 건축 공사의 각 부분 공사에 대한 단위 수량당 단위 자원량. 예를 들면 단위 면적당 표준 노무량(노무 품셈), 표준 자재량(재료 품셈) 등이다.

사정도 공정 계획에 큰 영향을 끼치므로 주의해야 한다.

월일(月日) 일정 계획을 세울 때는 작업상 필요한 일수 뿐만 아니라 작업 휴일도 고려한다.

① 현장 휴일

② 날씨 불순으로 인한 작업 불가능일

③ 근린 협정에 따른 작업 금지일과 작업 시간의 제약

그림 4.75는 그와 같은 점을 고려하여 작성한 본공사에 대한 철골 조립 공정 계획이다. 대지가 좁고 게다가 건축물의 규모가 작으므로 작업 능률이 나쁜 공정이 되었다.

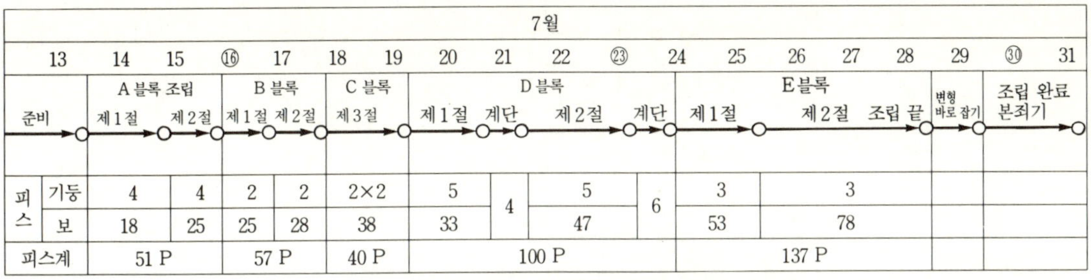

그림 4.75 철골 조립 공사 실시 공정표

표 4.7 조립 기계, 구조별 품셈

구 조		조립 기계	피스 수 P/일	중량/1일
공장	중량(重量)	트럭 크레인	30~45	25~30
	경량(輕量)	트럭 크레인	30~45	10~15
빌딩		트럭 크레인	40~45	35~40
		타워 크레인	30~35	25~30

조립용 기계의 종류, 건축물의 구조에 따라 품셈은 일정하지 않지만, **표 4.7**에 표준이 되는 조립 작업의 품셈을 나타낸다.

또 날씨 불순으로 인한 작업 불가능일의 설정은 다음에 따른다.

- 시간 강우량 1 mm/h 이상
- 최대 풍속 10 m/s 이상

2. 철골 조립 작업

철골 조립 작업은 철골 공사에 대한 메인 이벤트(main event)이다. 제작 공장에서 엄격하게 품질 관리가 끝난 골재 부재를 현장에 반입하여 조립 계획에 따라 조립해 간다.

조립 작업에 착수하기 전에는 먼저 시공 계획서에 나타낸 조립 계획 · 공정 계획 · 시공 순서 등에 대해서 작업 관계자와 미리 협의하여 조립 작업에 지장을 초래하지 않도록 준비한다.

철골 조립 작업은 일반적으로 **그림 4.76**과 같은 순서로 진행한다.

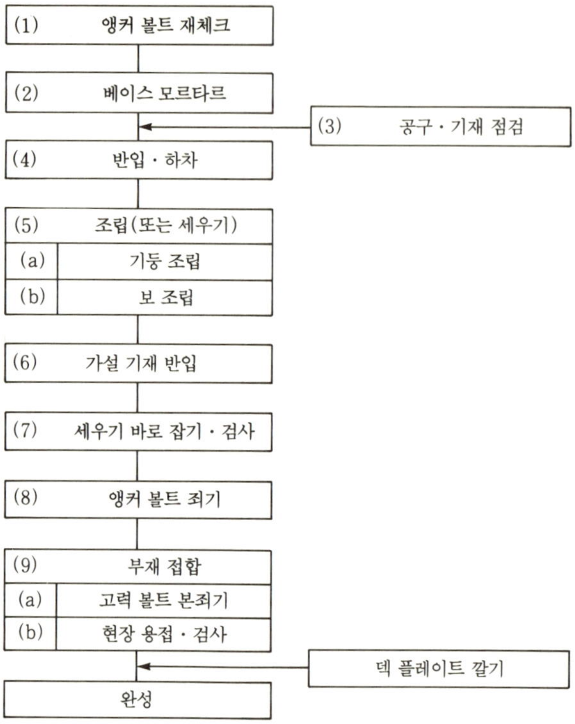

그림 4.76 철골 조립 작업 순서

(1) 앵커 볼트 체크

조립하기 전에 앵커 볼트의 위치를 체크하고 또 나사산 높이[1]가 적정한지의 여부를 체크한다. 그 결과 좋지 않은 것이 있으면 개선 대책을 강구한다.

(2) 베이스 모르타르

앵커 볼트의 체크가 끝나면 **그림 4.77**과 같이 기둥재를 세우기 위한 기준이 되는 베이스 모르타르를 시공한다. 베이스 모르타르는 철골 기둥을 세울 때 그 자중으로 인해 눌리지않도록, 또 철골 기둥이 수직

그림 4.77 베이스 모르타르

1) 나사산 높이 : 너트를 죈 후 나머지 길이는 3산이 적정하다.

으로 안정되도록 수평으로 마감하여 기둥 베이스 플레이트를 아물림할 수 있는 크기로 한다.

(3) 공구 · 기재 점검

조립하기 전에 조립 공사에 사용하는 공구 · 기재를 점검한다. **그림 4.78**과 **그림 4.79**는 조립 공사에 필요한 공구와 기재를 나타낸 것이다.

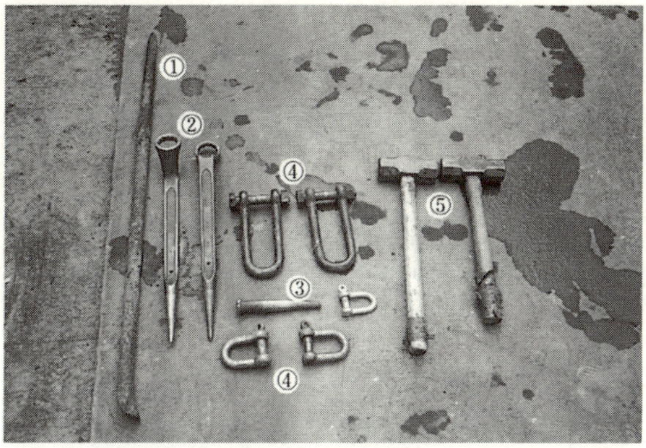

① 스틸 바 ② 스펙터클형 스패너
③ 드리프트 핀 ④ 섀클
⑤ 세트 해머

그림 4.78 철골 조립 용구

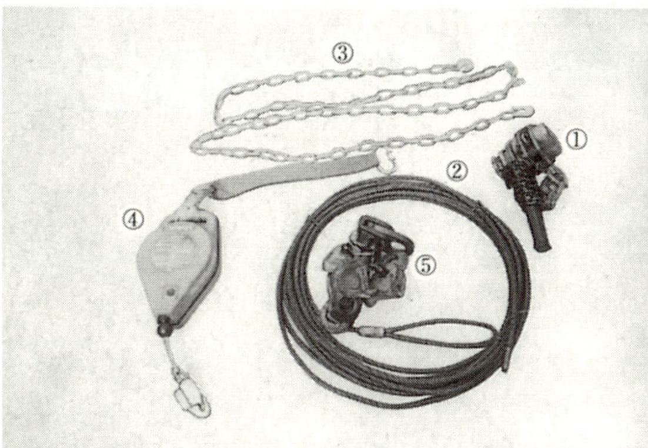

① 레버 블록 ② 변형 바로 잡기 와이어
③ 세이프티 체인 ④ 안전 블록
⑤ 와이어 긴결 기구

그림 4.79 철골 조립용 기재

(4) 반입 · 하차

현장에 철골재가 반입되면 철골재를 부리기 전에 조립용 크레인 설치 상황을 점검한다. **그림 4.80**과 같이 아우트리거의 접지면에 두꺼운 강판을 까는 등 보강 상태를 확인한다. 기계 설치 상황과 지반의 안전성에 문제가 없는지 확인하고 나서 철골 부재를 하차한다.

조립 작업을 효율적으로 하기 위해서는 철골 부재를 운반하는 차량을 정해진 시간까지 현장에 도착하

그림 4.80 아우트리거 접지면 상황

그림 4.81 차량 대기 장소

게 해야 한다. 그러므로 공사 현장 부근에 차량이 대기할 수 있는 곳을 확보해 두어야 한다. **그림 4.81**과 같이 일반 차량의 통행에 지장이 없는 장소를 선정하여 차량의 대기 장소로 한다.

실례 공사와 같이 대지 내에 장소가 없어 도로 위에 운반 차량을 주차한 그대로 하차하는 경우는 미리 관할 경찰서의 도로 사용 허가를 받아 **그림 4.82**와 같이 안내원을 배치하여 보행자와 일반 자동차의 안

그림 4.82 안내원

전을 확보한다.

(5) 조립(또는 세우기)

(a) 기둥 조립

1) 반입된 기둥재는 손상이 가지 않도록 임시로 두고, 달아 올리기 전에 **그림 4.83**에 나타낸 바와 같이 조립시에 필요한 변형 바로 잡기 와이어[1)], 안전 블록 등의 부속 기재와 슬링 와이어 로프(sling wire rope)를 설치해 둔다.

그림 4.83 기둥의 부속 기재 설치

2) 기둥 조립은 조립 계획에 따라 한다. **그림 4.84**는 기둥재를 크레인으로 달아 올려 소정 위치에 세우는 장면이다.

그림 4.84 제 1절 기둥 조립

3) 기둥이 소정 위치에 설치되면 **그림 4.85**와 같이 앵커 볼트를 너트로 임시 죄기한다. 임시 죄기는 더블 너트로 한다. 기둥에는 전도를 방지하기 위해 **그림 4.86**과 같이 스테이 와이어[2)]를 친다.

4) 제2절째의 기둥 접합은 제1절의 작은 보 설치가 끝나고 나서 한다. **그림 4.87**은 제2절째 기둥을 설치하는 광경이다.

---

1) 변형 바로 잡기 와이어 : 다림보기 교정 와이어

2) 스테이 와이어 : 버팀줄

그림 4.85 앵커 볼트의 임시 죄기

그림 4.86 전도 방지를 위해 치는 스테이 와이어

그림 4.87 제2절 기둥 조립

추락 방지를 위해 보 위에는 수평 메인 로프를 치고 여기서 작업자가 구명삭을 걸고 조립 작업을 한다.

그림 4.88은 조립이 끝난 기둥의 접합 부분을 나타낸 것이다. 이렉션 피스에는 반드시 임시 죄기용 볼트를 전수(全數) 고정한다.

그림 4.88 기둥 접합부 상황

5) 기둥의 다림보기 정밀도가 나쁘면 보 설치 작업에 지장이 있으므로 반드시 주의하여 기둥을 세운다.

(b) 보 설치

1) 현장에 반입된 보 부재를 하차시킬 때에는 위험 방지를 위해 그림 4.89에 나타낸 바와 같은 클램

그림 4.89 보재(梁材) 임시 놓기

그림 4.90 보재 달 피스

프를 사용하여 매달아 침목(받침목) 위에 임시로 놓는다.

클램프 허용 내력을 초과하는 무거운 보는 **그림 4.90**에 나타낸 바와 같이 달 피스를 공장에서 미리 설치해 둔다.

2) 보 부재에는 지상 조립(현장 조립)하는 단계에서 **그림 4.91**과 같이 수평 메인 로프, 임시 죄기 볼트 등의 부속 기재를 설치해 둔다.

보 부재를 기둥에 설치할 때 보 설치 방향이나 설치 층 수가 틀리지 않도록 한다. **그림 4.92**와 같이 보에 찍힌 마크(번호를 매겨 부재 위치와 방향을 지시하는 것)를 확인한다.

그림 4.91 보에 설치하는 부속 기재

그림 4.92 보재 마크(번호를 매겨 부재 위치와 방향을 지시하는 것)

보재는 달아 올리면 바람으로 회전하여 위험하므로 **그림 4.93**과 같이 지상 조립 단계에서 흔들림 방지 및 방향 잡기 로프를 설치해 두고 그것으로 회전을 막거나 보재를 조력공(assistant)이 끌어당기기 쉽도록 한다.

3) **그림 4.94**에 나타낸 바와 같이 보재를 기둥에 설치할 때는 스틸 바나 스펙터클 스패너를 사용하여 임시 볼트를 삽입하고 임시 죄기한다. 설치하는 임시 볼트의 개수는 **그림 4.95**에 나타낸 바와 같이 하나의 볼트군(群)에서 설계 개수의 1/3 또한 2개 이상으로 한다(풀 웨브의 보일 경우는 그 필

그림 4.93 방향 잡기 로프(guy rope)

그림 4.94 보재 설치

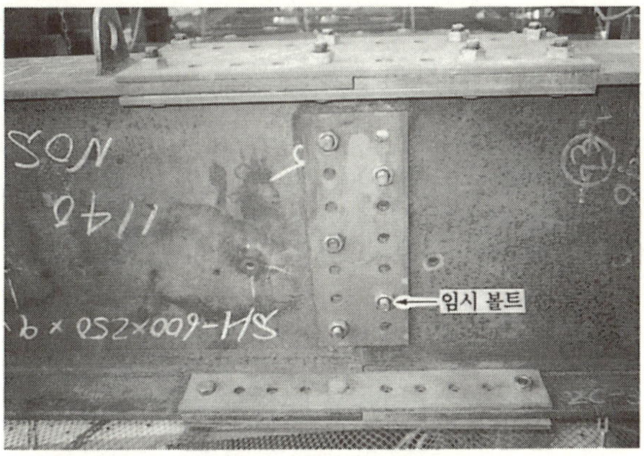

그림 4.95 임시 볼트 개수

요 개수 중 2개를 웨브면에 고정한다).

4) 임시 죄기가 끝나면 수평 메인 로프를 치고 거기에 구명삭을 걸고 이동하여 걸쇠걸이 와이어를 벗긴다.

이상의 순서로 1층 1블록(예 : A블록, 2층 바닥)의 큰 보 설치가 끝난다. 이 시점에서 수평 네트를 철골 보 사이에 치고 이후 실시하는 작업의 추락 방지를 도모한다.

(6) 가설 기재 반입

반입하는 가설 기재는 어긋나서 낙하하는 경우도 있으므로 **그림 4.96**과 같이 세이프티 체인(safety chain)으로 단단히 보재에 연결해 둔다. 가설 기재 반입은 철골 조립 작업과 아울러 한다.

그림 4.96 가설 기재 임시 두기(假置), 낙하 방지 조치

(7) 다림보기(세우기 바로 잡기), 검사

변형 바로 잡기 와이어를 긴장하고 쓰러진 기둥을 수정하여 기둥 수직 정밀도를 확보한다. 다림보기는 각 블록의 1절(1마디) 마다 단락 짓고 최종적으로 전체 균형을 잡도록 한다.

다림보기 정밀도 검사는 **그림 4.97**과 같이 트랜싯을 사용하여 확인하는 경우가 많지만 다림추로 확인하는 경우도 있다. 고층 건축물에서는 **그림 4.98**과 같은 레이저 광선 수직기(垂直器)를 사용하는 경우가 있다. **그림 4.99**는 기둥의 다림보기 정밀도의 허용차를 나타낸 것이다.

그림 4.97 트랜싯을 사용한 다림보기 검사

그림 4.98 레이저 광선 수직기

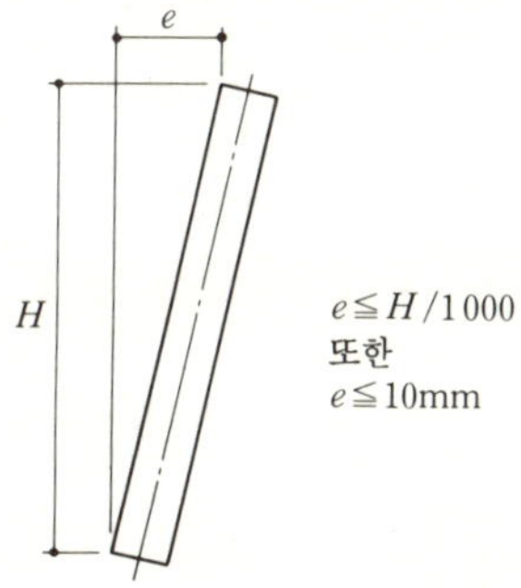

그림 4.99 기둥의 다림보기 정밀도 허용차

(8) 앵커 볼트의 죄기

철골의 다림보기 검사에 모두 합격하면 그림 4.100에 나타낸 바와 같이 베이스 플레이트 아래의 틈에 그라우트재(무수축 모르타르)를 충전한다. 그라우트재가 경화하는 것을 기다렸다가 그림 4.101과 같이 앵커 볼트의 너트를 필요한 토크값을 얻을 수 있을 때까지 죈다. 너트는 반드시 더블 너트로 한다.

그림 4.100 그라우트재 충전

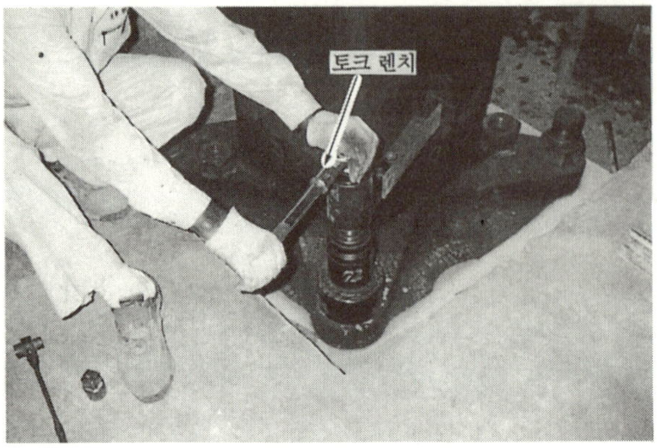

그림 4.101 앵커 볼트 죄기

(9) 부재의 현장 접합

실례 공사에서 보와 보의 접합부에는 토크 시어형 고력 볼트를 사용하였고, 기둥과 기둥의 접합부는 반자동 아크 용접을 이용한 현장 용접 접합으로 하였다.

토크 시어형 고력 볼트 접합 작업은 **그림 4.102**와 같은 순서로 진행한다.

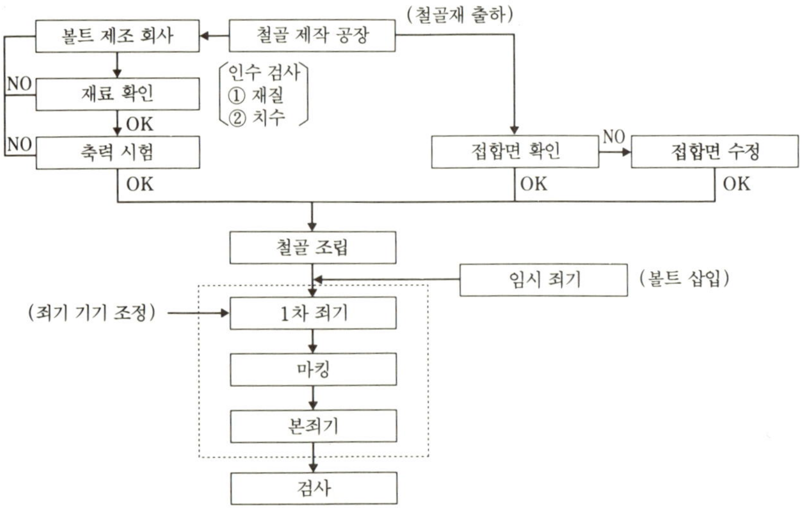

그림 4.102 고력 볼트 접합 작업의 순서

1) 고력 볼트가 현장에 반입되면 그 볼트가 설계 시방에 적합한 제품인지의 여부를 볼트 제조 회사 사내 시험 성적으로 확인한다. 또 그 볼트가 소정의 축력을 가진 것인지의 여부를 확인하기 위해 실제 시공 조건하에서 축력 도입 시험을 한다. **그림 4.103**은 현장에 반입된 토크 시어형 고력 볼트의 축력 도입 시험을 하는 광경이다.

   인수 검사에 합격한 고력 볼트는 **그림 4.104**와 같이 시트로 덮어 씌워 빗물이 들어가지 않도록 보관한다.

2) 접합부에 볼트를 설치하기 전에 철골 부재의 마찰면 검사를 한다. 뜬 녹이 생긴다든지 기름·먼지

그림 4.103 고력 볼트 축력 도입 시험

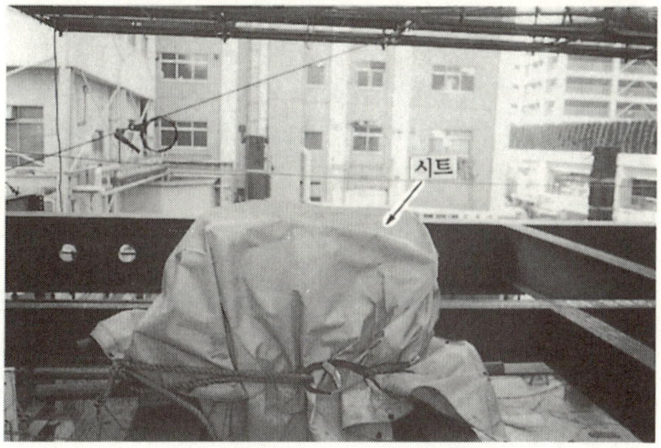

그림 4.104 고력 볼트 현장 보관

・도료・용접 스패터(spatter) 등이 마찰면에 부착되어 있지 않은지 검사한다. 부착물이 있으면 내력이 떨어지므로 디스크 샌더로 제거한다.

3) 볼트는 나사산이 파손되지 않도록 삽입하고 너트・와셔의 방향을 바르게 세트한다. 볼트는 꽂는 방향에 따라서는 플랜지면과 웨브면에 삽입한 볼트가 접촉하여 죄기 기계를 장착할 수 없어 볼트를

그림 4.105 고력 볼트 삽입 방향

죌 수 없는 경우가 있으므로 그림 4.105와 같이 볼트는 상부 플랜지에서는 상향, 하부 플랜지에서는 하향으로 각각 꽂는 경우가 많다.

4) 토크 시어형 고력 볼트 죄기는 그림 4.106과 같은 전용 죄기 기기를 사용한다.

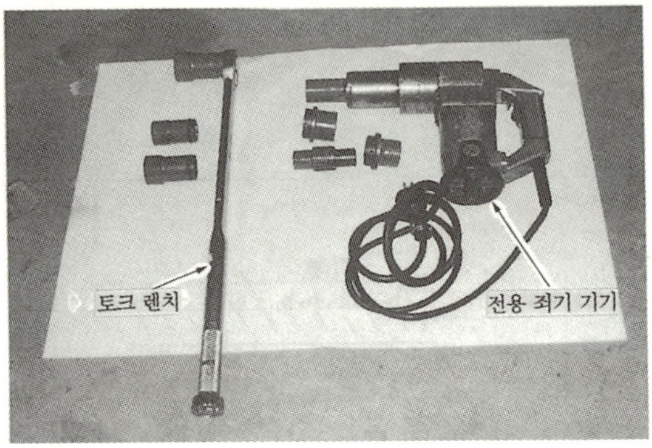

그림 4.106 토크 시어형 고력 볼트 전용 죄기 기기

그림 4.107 1차 죄기

그림 4.108 마킹

i) 먼저 **그림 4.107**과 같이 1차 죄기를 한다. 모재와 스플라이스 플레이트를 일정한 힘으로 죄어 밀착시킨다.

ii) 1차 죄기가 끝나면 **그림 4.108**과 같이 전수(全數) 볼트에 하얀 매직 잉크로 **마킹**을 한다. 마킹은 고력 볼트의 죄기를 잊어버리지 않았는지의 유무를 확인하고, 마크가 어긋나 너트와 볼트가 함께 돌거나 축이 돌거나 또는 헛도는 일이 없는지 등 볼트 죄기 상태의 편차 불량과 불량 개소를 발견하기 위해 하는 것이다.

iii) 마킹이 끝나면 죄기 전용 기계를 사용하여 **그림 4.109**와 같이 본죄기를 한다. 볼트의 핀 테일 파단을 확인하고 본죄기를 끝낸다. **그림 4.110**은 볼트군의 죄기 순서를 나타낸 것이며, 접합부 중앙에서 바깥쪽으로 향하여 차례로 죈다.

그림 4.109 본죄기

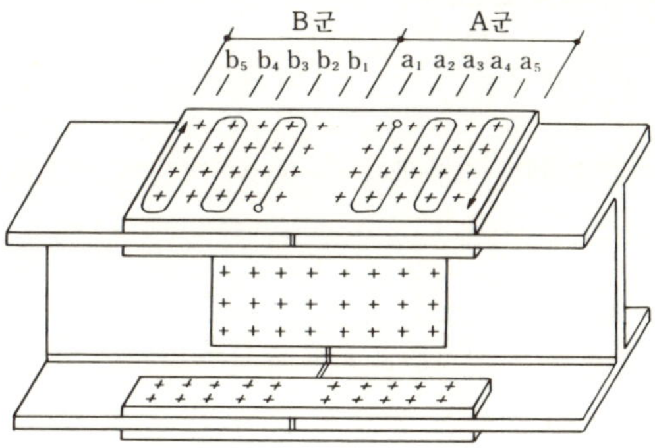

〈볼트 죄기 순서〉
① A군의 볼트를 화살표 방향으로 a_1, a_2, …… 의 순서로 죈다.
② B군의 볼트를 화살표 방향으로 b_1, b_2, …… 의 순서로 죈다.

그림 4.110 고력 볼트 죄기 순서

5) 토크 시어형 고력 볼트 죄기 상태의 합격 여부 판정은 핀 테일의 파단과 마킹의 어긋남 유무를 확인하여 한다.

i) 볼트의 핀 테일이 모두 파단되어 있는지의 여부를 확인한다. 핀 테일이 파단되지 않은 볼트가

있으면 따로 토크 시어형 고력 볼트로 갈아 끼워서 다시 죈다. 잘 죌 수 없는 경우는 KS형 고력 볼트로 갈아 끼운다.

ii) 마킹의 어긋남 상황을 확인한다. 어긋남 상황에 따라 본죄기 작업의 합격 여부를 판정한다. 마킹의 어긋남은 **그림 4.111**과 같이 60～90°의 범위가 적정하다. 죄기 불량에는 **그림 4.112**와 같은 헛돌기와 **그림 4.113**과 같은 축이 도는 현상이 생긴다.

그런 현상이 있으면 핀 테일의 파단 불량의 경우와 같은 요령으로 처리한다.

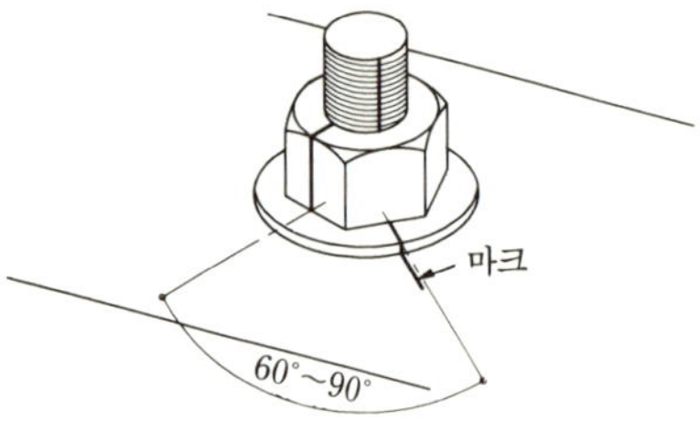

그림 4.111 볼트·너트의 적정한 회전량

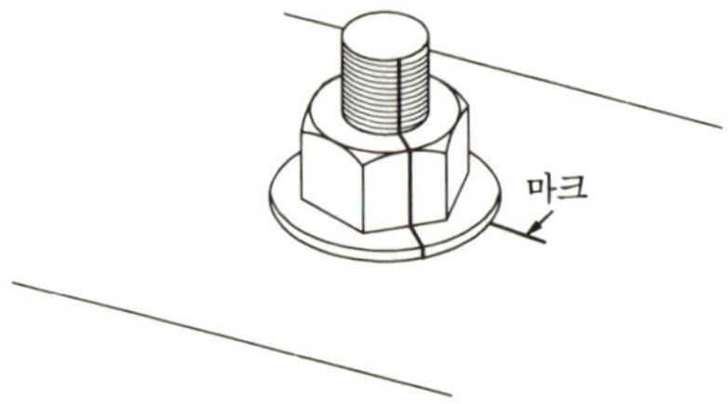

그림 4.112 볼트 헛돌기 현상

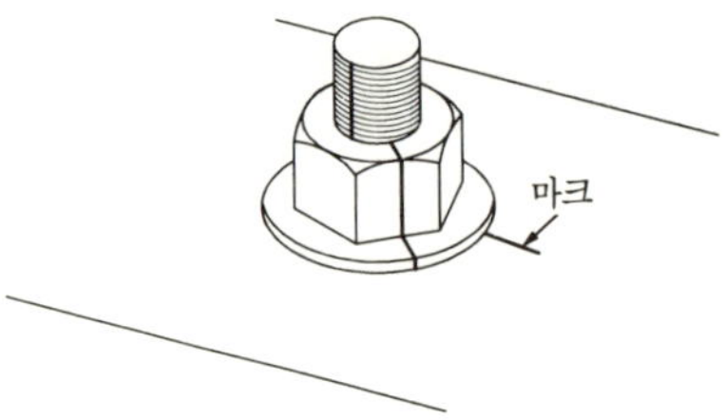

그림 4.113 볼트의 축이 도는 현상

(10) 현장 용접, 검사

공사 현장에서 하는 용접 작업은 제작 공장에서 하는 것에 비해 자연 조건(바람·비) 하에서 작업하게 되므로 작업 자세, 용접 기계 설비 등 불리한 조건이 대단히 많다. 적정한 용접 계획을 세워 바르게 실시하는 것이 중요하다.

여기서는 반자동 용접을 이용한 기둥 접합부의 현장 용접에 대해서 작업시 주의점을 기술한다.

1) 용접 작업을 하기 전에 접합부의 루트 간격·그루브 각도 및 그루브 내 청소 상황 등을 검사한다. 루트 간격과 그루브 각도가 적정하지 않은 것이 발견되었을 때는 디스크 샌더로 수정한다.

2) **그림 4.114**는 기둥 용접 작업을 하는 장면인데 용접시는 될 수 있는 한 몸을 정지시키고 일정한 용접 속도를 유지할 수 있도록 한다.

3) 모재 온도가 낮으면[1] 용접부에 금이 갈 염려가 있으므로 기온이 낮을 때는 작업을 보류한다. 단, 부득이 해야 할 경우는 용접부 모재 온도를 적정하게 유지시키기 위해 **그림 4.115**와 같이 용접부 주위 10 cm의 범위를 전기 히터 또는 가스 버너로 고르게 가열한다.

1) 기온이 10℃ 이하일 때는 용접을 해서는 안된다.

그림 4.114 기둥 접합부의 현장 용접

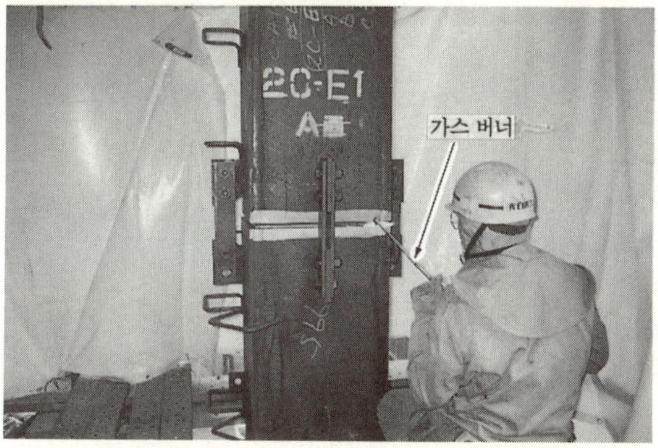

그림 4.115 용접부의 모재 가열

또 비·눈이 와 용접 부분에 수분이 있는 상태에서 용접하거나 강풍시[1]에 무리하게 용접을 하면 용접부에 중대한 결함이 생길 염려가 있으므로 각각 대책을 강구하고 작업을 한다. **그림 4.116**은 강풍시 용접 대책으로 사용하는 방풍 설비를 나타낸 것이다.

4) 용접 작업이 끝나면 용접부 검사를 한다. 용접부 검사는 육안(목측)으로 하는 외관 검사와 초음파 탐상 검사(비파괴 검사)의 두 가지 방법이 있다.

육안으로 균열·언더컷 등이 없는지, 살돋움 치수가 부족하지 않은지 등을 검사한다. **그림 4.117**은 기둥 접합부의 초음파 탐상 검사를 하는 장면이다. **그림 4.118**은 초음파 탐상 검사 중 초음파 반사(echo) 상황을 나타내는 화면이다(p. 129~130 참조).

1) 아크 손용접에서 풍속 10 m/s 이상, 가스 실드 아크 반자동 용접에서 풍속 2 m/s 이상일 때는 용접 작업을 중지한다.

5) 검사로 불량 개소가 발견되었을 경우는 그라인더나 아크 에어 가우징으로 불량 개소를 깎아 내고 다시 용접한다. 이와 같은 검사가 끝나면 철골 공사가 완료된다.

그림 4.116 용접용 방풍(바람막이) 설비

그림 4.117 현장 용접부의 초음파 탐상 검사

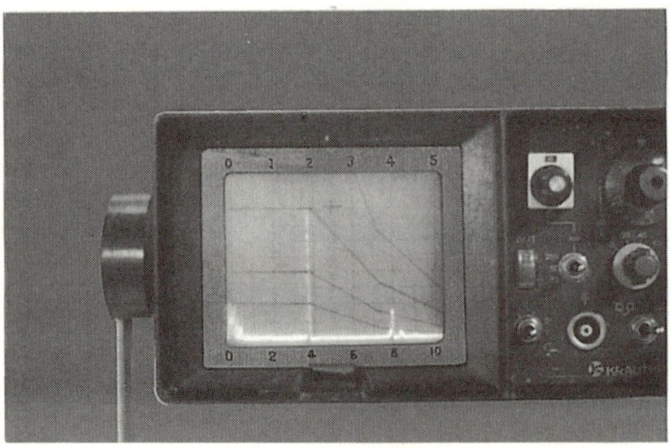

그림 4.118 초음파 반향

4.6 바닥 시공

1. 개설

철골조의 바닥 구조에는 **그림 4.119**에 나타낸 바와 같은 철근 콘크리트 구법, ALC판 구법, PC판 구법, 덱 플레이트(deck plate) 구법 등이 있는데 각기 용도에 따라 적절히 구분 사용한다.

철근 콘크리트 구법은 건축물에 작용하는 수평력을 바닥에 부담시키는 경우와 창고 등과 같이 적재 하중이 크게 작용하는 바닥의 경우에 쓰인다. ALC판 구법은 가벼워 시공하기가 좋아 간편한 건출물의 경우에 잘 쓰이지만 차음성이 떨어지므로 거주성을 높이고자 할 때는 상하층 사이에 따로 방음 처리가 필요하게 된다. PC판 구법은 PC재 그 자체를 바닥재로 사용하는 경우와 거푸집용으로 사용하는 두 가지 방법이 있다. 덱 플레이트 구법은 ① 구조용 바닥 슬래브, ② 거푸집용 바닥 슬래브, ③ 합성 바닥 슬래브로서 구법별로 적절히 구분하여 사용하며, 시공성이 좋으므로 철골조에서 많이 쓰이고 있다.

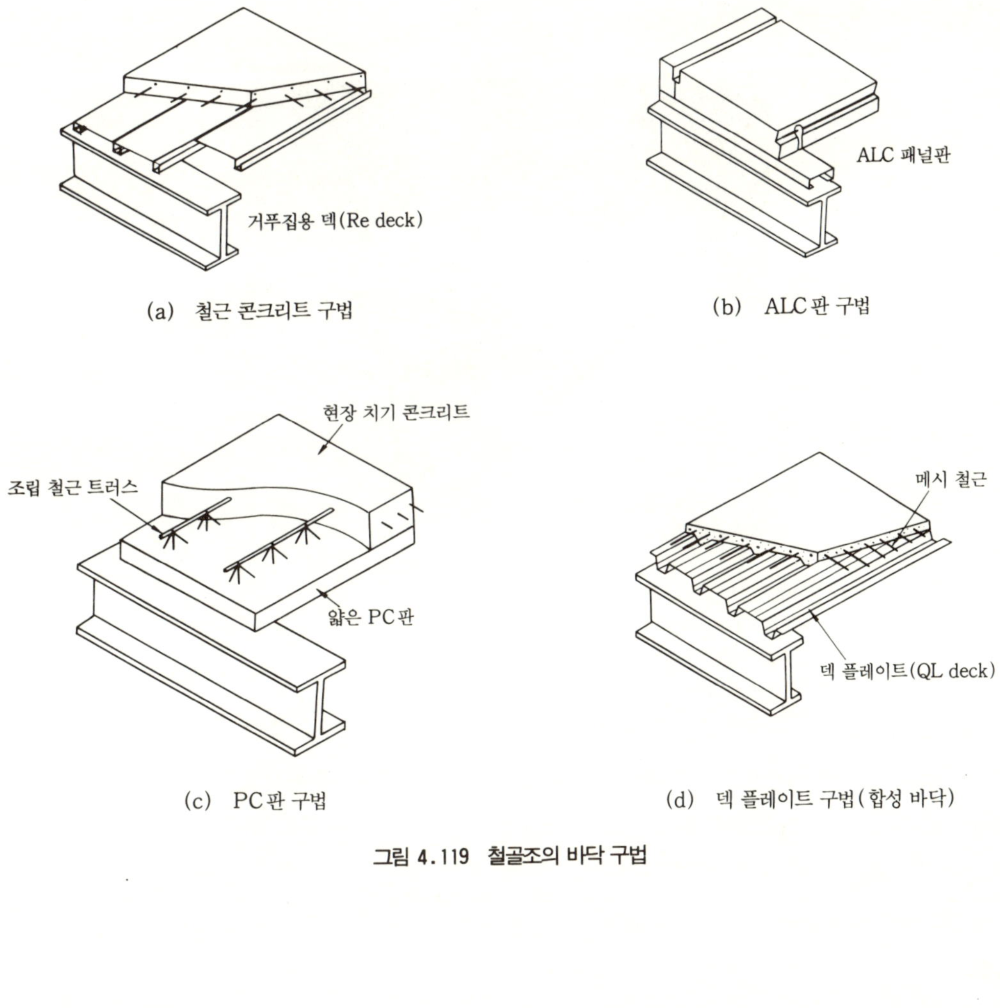

(a) 철근 콘크리트 구법

(b) ALC판 구법

(c) PC판 구법

(d) 덱 플레이트 구법(합성 바닥)

그림 4.119 철골조의 바닥 구법

2. 공사 개요

본공사의 2층, 5층, R층의 바닥은 덱 플레이트와 철근 콘크리트를 일체화한 것으로 내화 피복이 필요 없는 합성 바닥 구법을 채용하였다. 또 3층, 4층의 바닥은 철근 콘크리트 구법으로 설계하고 작업 능률을 높이기 위해 거푸집용 덱 플레이트를 채용하였다.

3. 시공

여기서는 3·4층의 철근 콘크리트 구법과 기타 층의 합성 바닥 구법에 대해서 공사의 진행 방법을 기술한다. 철근 콘크리트 구법, 합성 바닥 구법 모두 철골 보와 일체화를 도모하기 위해 시어 커넥터[1]로 하고 스터드 볼트를 사용하였다.

(1) 철근 콘크리트 구법(3층, 4층)

시공 배치도에 따라 거푸집용 덱 플레이트를 깔고 그 끝 부분을 보 플랜지에 용접하여 고정한다. **그림 4.120**은 거푸집용 덱 플레이트를 보에 용접하는 광경을 나타낸 것이다. 바닥 배근을 하고 설비 배관을 한 다음 콘크리트를 부어 넣는다.

그림 4.120 거푸집용 덱 플레이트의 용접

(2) 합성 바닥 구법

합성 바닥으로서 사용하는 덱 플레이트는 **그림 4.121**에 나타낸 바와 같은 형상이고 플레이트에 돌기를 만듦으로써 콘크리트의 어긋남을 방지하고 부착력을 높여 일체화를 도모한 것이다.

조립이 끝나고 고력 볼트의 본죄기가 끝나면 시공 배치도에 따라 덱 플레이트를 깔고 그 끝 부분을 보 플랜지에 용접한다. 그 다음에 **그림 4.122**와 같이 용접 철망을 깔고 설비 배관을 하고 나서 콘크리트를 부어 넣는다. **그림 4.123**은 본공사의 합성 바닥 설계 시방이다.

1) 시어 커넥터(shear connector) : 강재와 콘크리트와의 합성 구조에서 양자 사이의 전단 응력 전달에 쓰이는 접합재.

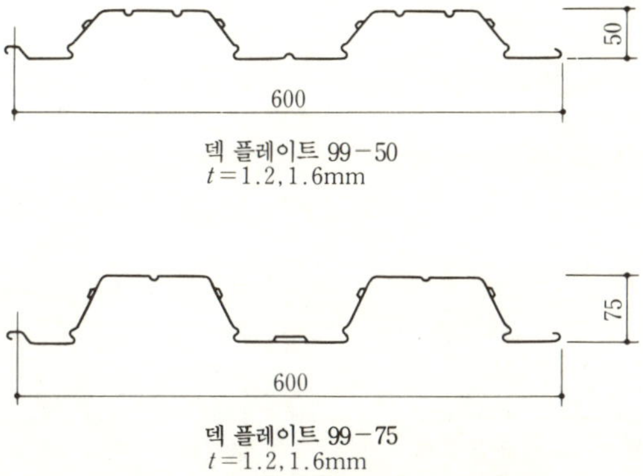

그림 4.121 합성 바닥 덱 플레이트의 형상

그림 4.122 용접 철망 시공

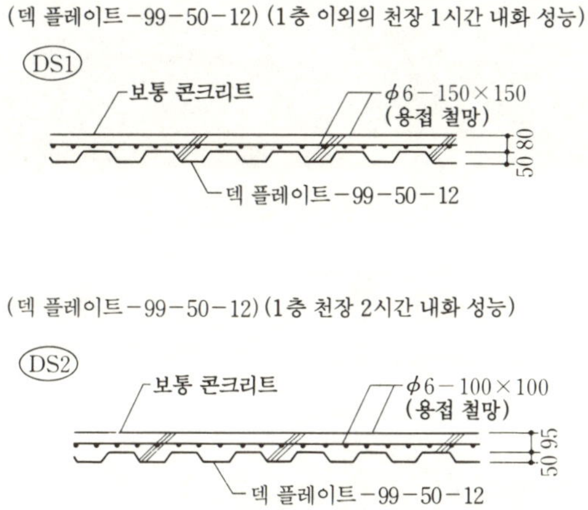

그림 4.123 합성 바닥 시방

(3) 스터드 볼트 용접

앞에 기술한 (1), (2)의 구법을 이용한 경우는 바닥과 구조체를 일체화할 필요가 있으므로 시어 커넥터로 하고 스터드 볼트를 사용하였다. **그림 4.124**는 본공사에 대한 스터드 볼트 설계 시방을 나타낸 것이다.

1) 철골 보 위에 스터드 볼트 위치를 잡고 나서 **그림 4.125**와 같이 용접 개소를 샌더질하고 **그림 4.126**과 같이 스터드 볼트를 용접한다.

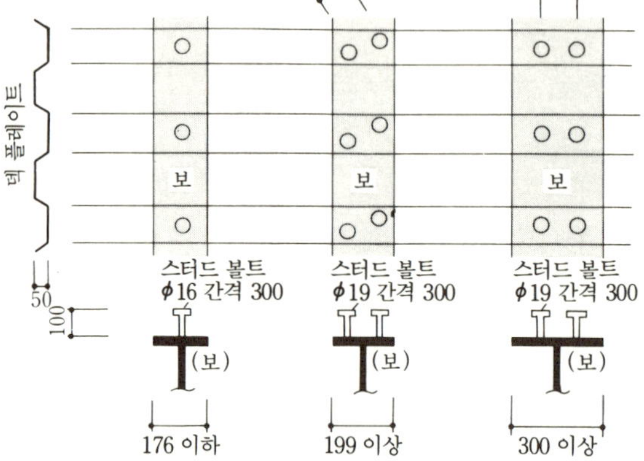

그림 4.124 스터드 볼트 시방(본공사)

그림 4.125 용접 개소의 샌더질 장면

그림 4.126 스터드 용접

그림 4.127 15° 타격 휨 시험

그림 4.128 주각부 스터드 볼트

2) 용접 완료 후는 **그림 4.127**과 같이 해머를 사용하여 스터드 볼트를 15° 정도로 구부려 그 융착 상태를 검사한다(15° 타격 휨 시험).

참고 스터드 볼트는 주각(柱脚)을 콘크리트로 둘러치고 고정단(固定端)으로 할 때에도 쓰인다. **그림 4.128**과 같이 주각에 스터드 용접을 하여 시어 커넥터로서 역할을 하게 한다.

4.7 철골 계단의 시공

철골조 건축물에 설치하는 계단은 대부분이 철골제이다. 철골 계단은 철근 콘크리트 계단에 비하여 주변 마감면과의 아물림이 어렵고 보행으로 인한 소음 문제 등이 있지만, 공사 기간을 단축할 수 있다는 이점이 있다. 또 철골 본체의 조립 작업과 병행하여 조립하면 공사용 승강로로서 이용할 수 있으므로 경제성・안전면에서도 유리하다.

일반적으로 철골 계단은 구조 형식으로 분류하면 **그림 4.129**와 같은 5종류로 나눌 수 있다. 이 중 (a) 측보(側桁) 계단과 (b) 역보(力桁) 계단을 보식(桁式) 계단이라고 하며 철골 구조에서 가장 많이 쓰이

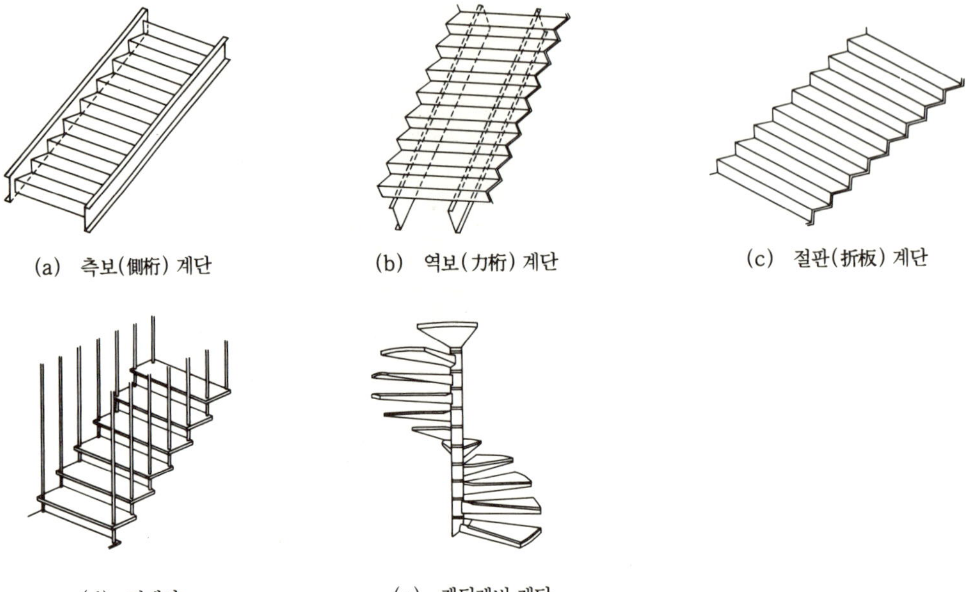

(a) 측보(側桁) 계단 (b) 역보(力桁) 계단 (c) 절판(折板) 계단

(d) 달계단 (e) 캔틸레버 계단

그림 4.129 구조 형식에 따른 철골 계단의 분류

고 있다.

그림 4.130은 보식(桁式) 계단의 각 부분 명칭을 나타낸 것이다. 보식(桁式) 계단을 받치는 보에 설치하는 방법으로서 **그림 4.131**에 나타낸 바와 같은 거싯 방식과 걸침턱 맞춤 방식의 두 가지 접합 방식

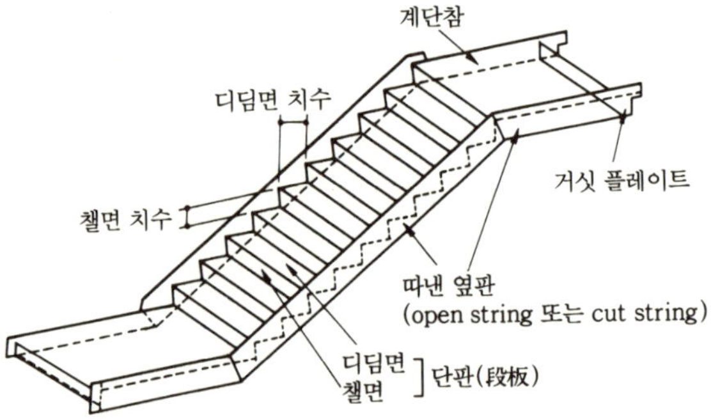

그림 4.130 보식(桁式) 계단의 각 부분 명칭

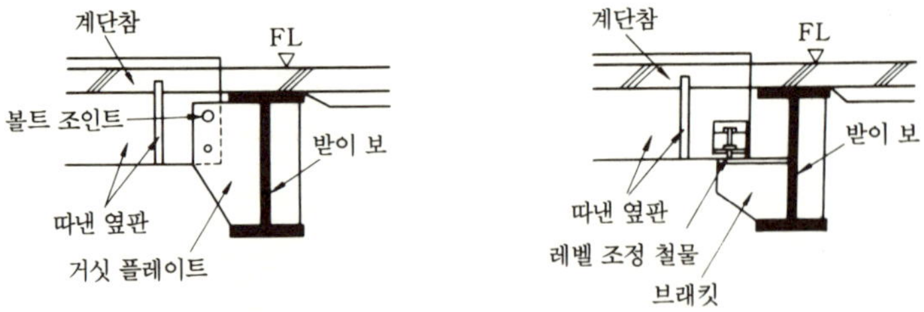

(a) 거싯(gusset) 방식 (b) 걸침턱 맞춤 방식

그림 4.131 보식(桁式) 계단과 받이 보 접합 방식

이 있다.

4.8 내화 피복

1. 개설

철골은 화재로 온도가 상승하면 강도나 강성이 저하[1]하여 자립할 수 없게 된다. 그러므로 철골 구조물에서는 피난에 필요한 일정 시간 동안 철골 온도가 상승하지 않도록 철골재에 내화 피복하는 것이 「건축법」에 정해져 있다(부록 참조). 일반적으로 내화 성능으로서 1시간 내화, 2시간 내화가 있으며 층 수 및 구조 부위에 따라 내화 시간을 결정하고 있다(부록 참조).

내화 피복 공법에는 습식(wet) 공법과 건식(dry) 공법의 두 종류가 있다. 습식 공법에는 암면 뿜칠 공법 외에 라스 모르타르 바름 공법이 있으며, 건식 공법에는 성형판 접착 공법과 PC판이나 ALC판을 내화 피복재로서 사용하는 프리패브 공법이 있다.

현재 철골 구조물의 내화 피복 공법으로서 원가(cost)가 싸고 시공성이 뛰어난 암면 뿜칠 공법과 원가는 약간 높지만 설치 작업이 쉽고 마감이 필요없는 성형판 접착 공법이 널리 쓰이고 있다.

2. 공사 개요

본공사에서 벽기둥에는 프리패브 공법(ALC판)과 성형판 접착 공법(규산 칼슘판)을, 보기둥에는 암면 뿜칠 공법(건식 공법)을 채용하였다. 천장은 덱 플레이트 합성 바닥 구법과 철근 콘크리트 구법을 채용하였으므로 그 자체에 내화 성능이 있어 내화 피복은 하지 않았다.

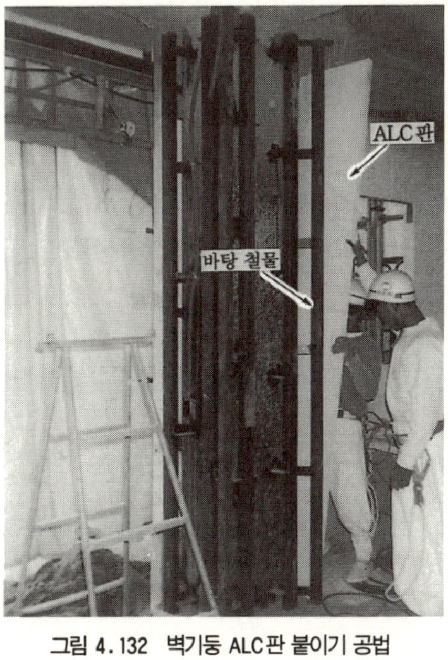

그림 4.132 벽기둥 ALC판 붙이기 공법

1) 일반 강재는 온도가 450℃ 이상이 되면 강도가 급격하게 떨어지고, 800℃가 되면 화재에 견딜 수 없게 된다.

3. 시공

(1) 프리패브 공법(ALC판 붙이기 공법)

ALC판 붙이기 공법은 철골 기둥에 경량 철골 바탕을 용접하고 **그림 4.132**와 같이 그 설치된 철골 바탕에 ALC판을 설치하는 공법이다.

(2) 성형판 접착 공법(규산 칼슘판 접착 공법)

성형판 접착 공법에는 **그림 4.133**의 직접 붙이기 공법과 **그림 4.134**의 띄워 붙이기 공법이 있다.

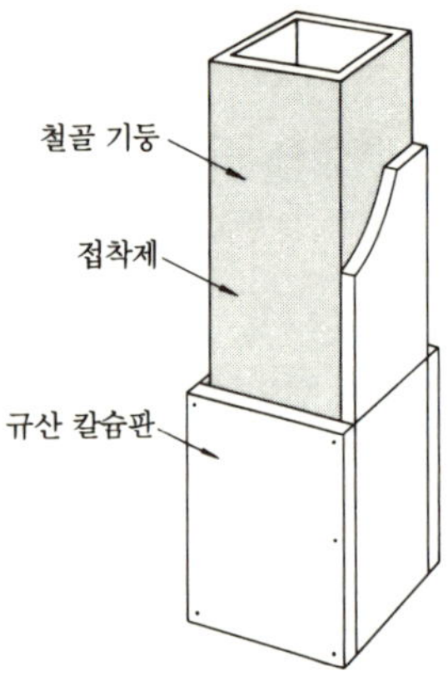

그림 4.133 직접 붙이기 공법

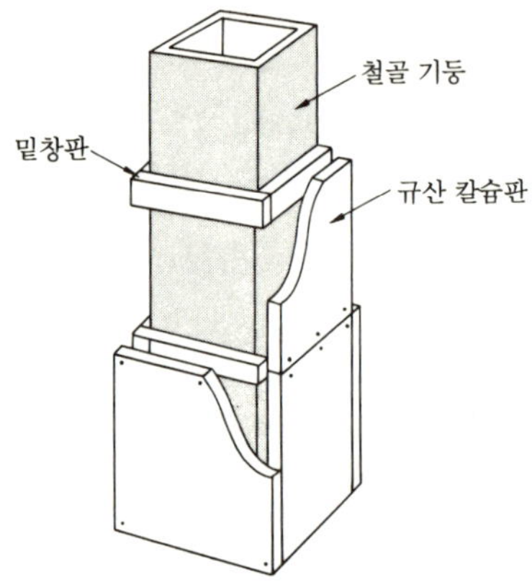

그림 4.134 띄워 붙이기 공법

① 직접 붙이기의 경우는 맨 처음에 철골면에 붙은 불순물을 깨끗이 제거하고 나서 물 유리계 접착제를 도포하고 규산 칼슘판을 직접 철골면에 붙인다.

② 띄워 붙이기의 경우는 바닥면에 기둥의 마감용 먹매김을 하고 그 먹에 맞춰 바탕재를 설치하고 그 위에 성형판을 붙인다.

(3) 암면 뿜칠 공법

암면 뿜칠 공법에는 습식 공법과 건식 공법이 있다. 습식 공법은 암면에 시멘트와 증점재(增粘材)를 가하여 물로 비빈 것을 뿜칠하는 공법이다. 실례 공사에서 채용한 건식 공법은 **그림 4.135**와 같은 뿜칠 건을 사용하여 혼합수를 노즐 선단에서 분사하고, 분무 상태로 하여 암면과 똑같이 뿜칠하는 공법이다.

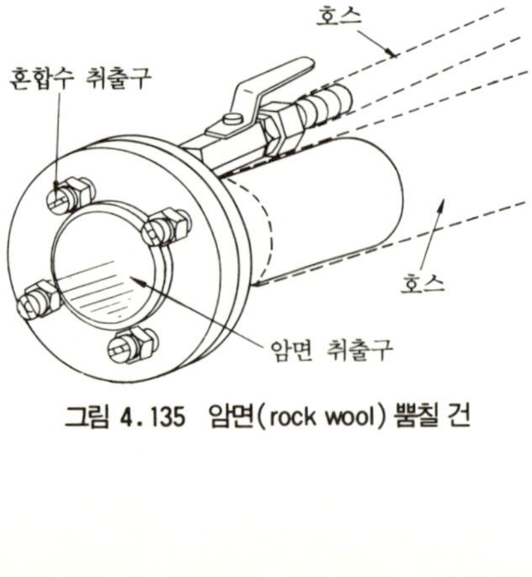

그림 4.135 암면(rock wool) 뿜칠 건

뿜기 요령은 다음과 같다.

1) 철골 표면에 부착된 콘크리트와 기타 불순물을 깨끗이 제거하고 나서 그림 4.136과 같이 암면 뿜칠한다.

2) 암면 뿜칠은 두께로 얼룩이 생기기 쉬우므로 그림 4.137과 같은 핀(또는 게이지)을 사용하여 그 두께를 확인하면서 시공한다.

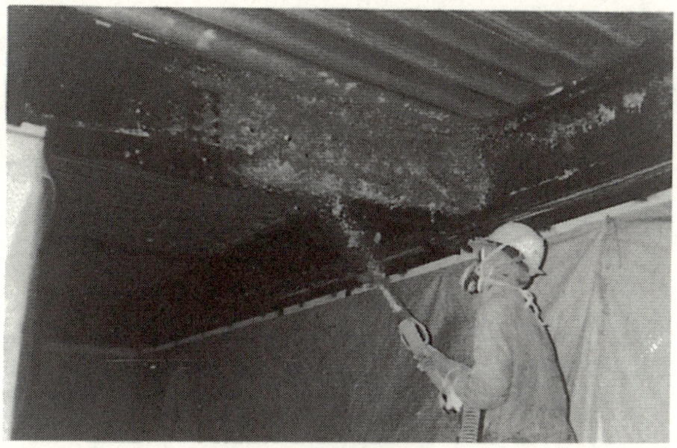

그림 4.136 암면 뿜칠 광경

그림 4.137 암면 두께용 측정 핀

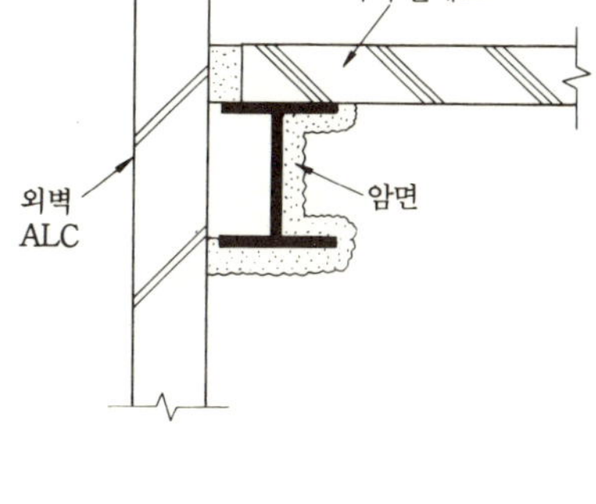

참고 합성 내화 피복 공법

암면 뿜칠 공법은 빗물로 박락할 염려가 있다. 그러므로 외장면은 비에 견딜 수 있는 ALC판이나 PC 커튼 월 등으로 하고, 실내측은 암면 뿜칠을 하여 철골 내화 피복으로 하는 것이 좋다. 이와 같이 이종의 재료를 합성하여 하는 내화 피복을 합성 내화 피복 공법이라고 한다. 실례 공사에서도 외장면을 ALC판으로 하고, 실내측은 기둥을 규산 칼슘판, 보는 암면 뿜칠로 한 합성 내화 공법으로 하였다.

제5장 마 감 공 사

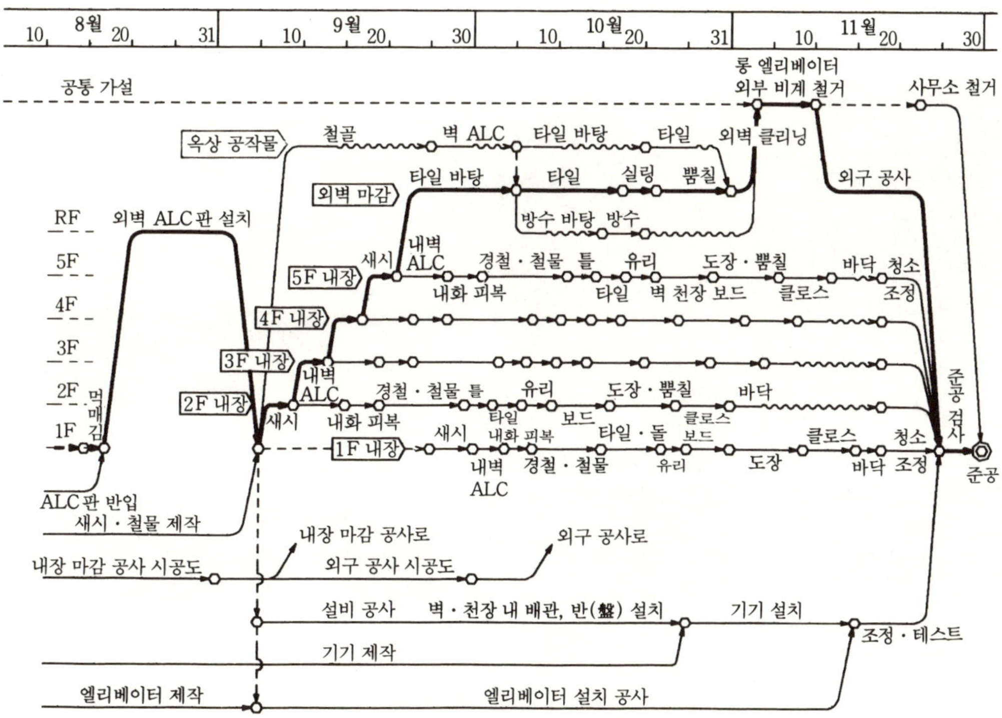
8월
9월
10월
11월
공통 가설
롱 엘리베이터
외부 비계 철거
사무소 철거
옥상 공작물
철골
벽 ALC
타일 바탕
타일
외벽 클리닝
외벽 마감
실링
뿜칠
외구 공사
방수 바탕
방수
RF
5F
4F
3F
2F
1F
외벽 ALC판 설치
먹매김
5F 내장
4F 내장
3F 내장
2F 내장
1F 내장
새시
내벽 ALC
경철 · 철물
틀
유리
도장 · 뿜칠
바닥
청소
내화 피복
벽 천장 보드
클로스
조정
보드
타일 · 돌
도장
준공 검사
준공
ALC판 반입
새시 · 철물 제작
내장 마감 공사로
외구 공사로
내장 마감 공사 시공도
외구 공사 시공도
설비 공사
벽 · 천장 내 배관, 반(盤) 설치
기기 설치
조정 · 테스트
기기 제작
엘리베이터 제작
엘리베이터 설치 공사

5.1 외벽 공사

1. 개설

철골조의 외벽은 일반적으로 **커튼 월**이라는 공업 제품화된 부재로 구성하는 경우가 많다. 그 대표적인 종류를 다음에 나타낸다.

1) 콘크리트계 커튼 월(PCCW로 생략하는 경우가 많다)
2) 금속계 커튼 월(메탈 커튼 월)
3) 복합 커튼 월(위 1), 2)를 복합한 것)
4) ALC판

PCCW라는 콘크리트계 커튼 월은 공장 생산된 프리캐스트 콘크리트판을 벽재로 하여 그 표면에 뿜칠 마감한 것이며, 돌・타일 등을 박아 일체 성형한 것이 있다. 이에 대하여 메탈 커튼 월은 알루미늄 합금이나 스테인리스 강을 주재료로 한 외장재이며 패널식・멀리언식 외에 유리면을 강조한 형식도 있다.

ALC판은 경량 콘크리트판으로 가격이 저렴할 뿐만 아니라 샛기둥・띠장이 필요없고 시공하기가 수월하므로 주택・공장・창고・사무소 빌딩 등의 중저층 철골조 건축물에 널리 쓰이고 있다.

어느 것이나 공장에서 제작된 일체 성형품이므로 품질의 균일화와 공사 기간 단축을 도모할 수 있어 건축 생산 공업화에 크게 공헌하고 있다.

그림 5.1은 대표적인 커튼 월을 나타낸 것이다.

(a) 프리캐스트 콘크리트 커튼 월 (b) 금속계 커튼 월 (c) ALC판

그림 5.1 대표적인 커튼 월

2. 공사 개요

여기서는 실례 공사에서 사용한 ALC 공사를 중심으로 그 공사의 진행 방법을 기술한다.

ALC(Autoclaved Lightweight Concrete)란 시멘트 · 모래 · 석회를 주원료로 하여 고온 압력솥 속에서 양생한 **경량 기포 콘크리트**이다. 단열성 · 내화성이 뛰어나고 건조 · 수축이 적은 등 장점이 있는 반면에 깨지기 쉬운 결점이 있다. 이런 ALC 판의 특성을 잘 알고, 다음에 든 몇 가지 구법이 개발되었다.

- 외벽 ALC 공사
  - 가로벽 구법
    - 볼트 고정 구법
    - 커버 플레이트 구법
    - 기타 층간 변위 추종 구법
  - 세로벽 구법
    - 삽입 철근 구법
    - 슬라이드 구법
    - 기타 층간 변위 추종 구법

외벽재에 사용하는 ALC 판에는 여러 가지 형상 · 치수가 있지만, **그림 5.2**에 나타낸 길이 2 500~3 500 mm의 형상이 자주 쓰이고 있다. 일반적으로 잘 쓰이는 두께 100 mm의 ALC 판은 대개 2시간의 내화 성능을 가지고 있다.

본공사에서는 정면에 대형 ALC 패널(W 2 250×H 3 365)을 채용하였다. 이 정면의 벽은 **세로벽 슬라이드 구법**으로, 기타 부분은 **세로벽 삽입 철근 구법**으로 시공하였다.

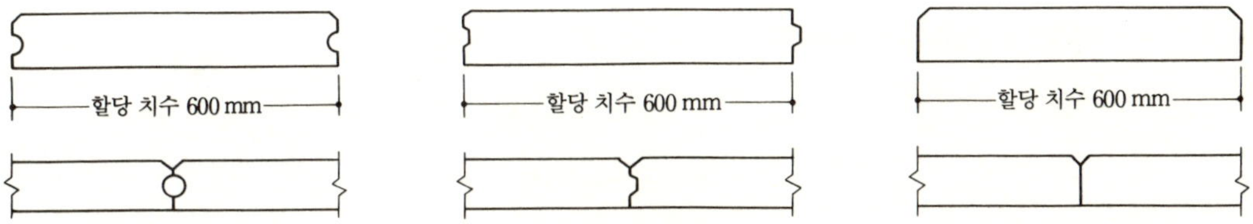

(a) 원형 홈형 (b) 은촉형 (c) 플랫형

그림 5.2 ALC판의 형상

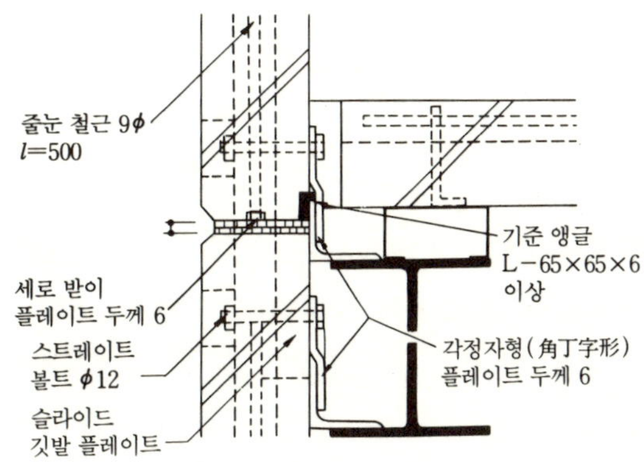

그림 5.3 세로벽 슬라이드 구법

세로벽 슬라이드 구법은 **그림 5.3**에 나타낸 바와 같은 전용 철물을 사용하여 설치하며, 건축물의 변위에 추종할 수 있는 구조로 되어 있다.

여기서는 기타 면에 쓰이고 있는 "세로벽 삽입 철근 구법"을 중심으로 작업 진행 방법을 기술한다.

3. 세로벽 삽입 철근 구법의 시공

그림 5.4는 세로벽 삽입 철근 구법의 일반부 상세도이다. 보 H 형강에 앵글을 설치하고 거기에 ALC 판을 설치한다. 시공 순서는 **그림 5.5**와 같다.

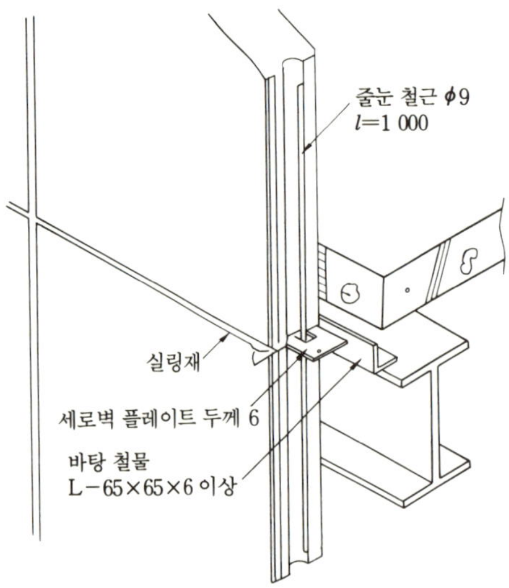

그림 5.4 세로벽 삽입 철근 구법

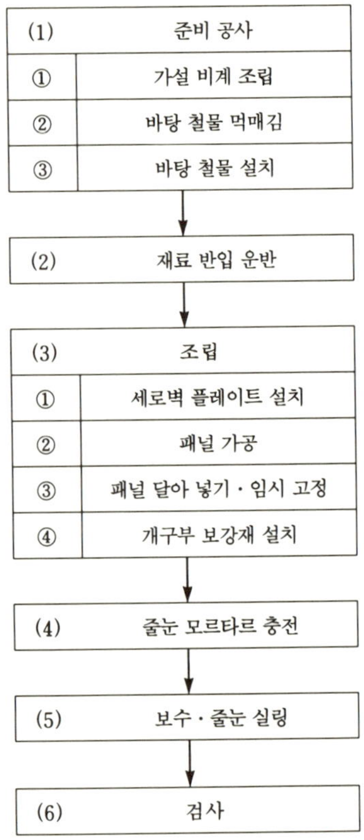

그림 5.5 ALC판 공사 시공 순서

(1) 준비 공사

ALC 공사의 준비 작업에는 ALC판의 반입, 조립에 필요한 가설 스테이지 설치, 작업용 가설(假設) 비계의 가설(架設), 조립의 기본이 되는 먹매김 작업, ALC판을 고정하는 바탕 철물의 설치 작업이 있다.

(a) 가설 비계 조립 ALC판 조립 작업용으로서, 또 줄눈 실링 박기 및 마감 작업용으로서 건축물 외주부에 가설 비계를 설치한다. 또 필요에 따라 ALC판 받아들이는 가설 스테이지를 설치한다. **그림 5.6**은 가설 비계용 강관틀 비계 조립 광경이다. 작업 순서는 다음과 같다.

1) 먼저 지반을 정지(整地)하고 다진다. 지반이 연약하여 침하할 염려가 있을 경우는 콘크리트를 부어 넣어 보강한다. 다음에 강관틀 비계의 비계 기둥에 잘 맞춰 비계 발판을 깔고 비계 계획도에 나타

그림 5.6 강관틀 비계 조립

낸 비계 기둥 위치에 잭 베이스를 배치한다.

2) 맨 1장째의 선틀을 잭 베이스에 끼워 넣고 가새로 선틀을 차례대로 이어 맞춰 비계를 조립해 나간다. 이때, 잭 베이스로 선틀의 높이를 조정한다.

선틀의 높이 조정이 끝나면 작업 바닥이 되는 비계 띠장널을 걸고 1단째 강관틀 비계 조립을 끝낸다. 2단째 이후도 이 방법을 반복하여 비계를 위쪽으로 조립해 나간다.

건축물 주위에 강관틀 비계를 세울 여유가 없을 때는 외줄 비계로 대용한다. 그림 5.7은 외줄 비

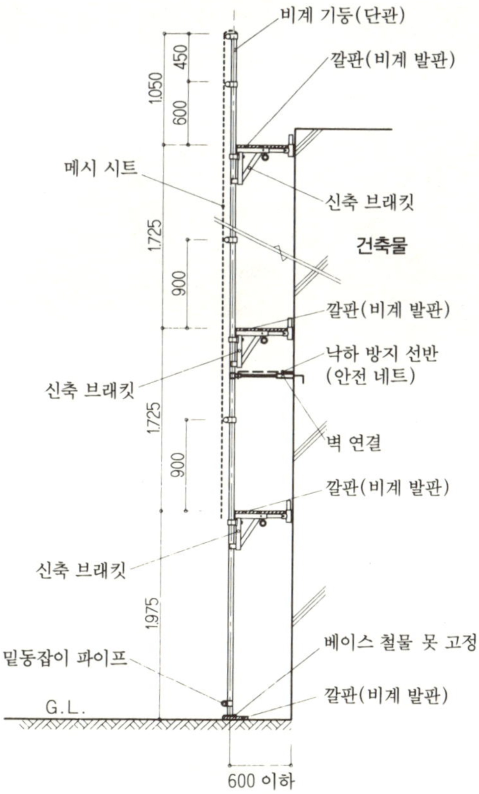

그림 5.7 외줄 비계의 상세(detail)

계의 상세를 나타낸 것이다.

참고

· 선틀에는 폭 600, 900, 1 200 등의 여러 종류가 있다.

· 외줄 비계의 비계 기둥 및 비계 띠장은 지름 48.6의 단관(單管)을 사용한다.

· 강관틀 비계의 경우 벽 연결은 원칙적으로 수직 방향은 9 m 이하, 수평 방향은 8 m 이하에 마련한다(보양 시트를 칠 경우는 20 m^2 1군데에 벽 연결을 한다).

· 선틀 1단째의 기반에는 선틀을 고정하기 위해 밑동잡이 파이프를 설치한다(그림 5.6).

· 비계는 후속 공정이 되는 ALC판의 두께, 설치, 뿜칠 작업 등에 필요한 작업 공간을 생각하여 철골 바깥면에서 500 mm 정도 떼어 설치한다.

(b) **바탕 철물 설치용 먹매김** 먼저 벽면의 양쪽 끝에 브래킷(철근 등)을 용접하고 미리 바닥에 먹매김해 둔 기준선에서 소정의 치수를 이끌어 내어 브래킷에 먹매김한다. **그림 5.8**은 먹매김하는 장면이다.

먹매김하기 전에는 반드시 다음과 같은 점을 체크해 둔다.

· 철골 조립 정밀도는 좋은가?

· 기준먹이 정확하게 그어졌는가?

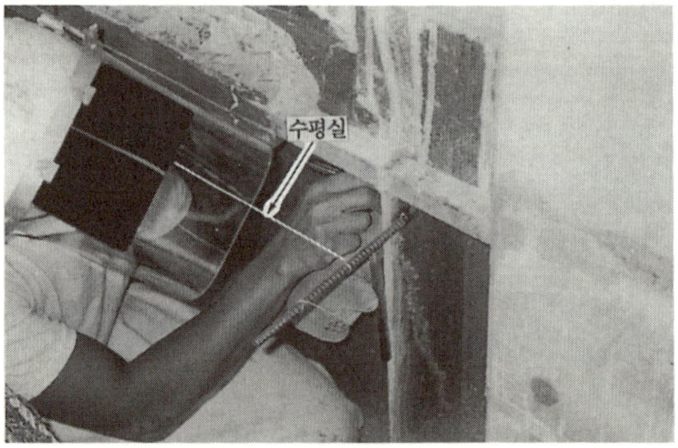

그림 5.8 바탕 철물 설치용 먹매김

(c) **바탕 철물 설치** **그림 5.9**는 브래킷에 먹매김해 두고 포인트에 맞춰 수평실을 치고 그것을 기준으로 ALC판 고정용 바탕 철물(기준 앵글)을 설치하는 장면이다. 바탕 철물의 용접이 끝나면 그 부분에는 녹막이 도장을 해둔다.

(2) 재료 반입과 운반

실례 공사와 같이 도로 위에서 직접 ALC판을 부릴 경우 통행 차량과 보행자에게 위험을 주지 않도록 주의한다.

(3) ALC판 조립

ALC판은 시공 배치도에 따라 1층에서 위층으로 차례로 조립해 나간다. 설치 철물도 ALC판 조립 공정에 맞춰 설치해 나간다.

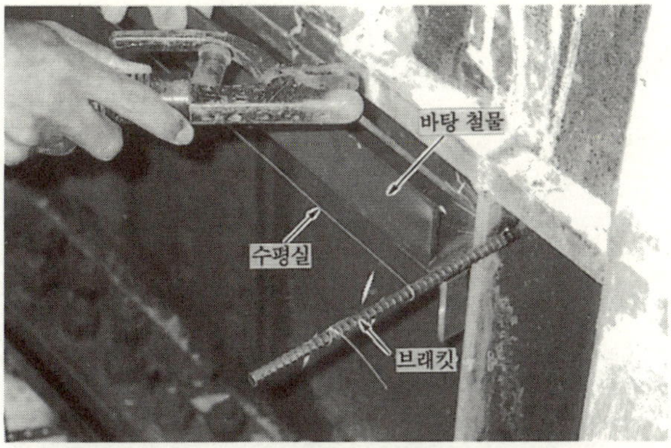

그림 5.9 바탕 철물(기준 앵글) 설치

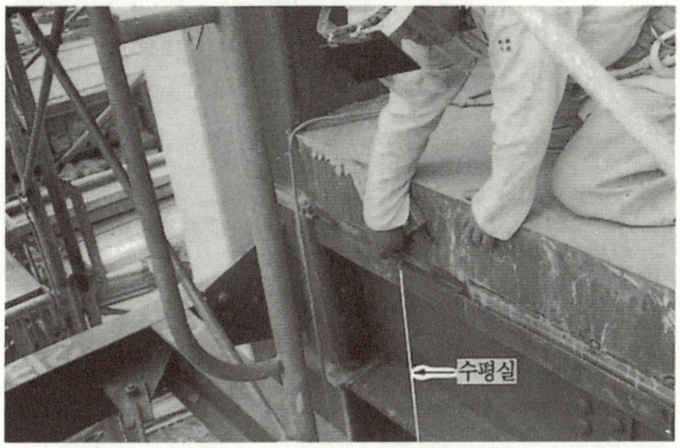

그림 5.10 세로벽 플레이트 먹매김

그림 5.11 세로벽 플레이트 설치

(a) **세로벽 플레이트 설치** 　그림 5.10과 같이 기준 앵글에 수평·수직 먹매김을 한다. 그 먹에 맞춰 그림 5.11과 같이 세로벽 플레이트를 설치한다.

(b) **ALC판 가공** 　ALC판은 갈라지기 쉬우므로 절단하거나 가공할 때는 신중하게 해야 한다. ALC판 절단 후의 유효 폭은 300 mm 이상으로 하고 홈파기 깊이는 10 mm 이하, 폭은 30 mm 이

하로 한다.

(c) **ALC판 달아 넣기 및 임시 고정** ALC판은 손상되기가 쉬우므로 **그림 5.12**와 같이 나일론 슬링을 사용하여 갈고리를 한다. 전동 체인 블록으로 서서히 달아 올려 소정 위치에 세트한다. 임시 고정할 때는 스테인리스제 컷 네일[1]을 사용하여 나중에 해체하기 쉽도록 해둔다.

(d) **개구부 보강재 설치** 개구부 보강재 설치는 개구부 양쪽 패널 조립이 끝나고 나서 한다. **그림 5.13**에 나타낸 바와 같이 수직 방향의 보강재는 상하 구조체에 단단히 고정하고 개구부 상하 패널이나 V자 컷(notch)한 패널에 걸리는 하중이 확실히 구조체에 전달되도록 한다.

그림 5.12 ALC판 조립

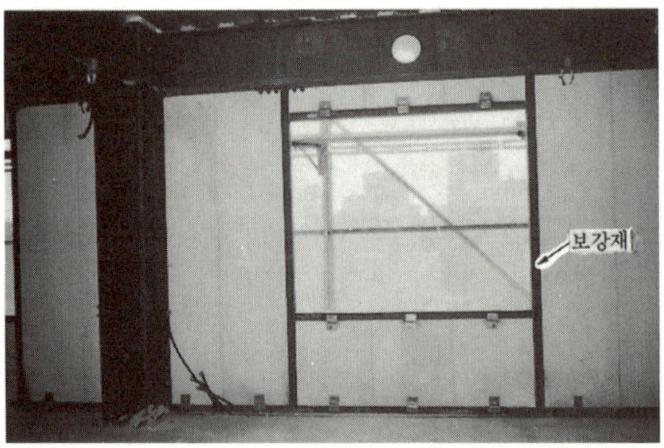

그림 5.13 개구부 보강재 설치

(4) 줄눈 모르타르 충전

조립이 끝나면 줄눈 모르타르를 충전한다. 줄눈 모르타르는 시멘트와 모래의 중량비가 1 : 3인 것을 사용한다. 비빌 때의 경도는 물뿌리개로 흘려 넣을 수 있는 정도의 경도로 하고 흘려 넣은 후는 다짐대로 충분히 다진다.

그림 5.14는 줄눈 모르타르의 충전이 끝난 후 줄눈 철근을 삽입하고 있는 장면이다. 줄눈 철근을 삽입

1) 컷 네일 : ALC판에 목재와 금속류를 고정할 때에 사용하는 못. 일반적으로 알루미늄 합금 또는 스테인리스제가 쓰이며 동체는 각못식(角釘式)으로 가공되어 있다.

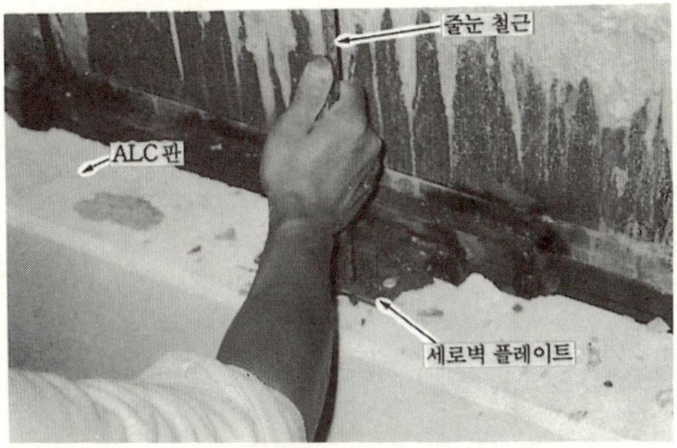

그림 5.14 줄눈 철근 삽입

한 후 세로벽 플레이트에 철근을 용접하여 고정한다.

1) 줄눈 철근은 지름 9 mm, 길이 1 m의 것을 사용하여 상하 패널에 500 mm씩 걸리도록 삽입한다.

2) 컷 네일은 줄눈 모르타르의 경화를 확인하고 나서 떼어 낸다.

(5) 보수, 줄눈 실링

ALC판의 반입시, 설치시에 손상된 곳은 전용 보수재로 보수한다.

줄눈 주위를 청소하고 그 건조 상태를 확인하고 나서 실러(sealer)를 도포하며 **그림 5.15**와 같은 실링 작업을 한다.

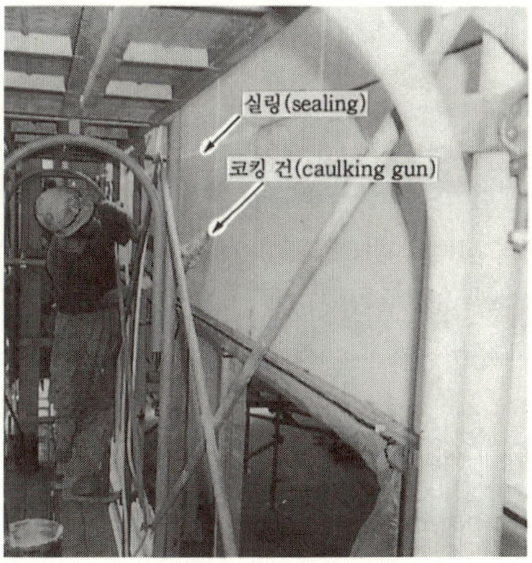

그림 5.15 줄눈 실링

1) 실링재는 아크릴계 또는 폴리우레탄계를 사용한다.

2) 일반부의 줄눈 폭은 10 mm 정도가 표준이지만 코너 부분은 신축을 고려하여 줄눈 폭은 20 mm 정도로 한다. 또 이 부분은 줄눈 모르타르 대신에 암면을 충전한다(**그림 5.16**).

3) 개구부의 창호와 접합부는 폴리우레탄계의 실링재를 사용한다.

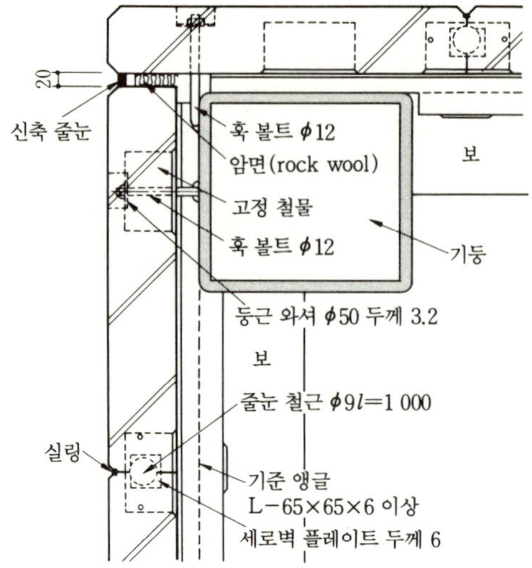

그림 5.16 코너부 신축 줄눈

(6) 검사

검사는 원칙으로 이제까지 기술한 각 공정마다 한다. 바탕 철물의 용접 불량 개소나 녹막이 도장 불량 개소, ALC 판 세운(다림보기) 정밀도 등을 중점적으로 검사한다.

또 실링이 벗겨지거나 끊어진 곳이 있으면 커터로 그 부분을 도려내고 보수한다.

5.2 방수 공사

1. 개설

방수 공사란 방수 재료를 사용하여 건축물의 지붕·외벽·바탕벽 등에서 빗물·지하수 등이 건축물 내부에 침입하지 않도록 불투수성 피막의 방수층을 형성하는 공사를 말한다.

이제까지 오랜 역사 중에서 여러 가지 방수 재료가 개발되었지만 이들을 공법별로 분류하면 다음에 나타낸 **멤브레인 방수·스테인리스 시트 방수·모르타르 방수·실링**의 4가지 공법으로 나눌 수 있다. 그 중에서도 멤브레인 방수는 대표적인 공법이며 많은 구조물의 지붕 방수에 쓰이고 있다. 특히 내구성을 높인 공법으로서 스테인리스 시트 방수도 쓰이고 있다.

모르타르 방수는 신뢰성이 희박하여 간편한 곳에 쓰이는 데 지나지 않는다.

근래 부재가 시스템화·프리패브화됨에 따라 위의 방수 재료로는 처리하기 어려운 부분도 있으므로 부재 접합부·개구부 주위 등에 실링재를 충전하여 그 접합부의 누수를 방지하는 방법이 많이 쓰이고 있다.

(1) 멤브레인 방수

멤브레인 방수란 아스팔트 루핑계, 염화 비닐계, 고무계 등 각종 루핑을 방수 바탕 위에 접착 또는 고정하여 연속된 얇은 막상(膜狀)의 방수층을 형성케 하는 공법이다. 대표적인 것으로 아스팔트 방수(그

그림 5.17 아스팔트 방수 광경

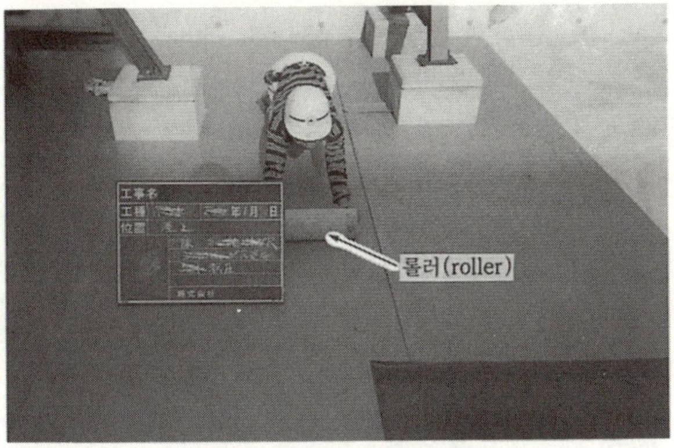

그림 5.18 시트 방수 광경

그림 5.19 도막 방수 광경

림 5.17), 시트 방수(그림 5.18), 도막 방수(그림 5.19)가 있다.

(2) 스테인리스 시트 방수

스테인리스 시트 방수는 판 두께 0.4 mm의 스테인리스 시트 양쪽 끝을 꺾어 홈형으로 성형하여 그 홈형의 시트와 시트의 이음매를 심 용접[1]으로 연속 용접하여 방수층으로 하는 공법이다. 지붕·베란다·벽 등 특히 내구성을 중시하는 곳에 쓰이고 있으며 노출 공법과 비노출 공법이 있다.

재질은 STS 304와 내식성이 높은 STS 316이 있다.

(3) 모르타르 방수

모르타르 방수는 모르타르에 방수제를 혼입한 것을 흙손으로 발라 방수층으로 하는 공법이다. 지하 이중벽이나 용수조(湧水槽) 등에 쓰이는 경우가 많지만 균열이 생기기 쉽고 또 지수성이 떨어지므로 중요한 곳의 방수 공사에는 잘 쓰이지 않는다. 유사한 것으로 콘크리트 방수가 있다(수밀 콘크리트).

(4) 실링

실링은 건축물의 부재와 부재 접합부에 적절한 폭과 깊이를 가진 줄눈을 만들고 그 줄눈에 방수성을 가진 실링재를 충전하여 지수하는 공법이다(그림 5.20). 외부에 면하는 창틀 주위, ALC판·PC판 등의 패널과 패널의 접합부, 콘크리트 이어 붓기 장소 등 넓은 범위에 걸쳐 쓰이고 있다.

실링 재료에는 아크릴계·우레탄계·폴리설파이드계·실리콘계 등이 있으며 설계 도서의 시방이나 용도에 따라 각기 재료를 적절히 구분하여 사용하면 된다.

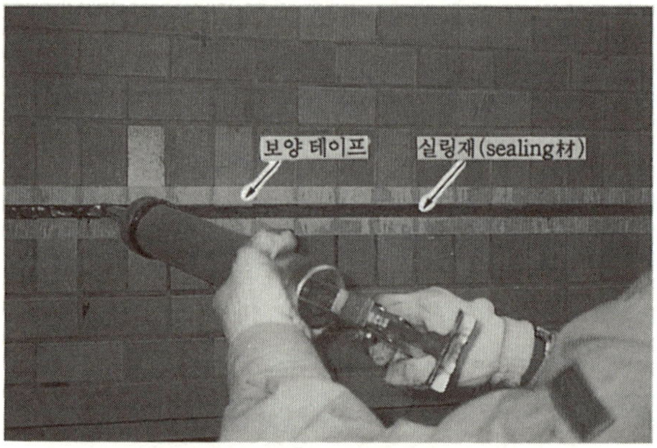

그림 5.20 실링하는 광경

2. 공사 개요

본공사의 지붕(옥상)에는 보호책(保護柵) 벽의 기초가 많이 설치되어 있다. 따라서 지붕 슬래브에서의 치올림 부분이 많으므로 시공하기가 쉬운 시트 방수를 채용하고, 실내 거주성을 높이기 위해 단열 공법을 채용하였다.

시트 방수 공사는 다음에 나타낸 바와 같이 보행용, 비보행용에 따라 공법을 적절히 구분 사용하고 있으며, 또 그 바탕재에 따라 다른 시공법이 행해지고 있다. 그림 5.21은 표준적인 직접 붙이기 공법의 시

1) 심 용접(seam welding) : 저항 용접의 일종으로 한 쌍의 원판 모양으로 된 전극 사이에 피용접 물체를 끼우고 전극에 압력을 준 상태에서 전극을 회전시키면서 연속적으로 점 용접을 반복해 나가는 용접 방법이다.

기본적인 기술은 점 용접(spot welding)과 같다고 봐도 좋지만 점 용접보다 용접 전류가 1.5~2.0배, 전극 가압력은 1.2~1.6배 정도 커야 한다. 주로 기밀·수밀·유밀성을 요하는 이음에 대한(얇은 금속판) 용접에 쓰인다.

공법을 바탕 재료가 콘크리트일 경우와 ALC판일 경우로 나누어 나타낸 것이다.

- 시트 방수 공사
  - 누름 공법(보행용)
    - 직접 붙이기 공법
    - 단열 공법
  - 노출 공법(비보행용)
    - 직접 붙이기 공법
    - 단열 공법

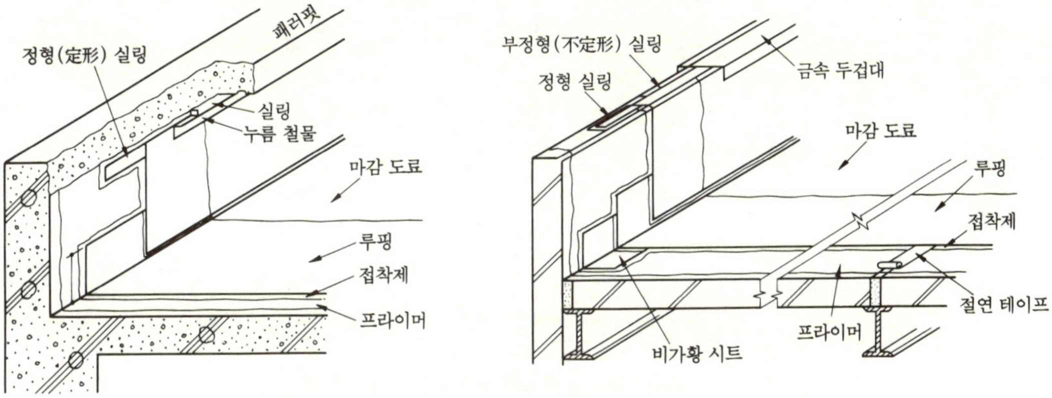

(a) 콘크리트 바탕일 경우 (b) ALC판 바탕일 경우

그림 5.21 바탕별 직접 붙이기 공법

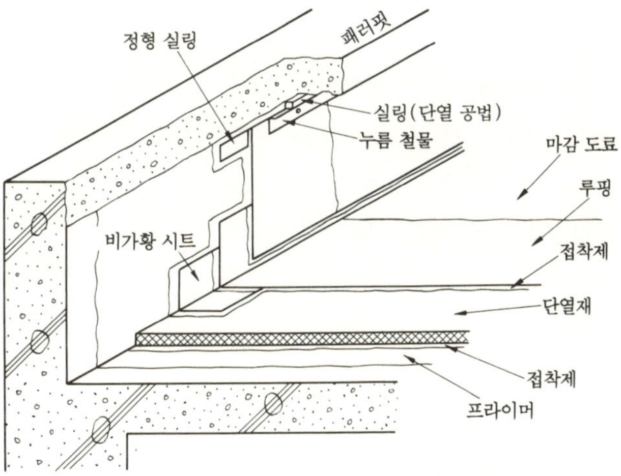

그림 5.22 시트 방수 노출 공법(단열 공법)

실례 공사에서는 **그림 5.22**에 나타낸 바와 같은 노출 공법의 단열 공법이 채용되었다.

3. 시공

실례 공사의 시트 방수 공사는 **그림 5.23**에 나타낸 순서로 한다. 이때 바탕의 건조가 불충분하거나 비가 오거나 하면 시공에 지장을 초래하므로 공정에 여유를 두어야 한다.

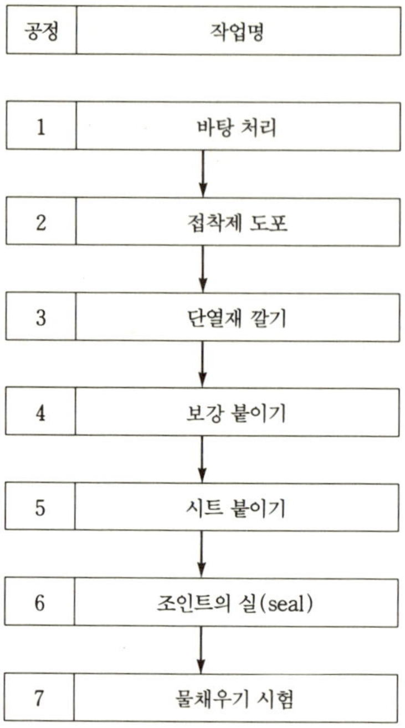

그림 5.23 시트 방수 공사의 순서

(1) 바탕 처리

방수의 바탕이 되는 콘크리트면은 평활하며 균열이 적고 또 레이턴스[1] 등이 부착되지 않았는지를 확인한다.

1) 돌기물이 있으면 그라인더로 제거하고 균열 등의 오목부는 시멘트풀로 메워 보수한다.
2) 패러핏, 기초 치올림 등 모서리 부분은 3～5 mm 정도 크기로 모따기를 하고 구석부는 직각 그대로 둔다.
3) 바탕의 건조 상태는 함수율 10% 이하로 하고 건조도를 확인하고 나서 작업에 들어간다.

(2) 접착제 도포

1) 콘크리트 바탕의 건조를 확인하고 나서 프라이머[2]를 도포한다.
2) 프라이머가 건조하기를 기다렸다가(1～2일 정도 걸린다) 지정 접착제를 솔(귀얄) 또는 롤러로 바탕면에 고르게 바른다. **그림 5.24**는 콘크리트 바탕면에 접착제를 도포하는 광경이다.

---

1) 레이턴스(laitance) : 콘크리트를 부어 넣은 후 수분 상승으로 표면에 떠올랐다가 가라앉은 미세한 물질로, 콘크리트를 부어 넣을 때 고르게 섞이지 않아 재료가 각각 분리하여 비중의 차이로 물은 위에 모래, 자갈은 밑으로 가라앉아 물이 증발한 후에 불순물로 된 미세한 물질이 표면에 나타나는 것이다. 레이턴스가 생긴 표면은 미세한 균열이 발생하고 콘크리트의 부착이 나빠지므로 콘크리트 위에 떠오른 물과 레이턴스는 제거해야 한다.

2) 프라이머(primer) : 바탕에의 부착을 좋게 하거나 조정하기 위해 바탕에 미리 칠하는 도료이다. 철재에 칠하는 프라이머에는 녹막이 안료가 함유되어 있는 것이 보통인데 연단(鉛丹, red lead), 징크 크로메이트(zinc chromate) 등이 잘 알려져 있다. 녹막이 프라이머는 "rust inhibitive primer"라고 한다.

그림 5.24 콘크리트 바탕면 접착제 도포 광경

(3) 단열재 깔기

1) 접착제의 건조를 가늠하여 단열재(폴리에틸렌 폼)를 바탕면에 충분히 밀착되도록 붙이고 롤러로 전압한다.

2) 단열재 맞붙이는 부분은 틈이 생기지 않도록 주의하여 시공하되 만약 큰 틈이 생긴 경우는 단열재를 잘게 썰어 틈에 충전한다. **그림 5.25**는 단열재를 까는 광경이다.

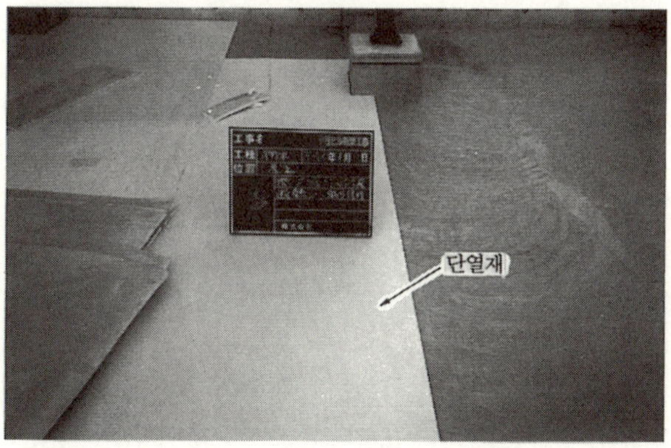

그림 5.25 단열재 깔기

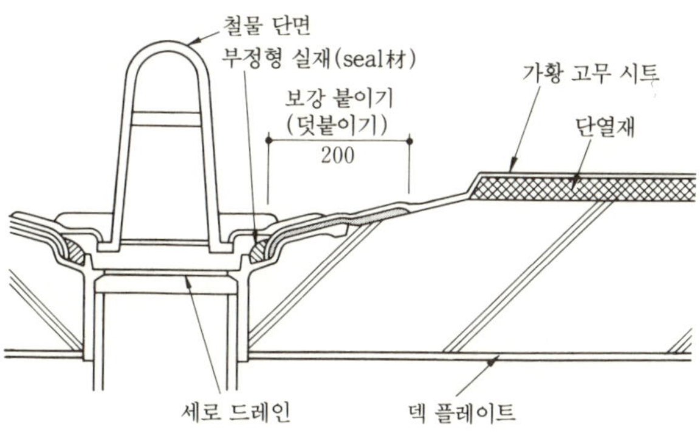

그림 5.26 드레인 주위 상세도

(4) 보강 붙이기

드레인, 관통 파이프 주위, 마감 부분의 모서리 · 구석 부분 등의 방수층은 손상되기 쉬우므로 각기 부위에 따른 방법으로 시트를 보강 붙이기(덧붙이기)한다. 그림 5.26은 드레인 주위의 보강 붙이기 상세도를 나타낸 것이다.

(5) 방수 시트 붙이기

(a) 수평면 시공

1) 그림 5.27에 나타낸 바와 같이 바탕면에 접착제를 도포하기 전에 시공 장소에 임시 깔기하고 나서 필요한 치수로 절단하여 다시 감아 둔다.

그림 5.27 시트 임시 깔기 및 절단(마름질)

그림 5.28 시트 붙이기

2) 시트 붙이기는 그림 5.28에 나타낸 바와 같이 단열재 및 시트 접착면에 롤러 · 솔을 사용해 접착제를 도포한 다음 단열재를 붙이고 나서 시트를 깔고 롤러로 주의하면서 전압하여 단열재에 밀착시킨다. 시트를 붙일 때 접착제의 건조를 확인한다. 적절한 오픈 타임을 지킨다.

시트면에 접착제를 도포할 때 시트끼리 겹침 부분이 되는 폭 100 mm의 범위는 접착제를 발라 남긴다.

3) 겹침 부분은 **그림 5.29**와 같이 접착제와 시트 전용 테이프를 사용하여 시트끼리 접착한다. 겹쳐 맞춘 시트의 마구리(횡단면)를 실(seal)하는 것으로 수평면 시공을 끝낸다.

(b) 치올림 부분 시공 패러핏·기초, 기타 치올림 부분은 시공이 어려울 뿐만 아니라 누수가 발생하기 쉬운 장소도 있어 시공에 특히 주의해야 한다.

그림 5.30에 나타낸 바와 같이 구석 부분의 보강 붙이기가 끝나고 나서 수평면 시트를 200 mm 정도 치올려 붙이고 그 위에 다시 한번 1장의 시트를 치올린 면에 붙인다. 이 치올림 시트의 상부를 알루미늄제 플랫 바로 누르고 컬 플러그(curl plug)로 고정한다. 마구리(횡단면)를 실(seal)하여 치올림 부분의 시공을 끝낸다.

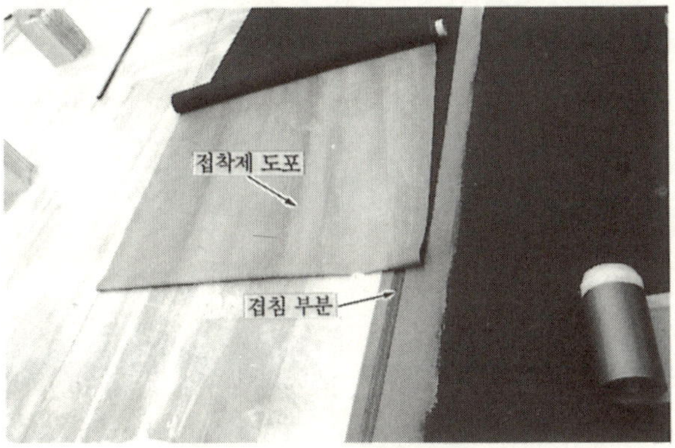

그림 5.29 겹친 부분의 시공

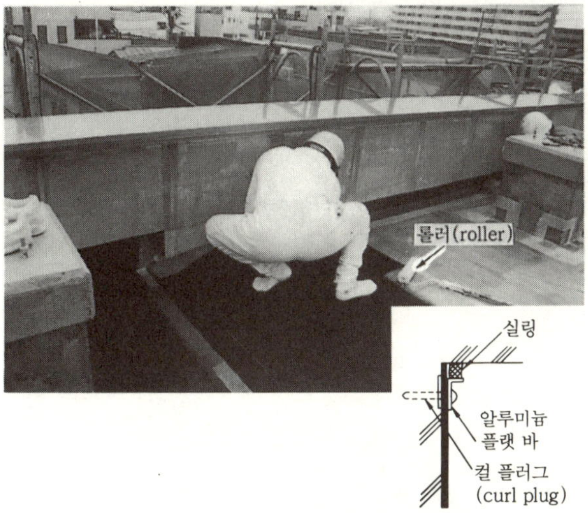

그림 5.30 치올림 부분의 시공 광경

(6) 말단부의 실(seal)

이제까지 기술한 시트끼리 겹침 부분의 말단부, 드레인·파이프 등의 맞춤부에는 실링을 한다. 실링은 시트 붙이기 작업이 끝난 다음날 이후에 한다.

(7) 물채우기 시험

방수 공사가 끝나면 육안 검사를 하고 누수나 투수가 없는지 체크한다. 물채우기 시험 방법은 수심이 수상(水上)에서 10 cm 정도 되도록 물을 채우고 24시간 이상 놓아 둔다. 검사가 끝나고 나서 준공할 때까지 작업자의 출입을 금지하고 방수면을 상하지 않도록 관리한다.

5.3 창호 공사

1. 개설

창호는 크게 나누어 **금속제 창호**와 **목제 창호**의 두 가지가 있다. 창호에는 건축물 외벽면에 설치하는 것과 내부 칸막이벽에 설치하는 것이 있다. 창호틀은 후속 마감 공사가 행해질 때까지 설치해 두어야 한다. 마감재와의 아물림 관계를 생각하여 창호 현치도를 작성한다. 현치도 승인을 받고 나서 창호를 만들 때까지에는 상당한 기간이 필요하므로 창호를 설치하는 시기를 확인한 다음에 언제쯤 현치도를 완성해 두어야 하는지를 역산하여 융통성 있게 한다.

2. 공사 개요

본공사에서 외벽면 창에는 알루미늄제 창호를, 각 거실 출입구에는 갑종 방화문인 강제 창호를 채용하였다. 외벽면 알루미늄제 창호는 디자인면 · 기능면에서 붙박이창 · 미들창(projected〔sash〕 window) · 쌍미닫이창(미세기창) · 회전창 등을 적절히 구분 사용하였다.

1층 현관 홀(entrance hall)의 출입구에는 스테인리스제 경면(鏡面) 마감 창호를, 또 정면의 1층과 2층 외벽면에는 알루미늄제 커튼 월을 채용하였다.

그림 5.31은 기준층 창호 배치도이다. 갑종 방화문과 을종 방화문의 구별도 되어 있다. 이들을 확인함

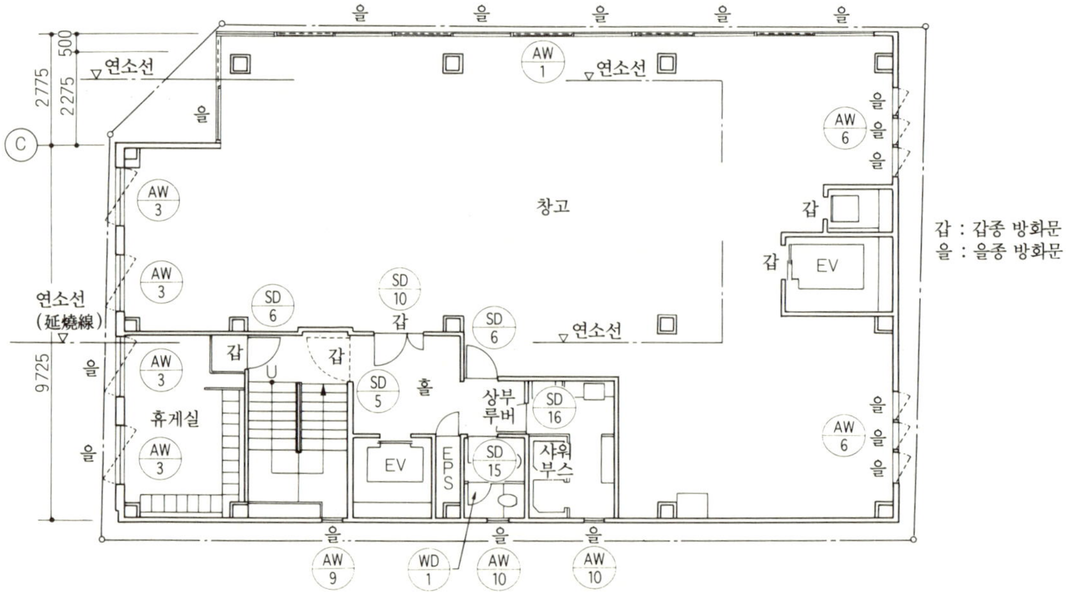

그림 5.31 기준층 창호 배치도

기호 설치 장소	AW 3 2F 사무실, 3F 사장실 · 휴게실, 4F 창고 · 휴게실, 5F 휴게실	12	SD 5 2F 계단실	1	WD 1 각 층 화장실	6
형 상	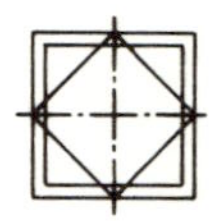					
치수(W · H · D)	1 505 · 1 500 · 70		1 100 · 2 100 두께 55		550 · 2 050 두께 40	
개 폐 방 식	외여닫이 · 쌍여닫이 · ( )장 쌍여닫이 · 외미닫이 · 수직축 회전		외여닫이 · 쌍여닫이 · ( )장 쌍여닫이 · 외미닫이		외여닫이 · 쌍여닫이 · ( )장 여닫이 · 외미닫이	
재 질	강 · 스테인리스 · 알루미늄 · 나무( )		강 · 스테인리스 · 알루미늄 · 나무( )		강 · 스테인리스 · 알루미늄 · 나무( )	
마감 · 도장	OP · CL · 자연 발색 · 알루마이트		OP · CL · 자연 발색 · 알루마이트 · 다이녹 시트 붙임		OP · CL · 자연 발색 · 알루마이트	
유 리	두께 · ($\frac{6.8}{5}$) · FG · PWG · RWG		두께 · ( ) · FG · PWG · RWG		두께 · ( ) · FG · PWG · RWG	
부 속 철 물	원통형 자물쇠 · 박스형 자물쇠 · 본죄기 자물쇠		원통형 자물쇠 · 박스형 자물쇠 · 본죄기 자물쇠		원통형 자물쇠 · 박스형 자물쇠 · 본죄기 자물쇠 · 표시 자물쇠	
	알손잡이 · 손잡이 · 손걸이판(또는 문고리) · 누름판 문고리 · 레버 핸들		알손잡이 · 손잡이 · 손걸이판 · 누름판 문고리 · 레버 핸들		알손잡이 · 손잡이 · 손걸이판 · 누름판 문고리 · 레버 핸들	
	경첩 · PH · FH ·		경첩 · PH · FH · 케이스 핸들		경첩 · PH · FH ·	
	퓨즈식 DC · DC(노출형 · 콘실드형) · 철물 1식		퓨즈식 DC · DC(노출형 · 콘실드형) · 철물 1식		퓨즈식 DC · DC(노출형 · 콘실드형) · 철물 1식	
	문지방( ) · 민고두꽂이쇠(flush bolt) · 암 스토퍼		문지방 (STS) · 민고두꽂이쇠 · 암 스토퍼		문지방( ) · 민고두꽂이쇠 · 암 스토퍼	
비 고	갑종 · 을종 방화문 · 상시 개방 · 폐쇄형 방화문		갑종 · 을종 방화문 · 상시 개방 · 폐쇄형 방화문		갑종 · 을종 방화문 · 상시 개방 · 폐쇄형 방화문	
	감지(온도 · 연기 · 열) 제어 방식(수동 · 자동 · 원격)		감지(온도 · 연기 · 열) 제어 방식(수동 · 자동 · 원격)		감지(온도 · 연기 · 열) 제어 방식(수동 · 자동 · 원격)	
	망사문식( ) 빈지문식 · 빈지문 수납 조작식 · 면격자식		망사문식( ) 빈지문식 · 빈지문 수납 조작식 · 면격자식		망사문식( ) 빈지문식 · 빈지문 수납 조작식 · 면격자식	

그림 5.32 대표적인 창호 리스트

으로써 방화 구획을 판별할 수 있다.

그림 5.32는 실례 공사 중 대표적인 창호 리스트를 나타낸 것인데 이 리스트에서 창호의 형상·치수·재질 등의 창호 시방을 확인할 수 있다.

3. 시공

창호 설치 정밀도는 후속 마감 공사의 성과에 많은 영향을 끼치므로 설치 작업은 신중하게 해야 한다. 여기서는 실례 공사의 창호 중에서도 대표적인 알루미늄제 창호와 강제 창호에 대해서 설치 순서를 기술한다.

(1) 알루미늄제 창호

알루미늄제 창호의 부재 단면은 제조 회사에 따라 여러 가지가 있어 다르지만 제품 성능으로서는 기준이 통일되어 있으며 내풍압성, 기밀성, 수밀성, 차음성, 단열성의 5종류로 분류되어 있다. 실례 공사와 같이 ALC판에 설치할 경우는 ALC판 전용 창호를 사용한다. 그림 5.33은 알루미늄제 창호 각 부위의 명칭 및 치수 잡는 방법을 나타낸 것이다.

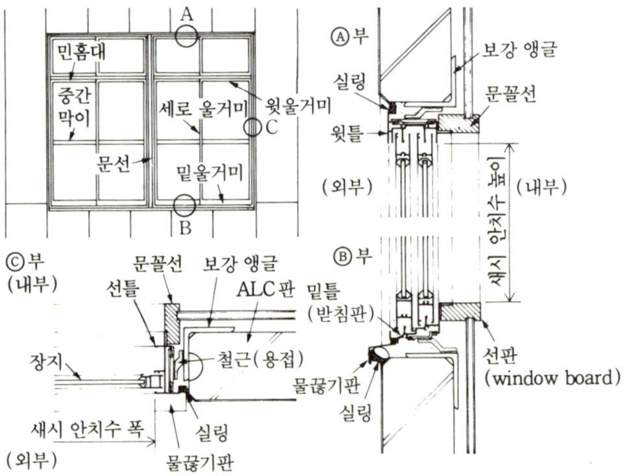

그림 5.33 알루미늄제 창호의 부위·명칭
(ALC용 새시의 아물림을 나타낸 것)

(a) 준비 및 제작

1) 시공도에는 설계 도서에 나타낸 내용을 기본으로 하여 성능·부재 형상·안치수 등을 표시한다. 특히 외벽에 설치하는 창호 주위에서의 누수 사고가 대단히 많으므로 시공도 단계에서 아물림면에 대해서 충분히 검토해 둔다.
2) 제품 검사에서는 창호의 각 치수, 앵커의 피치 등을 측정한다. 부재의 형상, 지정 색에 대해서도 대조 확인하고 시공도와 서로 다르지 않은지의 여부에 대해서 검사한다. 그림 5.34는 알루미늄제 창호의 제품 검사를 하는 광경이다.

알루미늄제 창호는 반입이나 설치시에 상처나기 쉬우므로 비닐 필름 등으로 보양하고 출하한다.

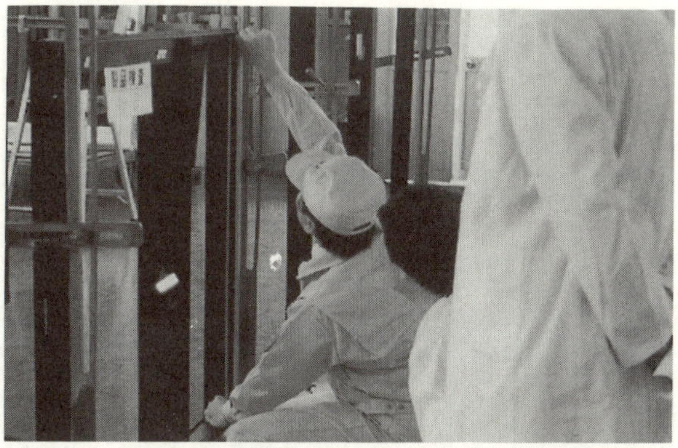

그림 5.34 알루미늄제 창호의 제품 검사 광경

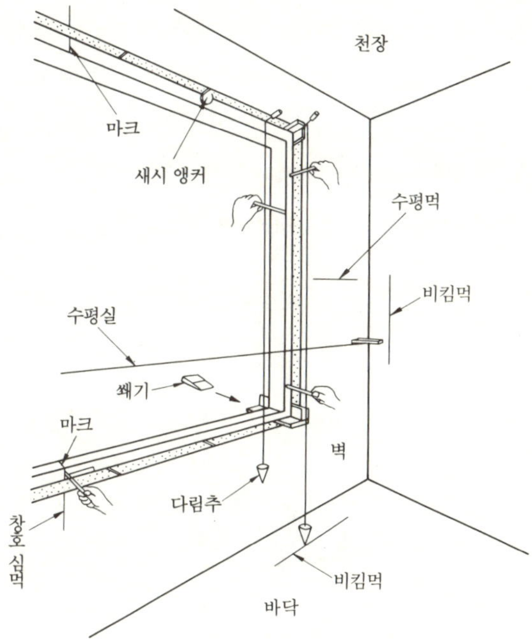

그림 5.35 창호 설치 요령

(b) **설치 공사** 알루미늄제 창호 설치는 **그림 5.35**에 나타낸 바와 같은 도구·재료를 사용한다.

1) 창호에 미리 수평먹(수평 기준먹)과 심먹을 마크해 두고 벽면의 수평먹과 심먹에 맞춰 창호를 조립하고 목제 쐐기로 임시 고정한다(**그림 5.35** 참조).

2) 다림추로 창호의 쓰러짐을 수평실로 창호의 들쭉날쭉 편차를 검사하고 바른 위치에 설치하고 나서 새시 앵커에 용접한다.

창호를 용접 고정하기 위해 콘크리트 속에 묻어 두고 앵커의 피치는 400 mm 전후가 표준이지만 필요에 따라 그 간격을 작게 한다.

실례 공사와 같이 외벽이 ALC판일 경우는 앵커를 묻지 않으므로 개구부 보강용 철물을 설치 앵커 대용으로 한다. **그림 5.36**은 ALC판에 알루미늄 새시를 설치하는 광경이다.

그림 5.36 알루미늄 새시 설치 광경

3) 틀 주위에 모르타르를 충전하기 전에 다림추나 곡척을 사용하여 다시 한번 창호의 높이, 좌우로 몰려 어긋나거나 쓰러짐 등이 없는지 측정하고 창호가 바른 위치에 설치되었는지의 여부를 검사한다.

4) 검사에 합격하면 창호 주위에 모르타르를 충전한다. 된모르타르를 사용하여 창호틀과 벽 사이의 틈에 확실히 충전한다. 특히 외벽면의 경우는 충전이 불충분하면 누수의 원인이 되므로 정성들여 시공한다.

(2) 강제 창호

강제 창호라고 하면 일반적으로 스틸 도어를 가리키는 경우가 많다. 스틸 도어는 1.6 mm 두께의 강판을 한쪽면 또는 양면에 붙이고 플러시 문(flush door)으로 한 것으로 거의가 갑종 방화문으로 다루고 있

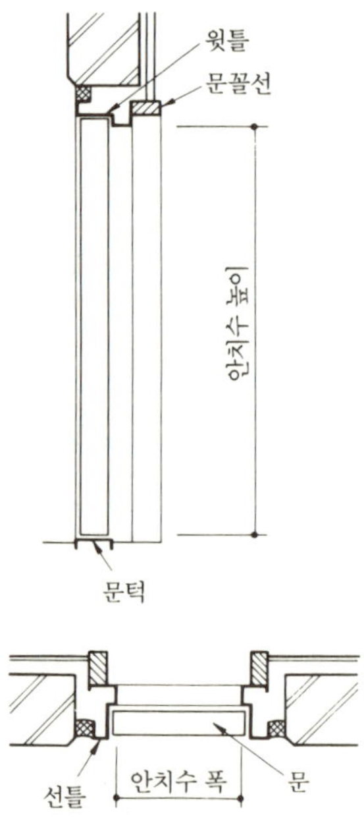

그림 5.37 강제 창호의 부위 · 명칭

다. 스틸 도어는 공장에서 녹막이 도장까지 하여 출하하고 현장에서는 그 위에 도장 마감을 하는 것이 일반적이지만, 공장에서 베이킹 바니시(baking varnish) 마감까지 한 것과 나뭇결 상태의 레더(leather) 등을 붙여 완성품으로 한 것도 있다.

그림 5.37은 일반적으로 많이 쓰이는 강제 창호 치수와 부위마다의 명칭을, **그림 5.38**은 문의 여닫이 호칭법을 나타낸 것이다.

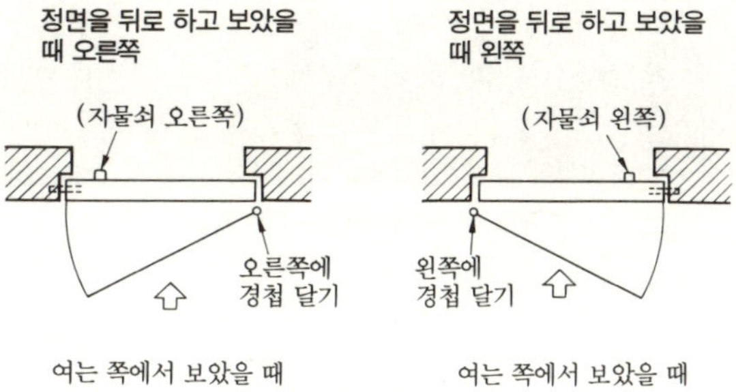

그림 5.38 문의 여닫이

(a) 준비 및 제작

1) 알루미늄제 창호의 경우와 동일한 요령으로 시공도를 작성한다. 그때 강제 창호가 갑종 방화문일 경우는 강판의 두께, 로크(lock 또는 latch)·도어 체크의 시방 등을 체크하고 「건축법」·「소방법」 등의 법령을 만족케 하는 것인지를 확인한다. 기타 녹막이 도장의 종류와 칠 횟수, 설치 앵커의 피치 등도 도면 위에 명기해 둔다.

2) 제품 검사에서는 틀·문의 단면 치수, 강판 두께, 가로·세로·경사 치수 등을 측정해 검사한다. 기타 녹막이 도장이 지정된 것과 동일한 것인지를 확인한다. **그림 5.39**는 그 제품 검사를 하는 광경이다.

(b) 설치 공사 강제 창호 설치는 알루미늄제 창호와 동일한 도구·재료를 사용한다. **그림 5.40**은 강제 창호의 설치 상황이다.

1) 창호틀에 미리 수평먹을 마크해 두고 조립 전에 문의 여닫이를 시공도로 확인하고 바른 방향으로

그림 5.39 강제 창호의 제품 검사 광경

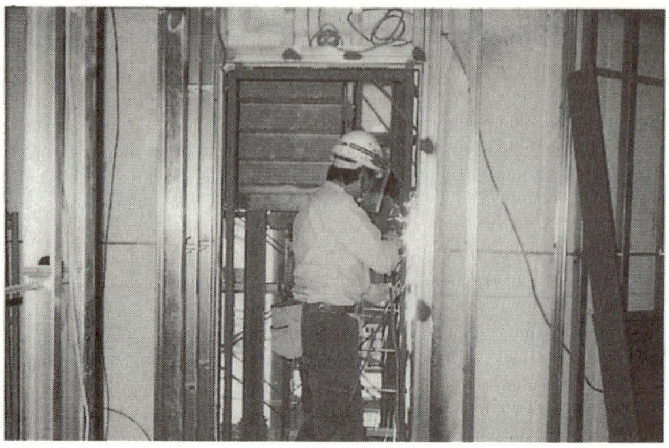

그림 5.40 강제 창호의 설치 광경

조립한다.

2) 창호틀과 벽 사이에 목제 쐐기를 꽂아 조정하면서 창호를 조립한다. 조립 방법은 벽면에 매긴 수평먹과 창호에 표시해 둔 마크를 맞추고 창호 중심이 바른 위치에 오도록 비킴먹(도피먹)에서 치수를 좇아 쐐기를 단단히 박아 고정한다.

3) 다림추를 사용하여 틀의 쓰러짐 · 레벨을 측정하여 틀리면 쐐기로 조정한다. 다시 한번 고정 위치가 바른지의 여부를 확인하고 이상이 없으면 용접하여 고정한다. 강제 창호 문턱은 조립한 뒤에는 모르타르를 충전할 수 없으므로 그림 5.41에 나타낸 바와 같이 조립하기 전에 모르타르를 채워 둔다.

그림 5.41 문턱의 모르타르 채우기 광경

4) 기준먹을 기본으로 하여 다림추 · 곡척 등의 도구를 이용하여 설치 위치의 높이, 좌우 어긋남, 상하 쓰러짐 등을 측정하고 검사 결과에 이상이 있으면 수정한다.

5) 틀 채움 모르타르를 한다. 틀 채움 모르타르의 충전이 나쁘면 문의 개폐로 인하여 덜컹거리므로

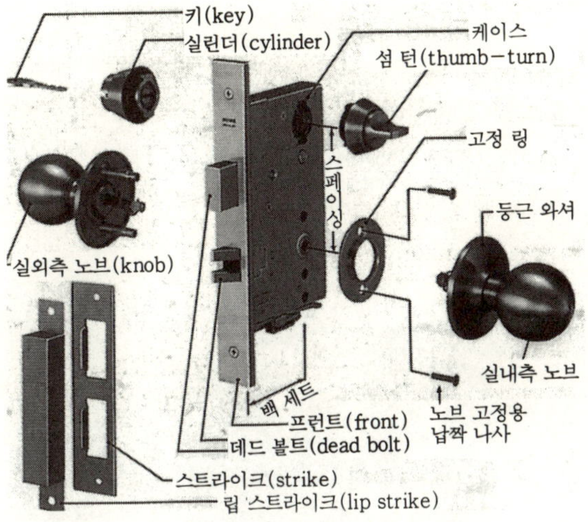

그림 5.42 실린더 자물쇠의 각 부분 명칭

모르타르 채우기는 주의해서 한다. 틀 채움 모르타르를 사용하지 않는 경우는 앵커 피치를 좁게 하는 등 연구해야 한다.

6) 창호 조립이 끝나면 주변 마감 작업의 진척 상황에 맞춰 창호 도장을 한다. 그 다음에 **그림 5.42**와 같은 로크(lock), 기타 부속 철물을 설치하여 문의 개폐 상태를 체크하고 창호 공사를 끝낸다.

5.4 유리 공사

1. 개설

건축 공사에 사용하는 판유리에는 다음과 같은 것이 있다.

판유리
- 보통 판유리
- 무늬 유리
- 망유리
- 열선 흡수 판유리
- 열선 반사 유리
- 강화 유리
- 복층 유리
- 접합 유리

유리는 종래의 밝기를 목적으로 하는 역할에서 탈피하여 고층 빌딩에서 볼 수 있는 바와 같이 벽재로서 다루어지게 되었다. 근래에 유리의 역할이 점점 더 중요시되는 가운데 방화면이나 내충격 등의 안전 확보에 대해서도 높은 성능이 요구되고 있다.

2. 공사 개요

본공사에서는 건축물의 「연소할 우려가 있는 부분」[1]에 망마판 유리와 망무늬 유리가, 기타 개소에는 마판 유리가 쓰이고 있다. 망유리는 두께 6.8 mm가, 마판 유리는 두께 5 mm가 쓰이고 있다.

현장에 유리가 운반되면 파손되지 않도록 **그림 5.43**에 나타낸 바와 같은 깔판 위에 쿠션재를 깔고 등판에 세워 보관한다.

그림 5.43 유리 보관 광경

3. 시공

유리 공사는 유리의 절단 · 가공, 끼우기, 고정의 순서로 한다.

(1) 절단 · 가공

유리는 종류 · 두께에 따라 1장의 크기가 몇 종류로 정해져 있으므로 현장으로 유리를 반입하기 전에

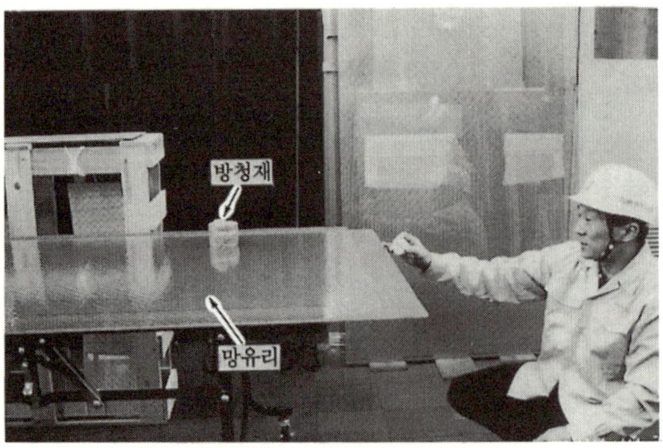

그림 5.44 망유리의 방청 처리

1) 연소(延燒)할 우려가 있는 부분 : 「건축법」상의 용어. 인지(隣地) 경계선 · 도로 중심선 등에서 1층에서는 3 m 이내, 2층 이상에서는 5 m 이내의 거리에 있는 건축물 부분을 말한다. 그 부분에 있는 개구부는 방화문으로 한다 (부록 참조).

설치하는 유리의 실제 치수를 측정하여 공장에서 그 크기로 절단하고 나서 반입한다.

망유리의 경우 절단면을 그대로 두면 물이 들어가 망이 녹슬거나 유리에 금이 가므로 **그림 5.44**와 같이 절단면 망에는 반드시 방청 도료를 바른다. 방청 도료 대신에 부틸 테이프를 붙이는 경우도 있다.

그림 5.45는 유리를 가공하기 위해 사용하는 도구를 나타낸 것이다.

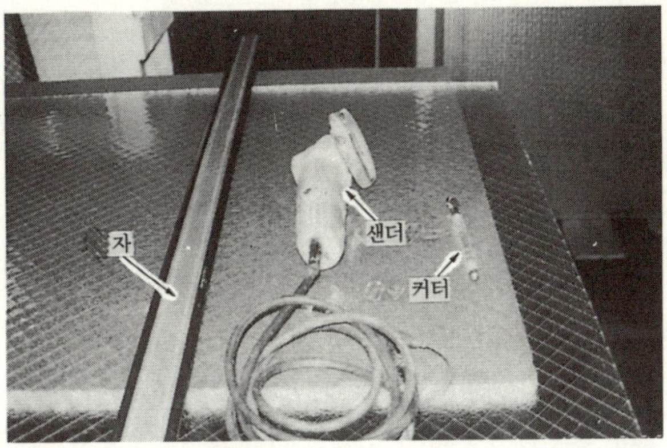

그림 5.45 유리 가공용 도구

(2) 설치(고정 또는 끼우기)

유리 설치는 일반적으로 인력으로 하지만 유리가 무거울 때는 기계를 사용하는 경우도 있다. 미리 유리의 크기 · 무게 등을 체크해 두고 작업 비계 · 양중기 · 반입로 등을 확보해 둔다.

유리를 고정하는 방법으로서 실링재를 이용하는 방법과 개스킷을 이용하는 방법이 있는데 유리의 종류 · 크기 · 무게에 따라 여러 가지 방법을 적절히 구분 사용하고 있다.

개스킷을 이용하는 방법으로서는 **그림 5.46**에 나타낸 글레이징 채널과 글레이징 비드가 있다. 글레이징 채널은 유리 끝 부분을 감싸듯이 만든 제품이며, 창호의 윗 울거미 중앙에 이음매를 만들어 빗물의 침투를 막는다. 글레이징 비드는 유리 양쪽에서 삽입하고 유리를 누르기 위한 제품이다. 열의 영향으로 신축하거나 탈락하는 경우가 있으므로 사용하기 전에 충분히 검토한다.

여기서는 실링재를 사용하여 고정하는 방법에 대해서 기술한다.

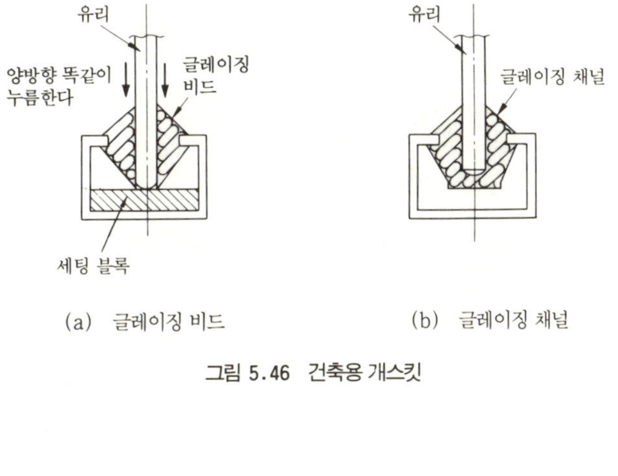

(a) 글레이징 비드 (b) 글레이징 채널

그림 5.46 건축용 개스킷

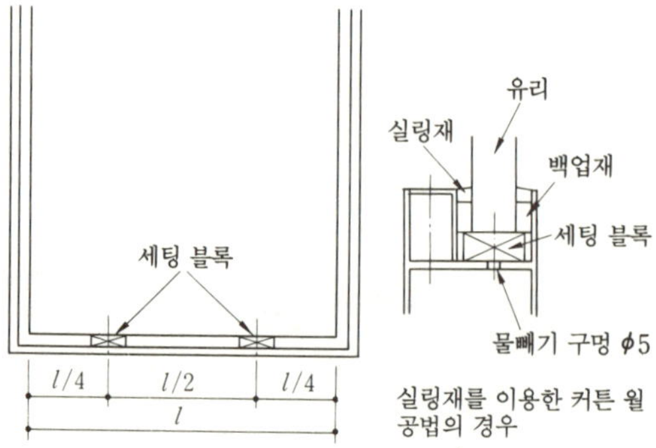

그림 5.47 세팅 블록과 백업재

1) 유리 끼우는 홈을 먼저 청소한다. 다음에 그림 5.47에 나타낸 바와 같이 세팅 블록을 설치하고 유리를 끼운다. 그 다음에 주위에 백업재를 묻는다. 세팅 블록은 유리를 소정 위치에 세트하기 위해 설치하는 것으로 염화 비닐 수지나 네오프렌 고무가 쓰이고 있다. 백업재는 실링 두께를 확보하기 위해 설치하는 것으로 유리 홈 사방에 붙인다. 재질은 발포 폴리에틸렌 폼이나 네오프렌 고무이다.

2) 실링재는 폴리설파이드계·실리콘계 등의 탄성 실링재를 사용한다. 그림 5.48에 나타낸 바와 같이 백업재를 채우고 유리면과 창호면에 보양 테이프를 붙이고 나서 유리와 창호가 더럽혀지지 않도록 실링한다. 실링 후는 유리가 어긋나지 않도록 실링재가 경화할 때까지는 창문을 개폐해서는 안된다. 경화하는 동안에 먼지 따위가 부착되지 않도록 주의한다.

그림 5.48 유리 누름 실(seal)

5.5 금속 공사

1. 개설

금속 공사에서 다루는 재료 · 구법에는 많은 종류가 있다. 여기서는 건축 공사에서 자주 쓰이고 있는 것에 한정하여 공사 진행 방법을 기술하고자 한다.

금속 공사에 쓰이는 금속에는 다음과 같은 재료가 많이 쓰인다. 이와 같은 금속 재료를 공장에서 가공하여 제품화한 것을 공사 현장에 운반하여 설치한다.

- 금속
  - 철 류
    - 강(용융 아연 도금 강판)
    - 스테인리스
  - 비철류
    - 알루미늄(알루미늄 합금)
    - 동(황동 · 청동)
    - 아연
    - 연(납)

건축 공사에 쓰이는 금속 재료로서 가장 많이 요구되는 성능으로는 내식성 · 내구성 · 내후성이 있다. 건축물의 입지 조건 · 사용 장소(내부 · 외부) 등을 충분히 검토하여 설계 도서에서 요구하는 품질 · 성능 등을 확보할 수 있는 금속을 선택하는 일이 중요하다. 금속 공사에서 하는 공사를 들면 다음과 같은 것이 있다.

- 금속 공사
  - 제작 철물 공사(난간 등 특별 주문 제작품)
  - 기성 철물 공사(루프 드레인, 커튼 레일 등)
  - 잡철물 공사(라스, 앵커 볼트)
  - 경량 철골 바탕 공사(천장 · 벽)

2. 공사 개요

본공사의 금속 공사는 경량 철골 천장 바탕 · 경량 철골벽 바탕과 같은 마감재 바탕이 되는 이외에 내부 계단 난간, 옥상 패러핏에 설치하는 알루미늄제 두겁대 등이 있다.

본공사의 시공 장소는 해안에 가까워 염해 발생이 예상되므로 옥상에 설치하는 보호책(또는 가리개) 스크린은 용융 아연 도금으로 녹막이한 위에 도장 마감을 하였다. 기타 외부에 설치하는 금속은 모두 알루미늄제 또는 스테인리스제로 하였다.

3. 시공

경량 철골 천장 바탕 · 경량 철골벽 바탕 · 내부 계단 난간 · 알루미늄제 두겁대에 대해서 시공 순서를 기술한다.

(1) **경량 철골 천장 바탕 공사**

(a) **시공도(천장 시공 배치도)** 천장 마감 재료의 크기를 생각하여 천장 시공 배치도를 작성한다. 시공 배치도에는 시공 배치의 기준이 되는 배치 중심과 건축물 기준먹(중심 설정선, 비킴먹)의 치수 관계를 기입해 둔다. 시공 배치도에는 기타 천장 조명 기구, 공기 조화 관계의 개구부, 천장 점검구 등의 설치 위치도 명기한다.

(b) **먹매김, 바탕 짜기** 경량 철골 천장의 바탕은 **그림 5.49**와 같은 형태로 조립하였다. 시공은 다음과 같은 순서로 한다.

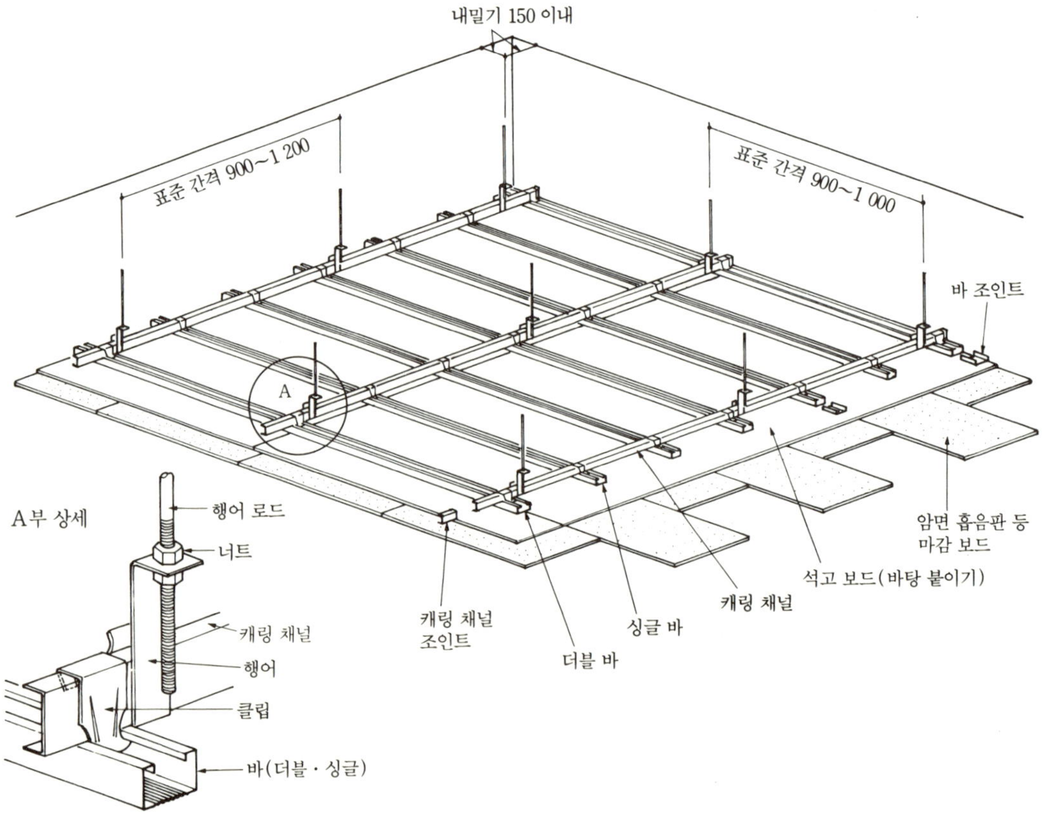

그림 5.49 경량 철골 천장 바탕의 각 부분 명칭

1) 시공 배치도에 맞춰 바닥면에 배치 기준 먹매김을 하고 벽면에 천장 높이의 먹매김을 한다.

2) **그림 5.50**과 같이 작업용 스테이지를 설치하고 나서 **그림 5.51**에 나타낸 바와 같은 부재로 **그림 5.52**와 같이 바탕을 조립한다. 이때 보드의 장변 방향 조인트부에는 더블 바를 설치한다.

3) 천장 바탕은 벽면 끝 부분의 내민 치수를 150 mm 이내로 한다. 또 점검구, 조명 기구 등 개구부 주위는 변형되기 쉬우므로 **그림 5.53**에 나타낸 바와 같은 보강 공사를 한다.

그림 5.50 작업용 스테이지

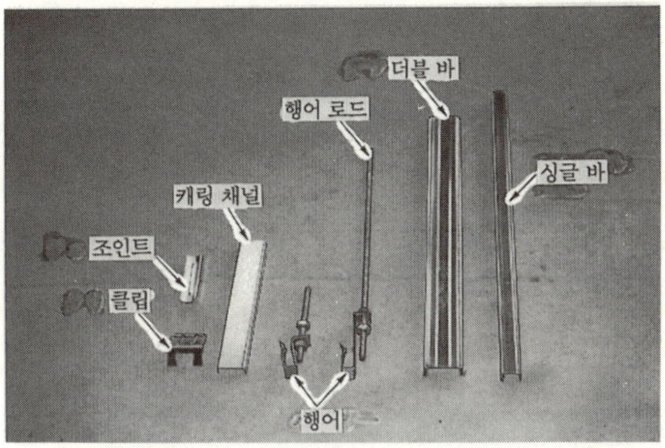

그림 5.51 경량 철골 천장 바탕 부재

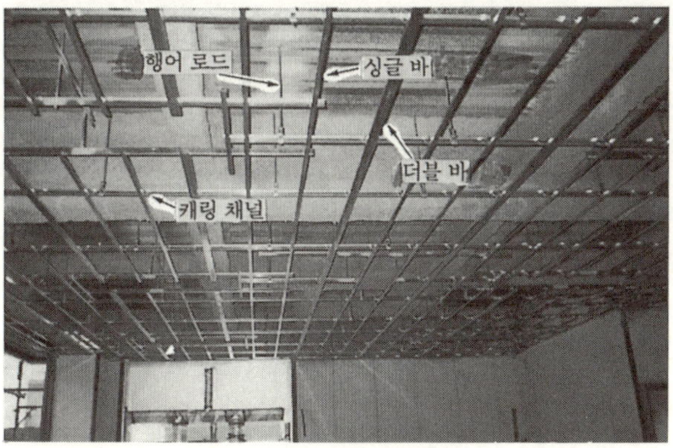

그림 5.52 천장 바탕 조립

(2) 경량 철골벽 바탕 공사

경량 철골 바탕의 벽은 시공하기가 쉽고 게다가 목제벽과 달리 불연물이므로 칸막이벽으로서 사용하는 경우가 많다. 요즘은 바탕 사이에 유리면(glass wool)을 충전하고 양쪽에 특수 보드를 2장 겹쳐 붙인 내화 구조로서 인정받고 있는 공법도 있다.

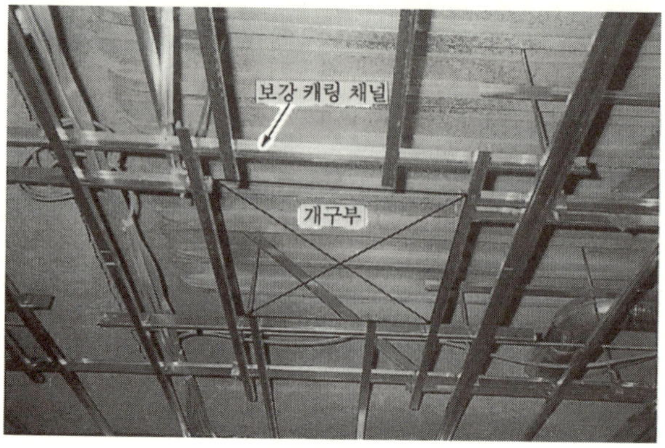

그림 5.53 천장 개구부 보강

1) **시공도(시공 배치도)** 먼저 시공 배치도를 작성한다. 그때 벽 바탕의 스터드는 붙이는 보드의 두께에 따라 달라지는데 300～450 mm의 피치로 배치한다. 시공 배치도에는 조명용 스위치, 콘센트 등의 위치를 명기하고 스터드 볼트를 박는 위치에 겹치지 않도록 한다. 출입구 등의 개구부가 있는 경우는 개구부 주위의 보강 방법을 명기해 둔다.

2) **먹매김** 벽 바탕의 먹매김은 **그림 5.54**에 나타낸 바와 같은 기준먹에서 치수를 이끌어 내어 바닥면에 바탕재를 설치하는 위치를 낸다. 바닥면에 낸 먹을 다림추로 천장면에 올리고 천장면에 벽 상부 위치의 먹매김을 한다. 개구부가 있을 때는 그 위치도 먹매김해 둔다.

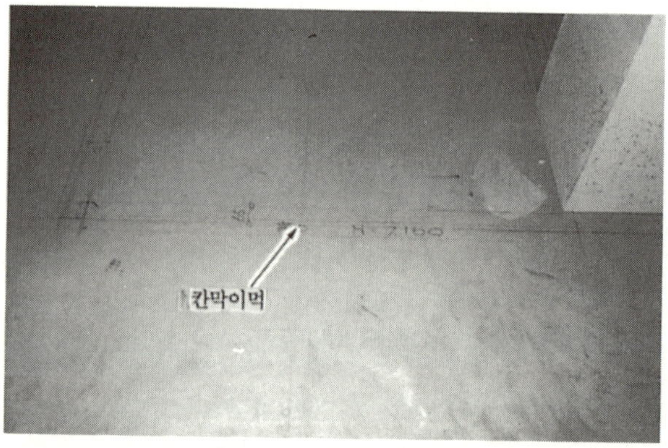

그림 5.54 벽 바탕 먹매김

3) **바탕 짜기** **그림 5.55**에 나타낸 바와 같이 바닥면과 천장면의 양쪽 먹에 맞춰 러너(runner)를 리벳 박기 또는 용접으로 고정하고 스터드 볼트를 고정한다. 스터드의 상하 방향에는 1 200 mm 피치에 브레이싱(bracing)을 통하여 흔들림을 방지한다.

그림 5.56은 출입구 주위의 개구부 보강을 나타낸 것이다. 출입구에는 문 개폐로 심한 진동이 생기기 쉬우므로 이와 같은 보강재를 설치해 둔다.

(3) 설비 공사와의 접합

천장에는 조명 기구 · 공기 조화 기기 · 스피커 · 스프링클러 등이 부착되어 각기 배선 · 덕트 · 배관이

그림 5.55 경량 철골벽 바탕짜기

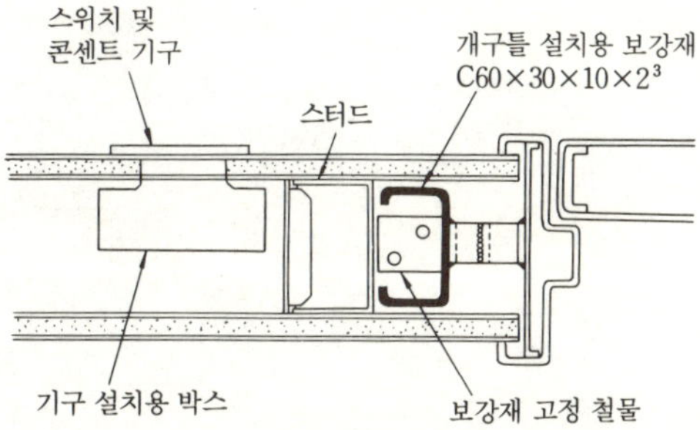

그림 5.56 출입구 주위 개구부 보강 요령

천장 가운데 처리되고, 또 이들 기기의 점검을 위한 점검구가 설치된다. 벽에는 콘센트나 조명 · 공기 조화의 스위치 등이 설치되고 그 배선이 벽 가운데 처리된다. 이들 설비 공사와의 접합을 평면적 · 입면적으로 고려한 다음에 바탕재를 배치하고 필요한 곳에는 보강 공사를 한다.

천장이나 벽 가운데에 처리되는 배관이나 배선의 설비 공사는 경량 철골 바탕을 조립하기 전에 완료시켜 둔다. **그림 5.57**은 공기 조화 기기를 끌어들이는 상황을 나타낸 것이며, 냉매관의 보온 공사도 함께 완료시켜 둔다. **그림 5.58**은 케이블 래크(cable rack)를 끌어들여 전기 배선을 한 상황을 나타낸 것이

그림 5.57 공기 조화 기기 끌어들이는 광경

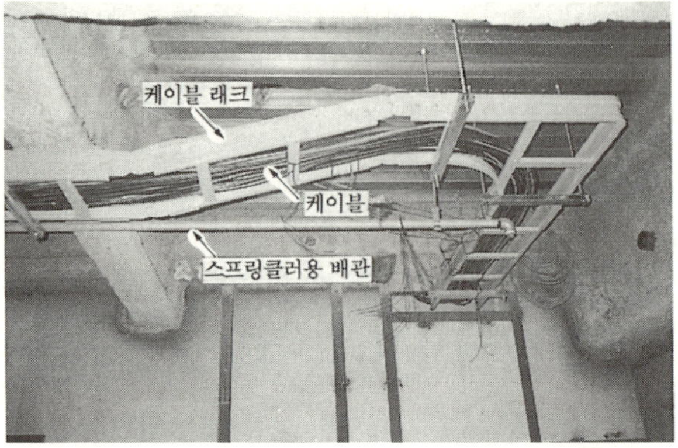

그림 5.58 케이블 래크 공사

그림 5.59 파이프 스페이스 내 배관 공사

다. 그림 5.59는 배관 스페이스 공사의 상황을 나타낸 것인데 이들 배관 공사를 끝내고 나서 벽 칸막이 공사를 한다.

(4) 계단 난간 설치

실례 공사의 계단 난간은 강제이고, 두겁대는 그림 5.60에 나타낸 바와 같이 브래킷 바를 바탕으로 한

그림 5.60 계단 난간 설치

염화 비닐제가 쓰였다. 난간의 세로 격자는 16×16의 각(角) 강관을 사용하여 도장 마감하였다.

난간은 다음 순서로 설치한다.

1) 난간의 기반은 흔들리지 않도록 확실히 용접한다.
2) 받침 기둥의 기반이나 두겁대 등 현장에서 용접된 부분은 용접 슬래그를 없애고 샌더로 깨끗이 마감하여 칠공사에 지장이 없도록 한다.

(5) 옥상 패러핏 두겁대 설치

패러펏은 옥상에 내린 빗물이 건축물 바깥쪽으로 넘쳐 떨어지는 것을 막기 위해 설치하는 것이고, 또 의장의 면에서도 일반적으로 늘어진 외벽면을 형태 그대로 치올리는 경우가 많다. 실례 공사와 같이 패러핏 윗면에 외벽재인 ALC판의 횡단면이 보이는 경우는 **그림 5.61**에 나타낸 바와 같이 알루미늄제 또는

그림 5.61 옥상 패러핏 두겁대 설치

스테인리스제의 두겁대를 설치하고 그 횡단면 부분에서의 빗물 침투를 막는다. 금속제 두겁대 설치는 제조 회사에 따라 여러 가지 방법이 있지만 일반적으로 다음과 같은 순서로 설치한다.

1) ALC판의 윗면에 바탕 철물을 설치하기 위한 전용의 받이 플레이트를 설치하고 거기에 바탕 철물을 용접 또는 피스로 고정한다.
2) 받이 플레이트에 두겁대를 고정하기 위한 바탕 철물을 설치하고 거기에 알루미늄제 두겁대를 끼워 넣어 누른다.
3) 두겁대 조인트부는 10～15 mm 정도의 폭으로 줄눈을 만들고 실링한다.

5.6 미장 공사

1. 개설

철골조 건축물에는 미장 공사를 하는 경우가 그리 많지 않다. 따라서 미장 공사가 공정에 큰 영향을 끼치는 일은 거의 없다.

2. 공사 개요

실례 공사에서 미장 공사는 각 층 바닥 콘크리트의 직접 누름이 그 주된 작업이다. 바닥 콘크리트를 직접 누름으로 하는 경우는 그 위에 P 타일이나 장척 시트를 깔아 두는 경우가 많지만, 마감재의 두께가 얇으므로 그 바탕의 바닥 콘크리트 마감 정밀도가 나빠져 그대로 마감이 나쁘게 나타난다. 마감재가 얇을 때에는 특히 흙손 얼룩이나 울퉁불퉁함이 나타나지 않도록 주의해서 마감한다.

3. 시공

바닥 콘크리트의 직접 누름 작업은 다음 순서로 한다.

1) 콘크리트를 부어 넣기 전에 그림 5.62에 나타낸 바와 같이 레벨을 설치하고 수평 기준먹에서 콘크리트 윗면까지의 치수를 측정한다. 이때 측정용 자막대를 마련해 둔다.
2) 콘크리트 부어 넣기 진행 상태에 맞춰서 자막대를 사용해 콘크리트 윗면을 측정하고 그 높이에 맞춰 콘크리트를 고른다. 그림 5.63과 같은 알루미늄제 잣대로 콘크리트 표면을 평활하게 고른다.

그림 5.62 콘크리트 윗면 측정용 레벨

그림 5.63 콘크리트 윗면 고르기

그림 5.64 콘크리트 표면 연마 · 쇠흙손 누름

3) 콘크리트 경화 상태를 가늠하여 그림 5.64에 나타낸 기계로 표면을 평활하게 연마하고, 마지막으로 쇠흙손으로 마감하여 콘크리트 직접 누름 작업을 끝낸다.

또 콘크리트 부어 넣기시는 다지기, 탬핑[1]을 잘하여 콘크리트 균열을 방지하는 일도 중요하다.

5.7 돌공사

1. 개설

돌은 각종 마감 재료 중에서도 고가이며 내화성 · 내후성 · 내구성이 뛰어나고 중후함 · 우아함 등 많은 특성을 가지고 있다. 내외장의 바닥 · 벽 등의 마감재로서 많이 쓰인다. 건축 재료 이외에도 가구나 기타 넓은 분야에 쓰이고 있다.

건축 공사에서 많이 쓰이고 있는 석재로는 화강석 · 사암(砂岩) · 대리석 등이 있다. 화강석은 내후성이 있으므로 외장재로서 많이 쓰인다. 대리석은 화강석에 비하여 내후성이 떨어지므로 내장재로서 쓰이는 경우가 많다.

건축 공사에서 돌공사(벽의 경우)는 주로 이와 같은 석재를 사용하되 다음과 같은 공법을 적절히 구분 사용한다.

- 돌공사
  - 습식 공법
    - 온통 묽은 비빔 모르타르 채움 방식
    - 띠 묽은 비빔 모르타르 채움 방식
  - 건식 공법
    - 구멍 고정 채움 방식(긴결 철물)
    - 철물 방식(fastener 방식)
  - PC판 커튼 월 박아 넣기 공법

1) 탬핑(tamping) : 바닥 슬래브 콘크리트를 부어 넣은 후 침하 균열이나 마감 준비를 하기 위해 탬퍼로 콘크리트 표면을 반복 타격하여 다지는 일. 침하 균열이나 부상을 방지할 수 있는 이외에 콘크리트를 밀실하게 충전하여 철근 부착력을 향상시켜 수밀성을 높이는 효과가 있다.

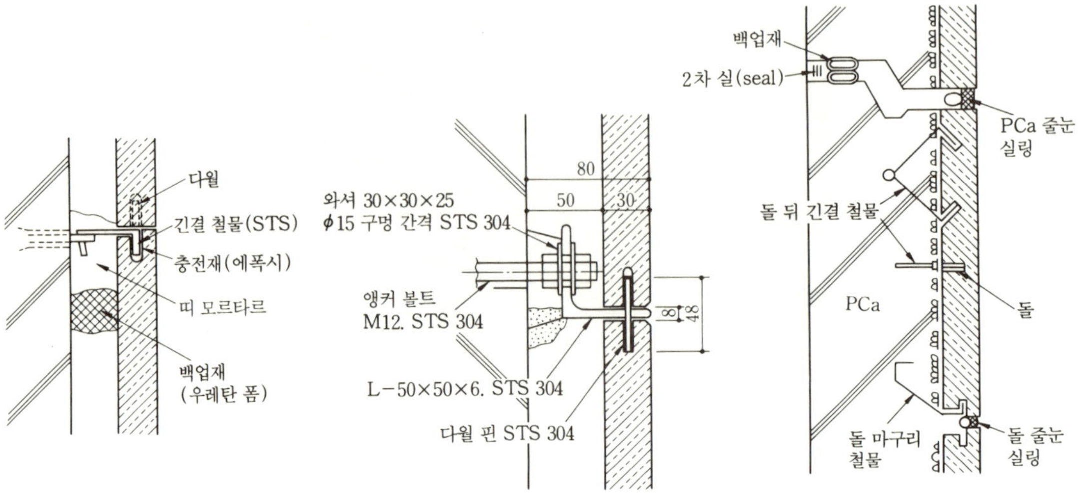

(a) 습식 공법(띠 묽은 비빔 모르타르 채움 방식)

(b) 건식 공법(철물 방식)

(c) PC판 박아 넣기 공법 (커튼 월)

그림 5.65 돌공사(벽)의 주된 공법

그림 5.65는 돌공사의 대표적인 공법을 도해한 것이다.

돌의 표면 마감은 돌의 종류에 따라 또 부위에 따라 마감 방법도 다르다. 예를 들면 바닥의 경우는 슬립(slip) 사고를 방지하기 위해 제트 버너 마감을, 벽의 경우는 본갈기 마감을 많이 하고 있다.

2. 공사 개요

실례 공사에서는 어프로치[1](이하 "진입 도로"라고 한다), 현관 홀(entrance hall) 바닥에 돌공사를 하였는데 표면을 제트 버너 마감한 화강석(두께 30 mm)을 사용하였다. 바닥 돌 1장의 크기는 500~600 mm 각이다.

실례 공사에서는 외벽에 돌붙이기를 채용하지 않았지만 그것을 포함하여 시공 순서를 기술한다.

3. 시공

(1) 바닥 돌붙이기 공사

시공 배치도에 따라 공장에서 석재를 절단하여 가공하고 나서 현장에 반입한다.

반입된 석재는 공사를 하기까지 **그림 5.66**에 나타낸 바와 같은 전용 받침대 위에 올려 놓고 넘어져 파손되지 않도록 보관한다.

바닥 돌붙이기 작업은 다음과 같은 순서로 한다.

1) 바닥에 낸 배치먹에 맞춰 수평실을 치고 건비빔 모르타르(모래와 시멘트만을 섞은 것)를 고르게 깔고 수평실에 맞춰 돌을 임시 깔기하여 바탕의 높이를 조정한다.

2) 임시 깔기한 돌을 일단 떼어 내고 **그림 5.67**에 나타낸 바와 같이 시멘트풀을 건비빔 모르타르 위

---

1) 어프로치(approach) : 도로 · 광장 등 공공 스페이스에서 개개 건축물에 이르는 공도 접속 도로.

그림 5.66 돌의 보관

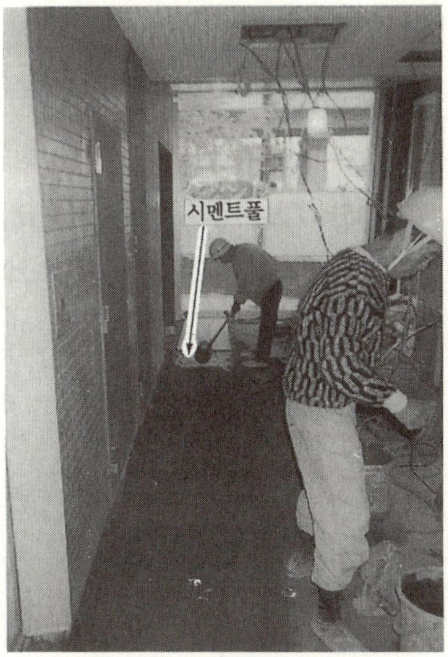

그림 5.67 바닥 돌붙이기 광경

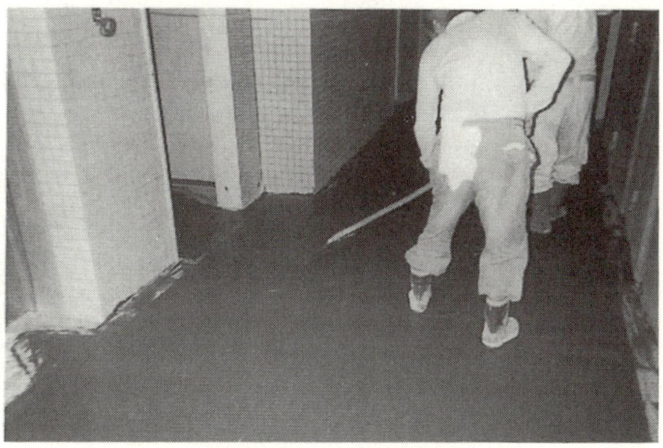

그림 5.68 줄눈 채우기

에 흘리고, 떼어 내어 둔 돌을 원위치로 되돌려 붙인다.

3) 돌붙이기가 끝나더라도 모르타르가 경화하여 돌이 고정되기까지는 출입 금지시킨다. 돌이 고정되기를 기다렸다가 **그림 5.68**과 같이 줄눈 메우기를 한다. 돌은 손상되기 쉬우므로 공사 기간 중은 베니어를 깔아 보양한다. 대리석이나 사암은 흡수성이 크므로 표면이 변색되기 쉽고 또 내구성이 떨어지고 마모되기도 쉬우므로 바닥재로서는 될 수 있는 한 사용하지 않는다.

(2) 외벽 돌붙이기(건식 공법)

외벽 마감재로 쓰이는 석재는 내후성, 내구성이 뛰어나고 또 흡수율이 적은 화강석이 가장 많이 쓰이고 있다. 돌의 크기는 700×800 mm 정도가 표준이며, 설치 방법은 **그림 5.65** (b)와 같은 건식 구법(fastener 방식)이 많이 채용되고 있다.

시공법은 다음과 같다.

1) 시공 배치도에 의거하여 외벽면에 배치 먹매김을 한다. 그 먹에 맞춰 앵커를 박아 넣고 거기에 긴결 철물(fastener)을 설치한다.

2) **그림 5.69**에 나타낸 바와 같이 돌에 다월 구멍을 뚫고 그 다월 구멍에 **그림 5.70**과 같은 핀을 꽂고 소정 위치에 돌을 설치한다. 다음에 상부 돌의 다월 구멍을 핀으로 꽂아 돌을 차례로 설치해 나간

그림 5.69 돌 다월 구멍 가공

그림 5.70 돌 설치 광경

다.

3) 돌붙이기가 끝나면 탄성계 실링재로 줄눈에 실(seal)한다(줄눈 폭은 8 mm 정도).

5.8 타일 공사

1. 개설

타일은 건축물 외장이나 실내의 부엌·화장실 등의 물 관계 부분에 미장이나 바탕의 보호를 목적으로 많이 쓰이고 있다.

타일의 종류는 그 바탕에 따라 자기질·석기질로 분류되며 그 바탕에 유약 처리한 것과 처리하지 않은 것으로 구별한다. 또 **그림 5.71**과 같이 형상·치수는 여러 가지이다. 타일 붙이기 공법도 **그림 5.72**와 같이 많은 종류가 있으므로 타일의 종류, 시공 부위별에 따라 공법을 선정한다.

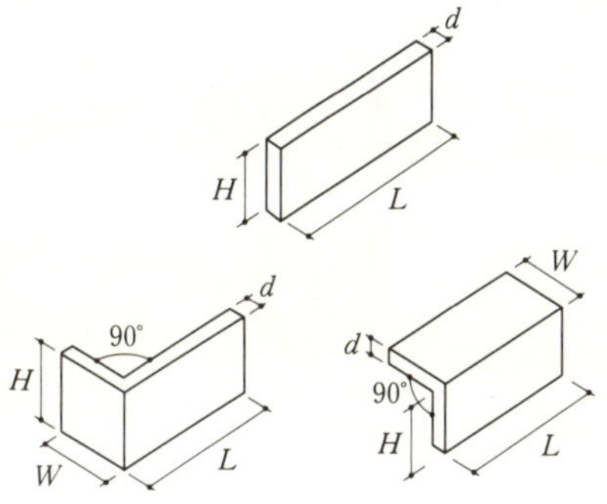

표준 곡형 병풍식 곡형

(a) 타일의 형상

호칭명		치수				호칭명		치수			
		L	H	W	d			L	H	W	d
A형	평형	227	120	–	15	150 mm각	평형	150	150	–	12
	곡형	168	120	50	16						
B형	평형	227	90	–	14	108 mm각	평형	108	108	–	8
	곡형	168	90	50	14						
C형	평형	227	60	–	13	45 C형	평형	95	45	–	
	곡형	168	60	50	13		곡형	95	45	45	
D형	평형	108	60	–	9	47 mm각	평형	47	47	–	
	곡형	108	60	50	12		곡형	47	47	47	
53각	평형	150	90	–	9	40 mm각	평형	40	40	–	
	곡형	115	90	35	15		곡형	45	40	40	

주) A형, B형, C형, D형을 크기에 따라 임의로 순서적으로 매긴 것임. **그림 5.72**의 형상도 이에 기준하였음을 참고하기 바란다.

(b) 표준 타일 치수

그림 5.71 대표적인 타일의 치수 및 형상

공법명		개량 압착 붙이기	개량 떠붙이기		압착 붙이기
약도		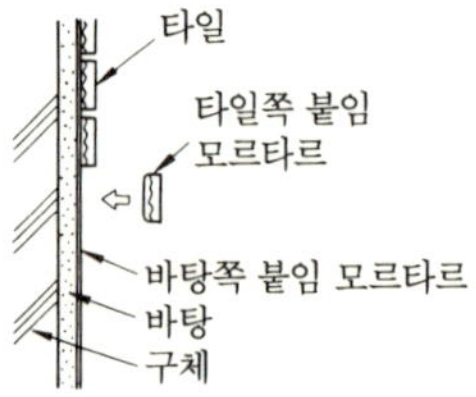	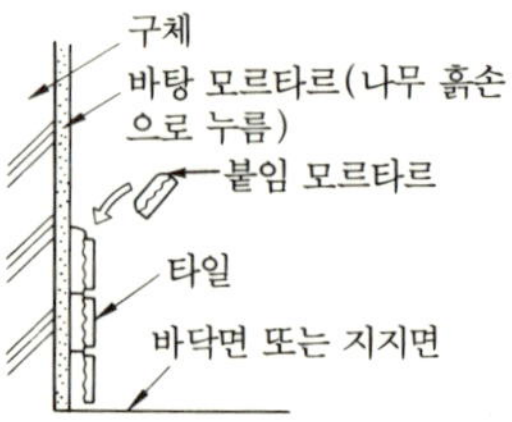		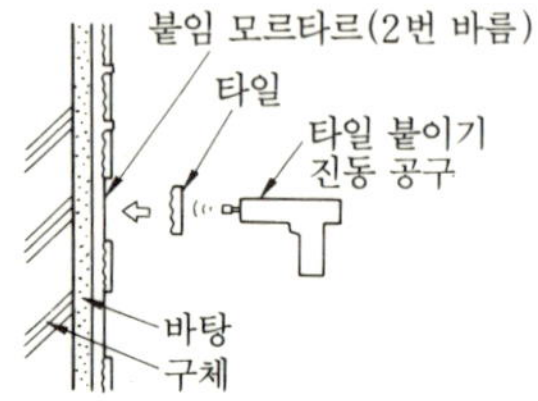
적용 타일	종류	외장 타일	외장 타일	내장 타일	외장 타일
	형상	D형 평형, C형	D형 평형, C형, B형, A형	100각~200각	D형 평형, C형, 100각
적용 부위		외벽, 내벽	외벽, 내벽	내벽	외벽, 내벽

공법명		마스크 붙이기		접착재 붙이기		일반 바닥 타일 붙이기	
약도		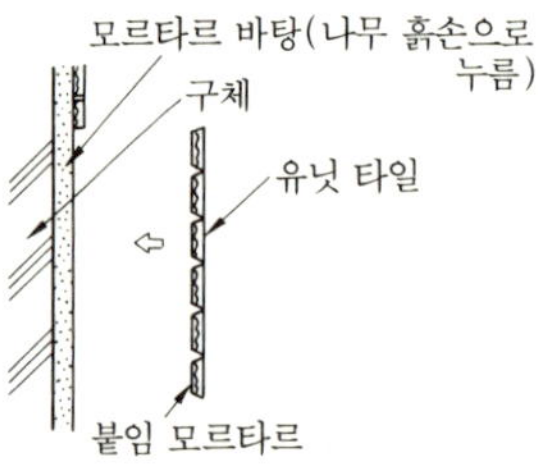		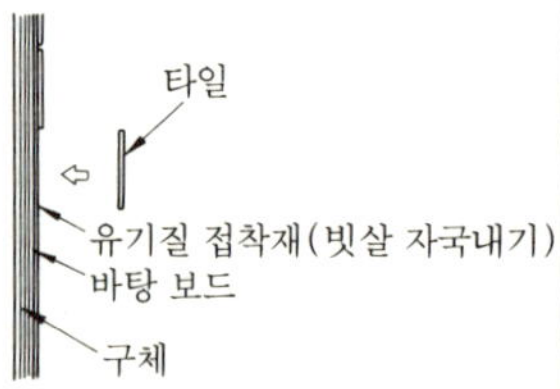		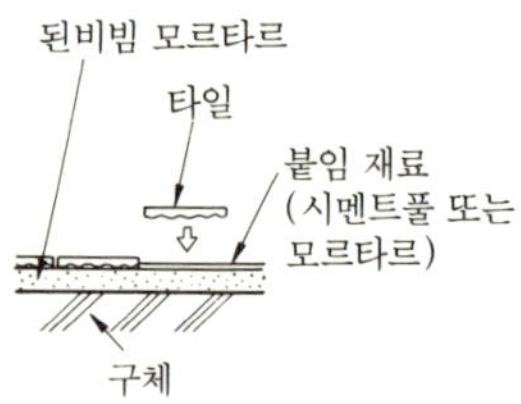	
적용 타일	종류	내장 유닛 타일	모자이크 유닛 타일	내장 타일, 내장 유닛 타일	모자이크 유닛 타일	바닥 타일	모자이크 유닛 타일
	형상	100각, 108각	50각, 50C형, 60×100	100각~150각	각종	100각~200각	각종
적용 부위		내벽	외벽, 내벽	내벽	내벽	내부 · 외부 바닥	

주) 그림 5.71 "주)" 참조할 것.

그림 5.72 대표적인 타일 붙이기 공법

2. 공사 개요

실례 공사에서는 다음과 같은 타일 붙이기 공사로 하였다.

외벽 45－L형(95 mm×45 mm) 타일 개량 압착 붙이기(바탕 ALC판)

내벽 100각(100 mm×100 mm) 타일 접착제 붙이기

바닥 모자이크 타일 붙이기

3. 시공

(1) 사용 재료 확인

타일의 견본품 또는 견본 붙이기한 것을 작성하여 감리자의 승인을 받는다. 이때 붙임 모르타르 · 줄눈 모르타르를 현장 배합할 것인지 시중 기성 배합품으로 할 것인지를 결정해 둔다(그림 5.73). 기타 주의

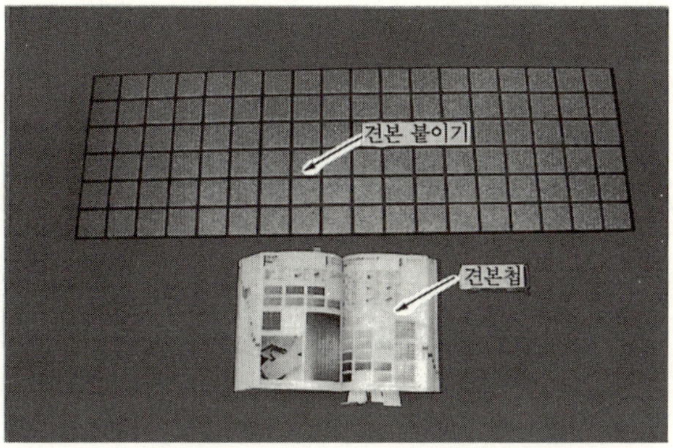

그림 5.73 견본첩과 견본 붙이기

사항은 다음과 같다.

- 한랭지에서는 흡수율이 큰 도자기질 타일은 깨지기 쉬우므로 사용하지 않는다.
- 바닥면에는 원칙으로 유약 처리하지 않은 타일을 사용한다.
- 특별 주문품(특주품)일 경우는 생산에 50~60일을 요하므로 빨리 주문한다.

(2) 시공 배치도 작성

사용하는 타일의 치수를 확인하고 설계도를 기본으로 타일 시공 배치도를 작성한다. 이때 신축 줄눈(균열 유발)의 위치, 모서리·구석의 아물림, 천장·바닥면과의 접합, 설비 기기와의 접합 및 특수형 타일 사용 상황에 주의한다(그림 5.74~5.76).

참고 신축 줄눈을 넣는 법

1) 바탕재의 줄눈과 동일한 위치에 설치한다.
2) 가로 세로 3~4 m 이내에 설치하고 줄눈으로 단락된 면적이 약 10 m² 이내가 되도록 한다.
3) ALC판 바탕의 경우는 바탕의 움직임에 추종할 수 있도록 ALC판 조인트 부분에 신축 줄눈을 넣는다.

(3) 바탕 확인

시공에 앞서 바탕에 울퉁불퉁함·들뜸·더러움 등이 없는지, 또 건조 정도에 문제가 없는지 확인한다. 타일 접착에 나쁜 영향을 끼치는 것은 모두 제거한다.

타일 바탕의 건조 상황을 확인한다. 모르타르나 콘크리트는 바탕 시공 후 여름철에 7일, 겨울철에 14일 이상 경과하는 것이 바람직하다. 그러나 시공할 때는 적당한 정도로 축축하게 해야 한다.

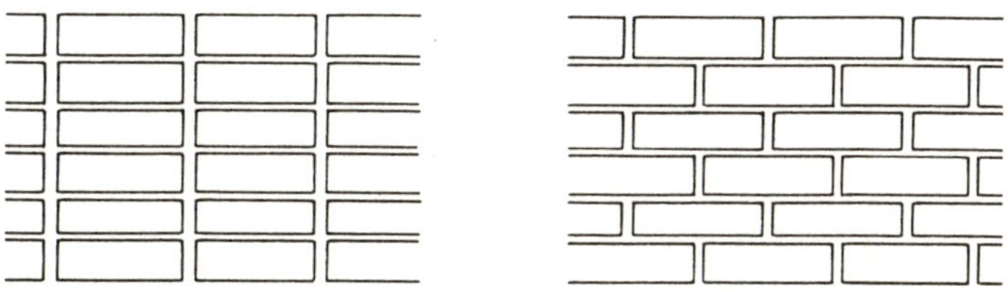

(a) 통줄눈 붙이기 (b) 막힌 줄눈 붙이기

그림 5.74 타일 붙이기 패턴

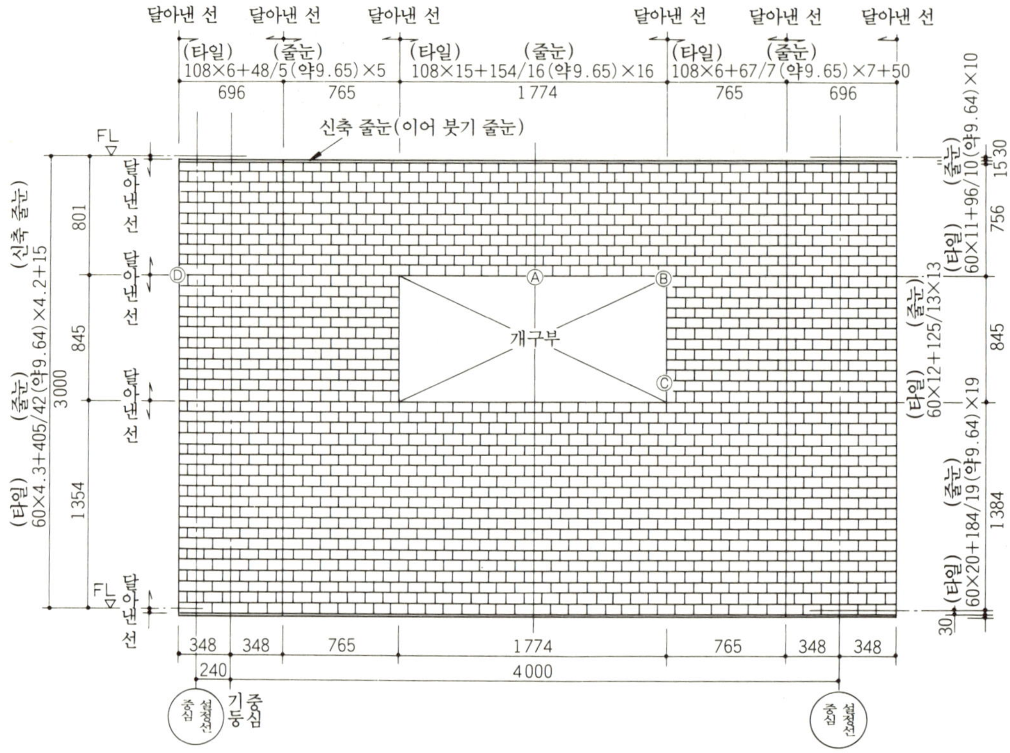

그림 5.75 외벽 시공 배치도

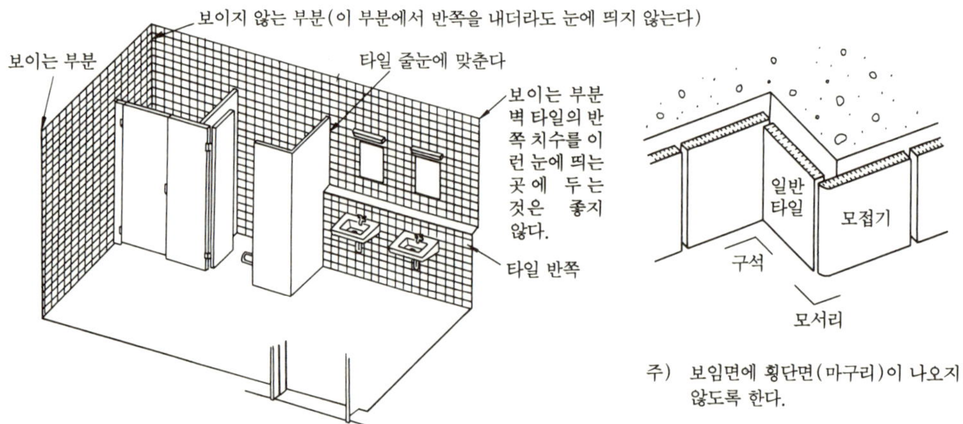

(a) 화장실 타일 시공 배치

(b) 모서리·구석 아물림 예의 목측도(目測圖)

그림 5.76 화장실 타일 시공 배치

(4) 타일 붙이기

시공 배치도를 기본으로 줄눈 나누기를 하되 타일이 바르게 나누어졌는지를 확인하고 나서 붙인다.

(a) 외벽 개량 압착 붙이기(그림 5.77)

1) 붙임 모르타르를 바탕면에서 3~6 mm 두께로 바른다.

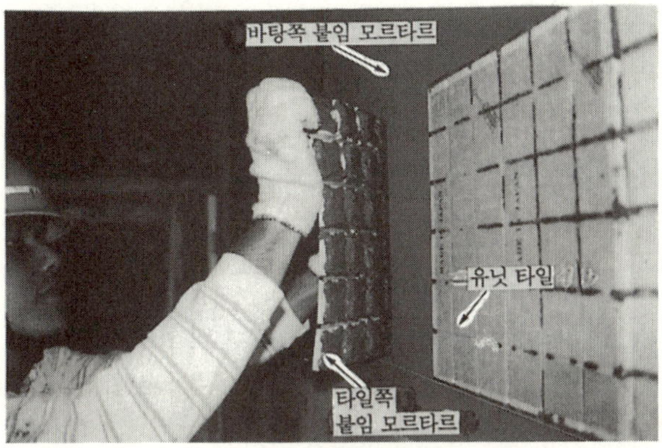

그림 5.77 개량 압착 붙이기

2) 타일 뒷면에 붙임 모르타르를 바르고 타일 표면을 나무 망치로 두들기면서 붙인다.

3) 붙임 모르타르의 경화를 가늠하고 줄눈 밑을 청소한다.

(b) 내벽 접착제 붙이기(그림 5.78)

1) 빗살 자국 흙손을 사용하고 여기에 바탕면을 꽉 누르도록 접착제를 도포한다. 한 번에 바르는 면

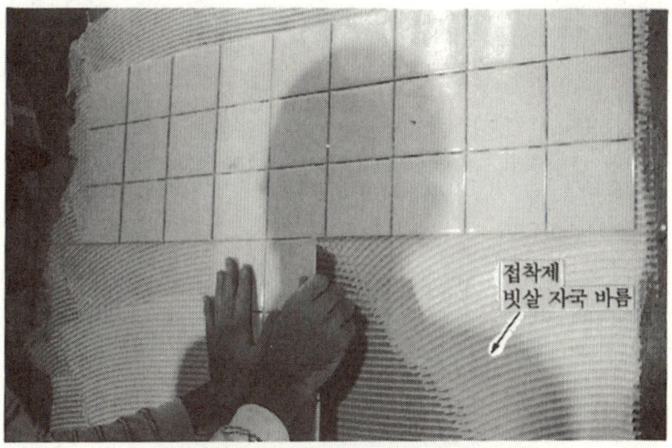

그림 5.78 접착제 붙이기

그림 5.79 바닥 타일 붙이기

적은 3 m² 이내로 한다. 접착제의 오픈 타임에 유의하고 타일을 압착하여 붙인다.

(c) 내부 바닥 타일 붙이기(그림 5.79)

1) 바탕 콘크리트면을 청소하고 나서 물을 축여 바탕을 축축하게 한다. 그 위에 된비빔 모르타르를 30~50 mm 두께로 깔고 나무 흙손 등으로 소정 높이로 고르고 굳힌다.

2) 시멘트풀을 바르고 그 위에 타일을 붙인다. 바탕이 모르타르 바름한 것일 경우는 붙임 모르타르를 바르고 그 위에 타일을 붙인다.

(5) 줄눈 채우기

붙이고 나서 하루 지난 후 줄눈 채우기하는 것이 바람직하다. **그림 5.80**과 같이 고무 흙손으로 줄눈의 끊김이 없도록 정성들여 칠한다. 바닥의 경우도 마찬가지이다.

(6) 검사

줄눈재가 경화하고 나서 **그림 5.81**과 같이 테스트 해머로 타일의 들뜸, 박리를 검사하고 이상이 있으면 그 부분을 다시 붙인다.

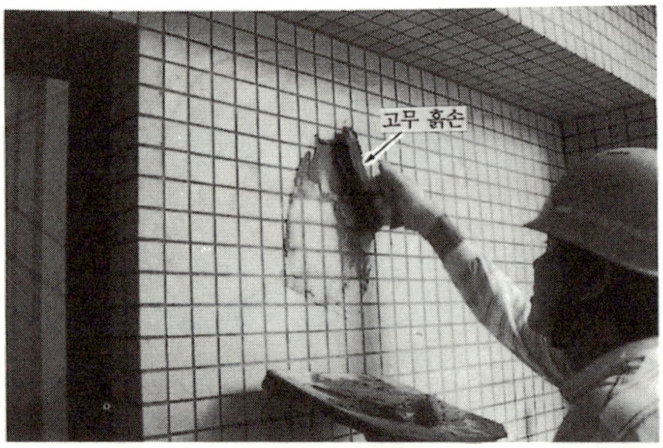

그림 5.80 줄눈 채우기

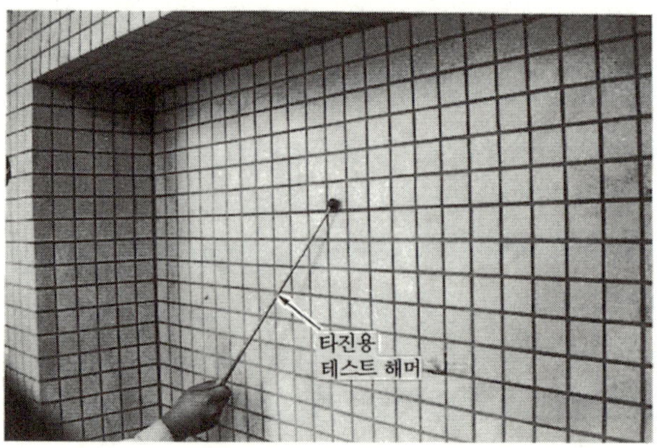

그림 5.81 타일의 들뜸 검사

(7) 클리닝

타일 표면에 부착된 줄눈재나 기타 더러움 등은 깨끗이 떨어뜨리고 클리닝을 한다. 일반적으로 타일의 클리닝은 30배 정도 희석시킨 염산을 사용하고 그 다음에 충분히 물씻기한다.

5.9 내장 공사

1. 개설

내장 공사는 벽·천장·바닥 등의 바탕에 보드나 클로스의 마감재를 붙이는 공사이다. 내장 재료는 종류가 많을 뿐만 아니라 여러 가지 시공법이 쓰이고 있으며 또 새로운 것이 계속하여 개발되어 시중에 나오고 있다. 요즘에는 퍼티션·시스템 천장·OA 플로어 등 공장에서 생산된 부재를 현장에 가지고 들어와 설치하는 경우도 많아졌다. 각기가 가진 특징을 잘 이해하고 설계 도서에서 요구하고 있는 차음·내화·방화·내구·미관 등의 각 성능을 만족할 수 있도록 바르게 시공한다.

2. 공사 개요

실례 공사에서는 표 5.1에 나타낸 재료를 사용하여 벽·천장·바닥 등을 마감하였다.

표 5.1 실례 공사의 대표적인 마감

실명	바닥	걸레받이	벽	천장	돌림띠
사무실	P 타일(OA 플로어)	소프트 걸레받이	석고 보드 t=12의 윗면 비닐 클로스(LGS 바탕)	석고 보드 t=9의 윗면 암면 흡음판 t=12	염화 비닐
남자화장실	장척 시트	장척 시트 치올림	규산 칼슘판 t=6의 윗면 다이녹 시트	규산 칼슘판 틈내 붙이기의 윗면 VP 도장	염화 비닐
중역화장실	모자이크 타일	100각 타일	100각 타일	석고 보드 t=9의 윗면 비닐 클로스	염화 비닐
회의실	타일 카펫	소프트 걸레받이	석고 보드 t=12의 윗면 비닐 클로스(LGS, ALC 바탕)	석고 보드 t=9의 윗면 암면 흡음판 t=12	염화 비닐
창고	방진(防塵) 도장	방진 도장	뿜칠 타일 롤러 밀기(ALC 바탕)	규산 칼슘판 틈내 붙이기의 윗면 VP 도장	염화 비닐

3. 시공

(1) 벽 마감

실례 공사에서는 ALC 바탕일 경우는 GL 공법을 이용한 석고 보드 붙이기, 경량 철골 칸막이 바탕일 경우는 비스 고정 공법을 이용한 석고 보드 붙이기를 하였다. 보드 붙이기 공사가 그대로 마감재가 되는 경우도 있지만, 일반적으로는 그 위에 클로스를 붙이거나 도장 마감으로 하는 경우가 많다. 설계 도서에서 요구하는 차음·단열·방화 등의 각 성능을 만족하도록 그들에 적합한 재료, 두께의 것을 사용한다. 이때, 설비 기기와의 접합이나 이종 부재의 접합부에도 유의한다.

(a) 플라스터 보드 붙이기

1) **GL 공법** 콘크리트 또는 ALC판의 바탕면에 전용 GL 본드를 흙손으로 바른다. 보드 간격은 그림 5.82와 같이 벽 주변부에서 150~200 mm, 바닥 위 1.2 m 이하에서는 200~300 mm, 바닥

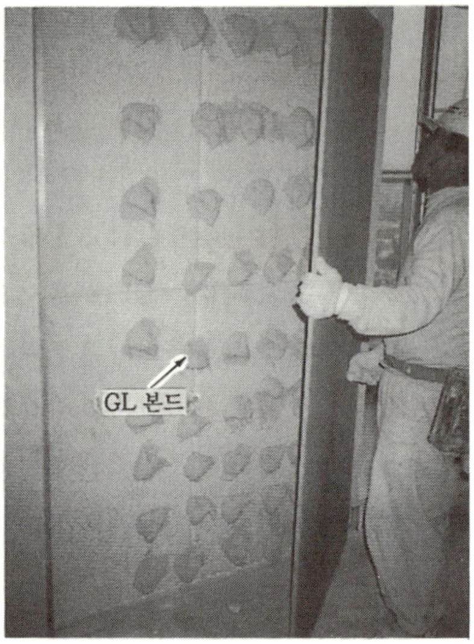

그림 5.82 GL 보드 붙이기

위 1.2 m 이상에서는 250~300 mm 정도로 한다. 보드의 아랫면은 통기를 촉진시키기 위해 10 mm 정도 바닥보다 띄워 붙인다. 알루미늄제 잣대로 소정 마감 위치에 가도록 두들겨 석고 보드를 붙인다.

2) 비스 고정 방법

i) **그림 5.83**과 같이 한 겹 붙일 경우는 경량 철골 바탕에 태핑 나사[1]를 사용하여 붙인다. 나사 고정 간격은 주변부에서 200 mm, 중앙부에서 300 mm 정도로 한다. 보드면에서 나사 머리가 나오지 않도록 주의한다. 부엌이나 화장실 등에서는 습기가 많아 비스가 녹스는 경우가 많으므로 스테인리스제의 비스를 사용한다.

ii) 두 겹 붙이기의 초벌 붙이기는 위에서 기술한 공법에 따른다.

그림 5.83 보드 한 겹 붙이기

1) 태핑 나사(tapping screws) : 나사 자체에서 나사 홈을 낼 수 있게 된 나사. 일반 나사와 비교하여 나사 피치가 거칠다.

그림 5.84 보드 두 겹 붙이기

정벌 붙이기는 **그림 5.84**와 같이 초벌 붙이기와 조인트 위치가 겹쳐지지 않도록 하고 접착제와 스테이플[1]을 병용하여 가로 세로 200~300 mm의 간격으로 붙인다.

(b) 조인트부 처리

보드 붙인 위에 클로스 마감재를 붙일 때는 그 보드 조인트부가 평활하게 되도록 바탕을 조정한다. **그림 5.85**와 같이 조인트부에 테이프를 붙이고 그 위를 조인트 시멘트로 평활하게 마감한다. 모서리 부분에는 코너 비드를 설치하여 보드 각(角)의 파손을 방지한다.

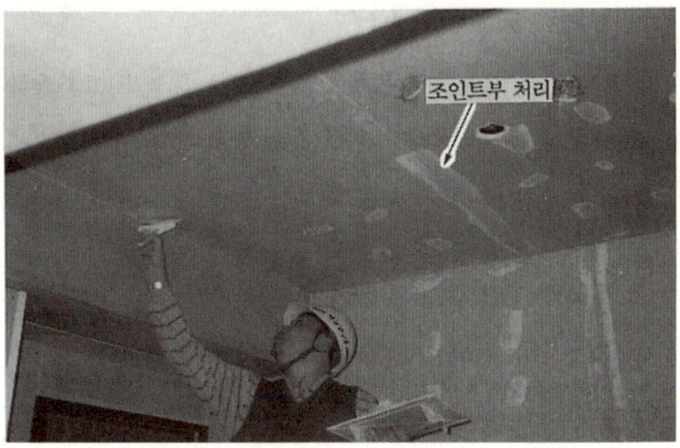

그림 5.85 보드 조인트부 처리

콘크리트 등 이종 부재와의 접합부는 위에 기술한 처리만으로는 금이 가기 쉬우므로 균열 유발 줄눈을 넣어 둔다.

(c) 클로스 붙이기

사용 재료는 견본을 제출하여 승인을 받고 나서 시공에 들어간다. 클로스 붙이기는 마감 공사 중에 최

1) 스테이플(staple) : 메탈 라스나 와이어를 설치할 때 쓰는 U자형 못.

종 공정이므로 입구틀 · 돌림띠 등의 도장이 모두 끝나고 나서 한다. 바탕이 건조하지 않으면 곰팡이가 발생할 염려가 있다. 또 보드 붙이기 비스가 습기로 녹이 슬거나 그로 인한 더러움이 표면에 나타나는 경우가 있으므로 비스 머리에는 퍼티 처리를 한다(**그림 5.86**).

클로스는 붙이기 전에 치수를 측정하고 소정 치수로 재단하여 **그림 5.87**과 같이 전용 기계로 풀칠을 한다. 클로스를 붙일 때는 끝 부분을 약간 겹쳐 붙이고 커터로 절단하여 롤러로 눌러 마감한다.

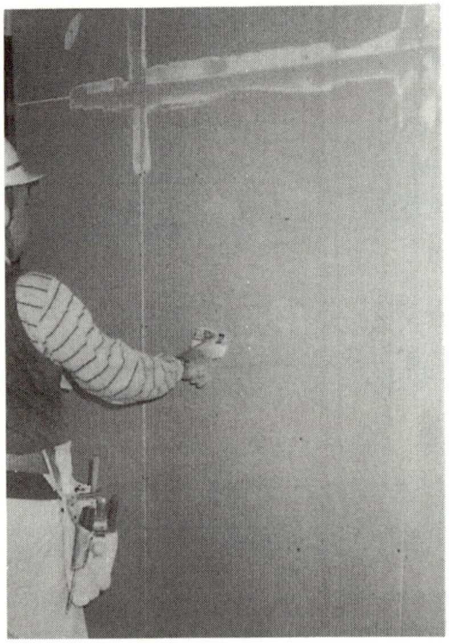

그림 5.86 비스 머리의 퍼티 처리

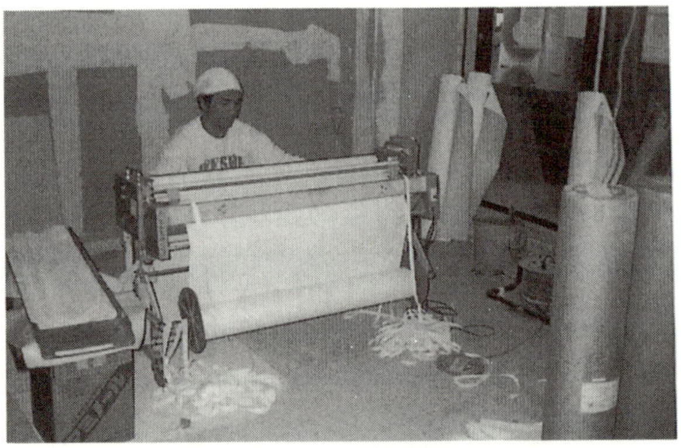

그림 5.87 클로스 풀칠

(2) 천장 마감

나무 바탕, 경량 철골 바탕에 석고 보드를 붙이고 그 위에 클로스나 도장 마감을 하는 공법과 암면 흡음판 등 마감 보드를 붙여 마감하는 공법이 있다. 불연 · 준불연 등의 내장 제한(부록 참조)에 주의하여 재료를 선정한다.

그림 5.88과 같은 시공 배치도를 작성한다. 천장 끝 부분 및 조명 기구 · 공기 조화 기구 주위에 여유

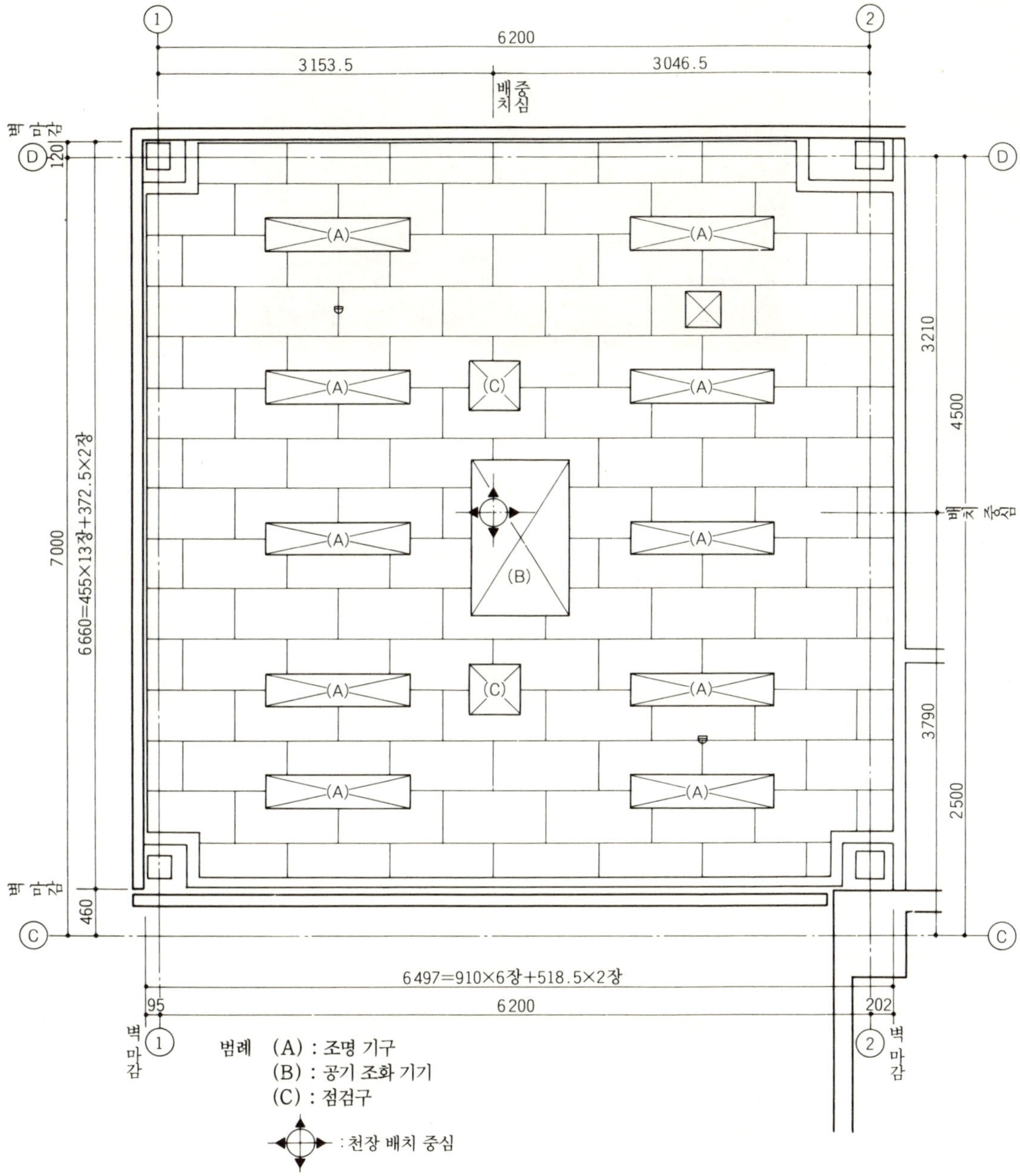

그림 5.88 천장 시공 배치도(치장 석고 보드)

를 없게 하여 보드가 들어가지 않도록 배치한다. 붙이기 전에 배치 기준선을 내둔다.

(a) 암면 흡음판 붙이기(그림 5.89)

석고 보드를 초벌 붙이기하고 그 위에 암면 흡음판을 붙인다. 초벌 붙이기한 석고 보드는 주변부 150 mm, 중앙부 200 mm 정도의 간격에 비스 고정하고 붙인다. 정벌 붙이기 암면 흡음판은 시공 배치도에 따라 천장 중앙부에서 주변으로 향하여 붙여 나간다. 접착제와 스테이플을 병용하여 200~300 mm 간격으로 고정한다.

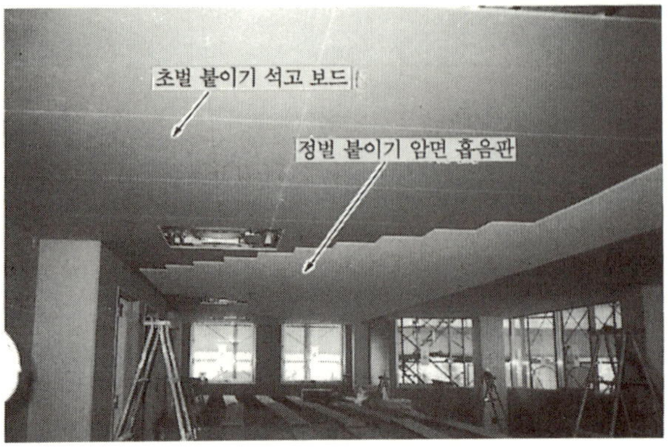

그림 5.89 암면 흡음판 붙이기

(b) 큰 평판 틈내 붙이기

바탕의 경량 철골이 시공 배치도에 나타낸 위치에 있는지를 확인하고 줄눈 밑에 조이너를 넣고 똑바로 붙인다. 비스 고정 간격은 주변부에서 150 mm, 중앙부에서 200 mm 정도로 한다.

(3) 바닥 마감

콘크리트 슬래브를 직접 누르고 그 위에 카펫이나 P타일 등의 마감재를 직접 붙이는 공법과 목재나 철물로 바탕을 짜서 이중 바닥으로 하고 그 위에 마감재를 붙이는 공법이 있다. 어느 경우나 차음 · 단열 등의 성능이 손상되지 않도록 주의한다.

(a) OA 플로어

OA 플로어는 마감재와 바닥 슬래브 사이를 OA 기기의 배선용으로 이용하고자 하는 이중 바닥 공법이다.

시공 배치도에 따라 기준 먹매김을 하고 대충 바닥 높이에 맞추면서 패널을 깔고 나서 전체 레벨을 조정한다. 그림 5.90은 OA 플로어의 시공 상황이다. 바닥 패널 시공 후 타일 카펫을 붙여 마감한다.

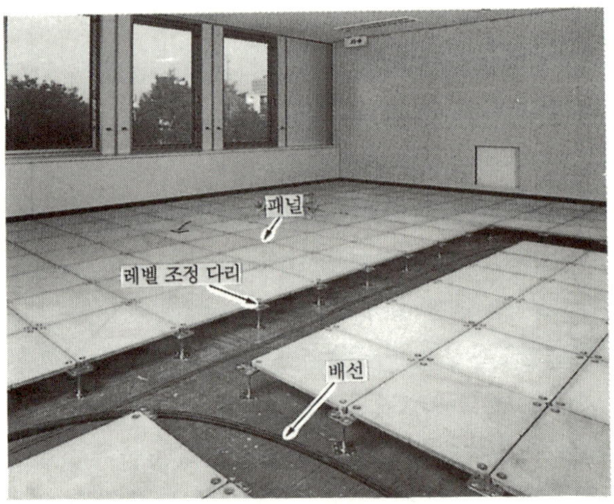

그림 5.90 OA 플로어 설치

(b) 장척 시트 또는 P타일 붙이기

마감이 좋고 나쁘고는 바탕 마감 정도에 따라 결정된다. 시트를 붙이기 전에는 바탕 체크를 잘한다.

콘크리트면의 레이턴스는 완전히 제거하여 균열이나 상처, 울퉁불퉁함이 있으면 보수한다(그림 5.91).

그림 5.91 바닥 콘크리트면의 보수 광경

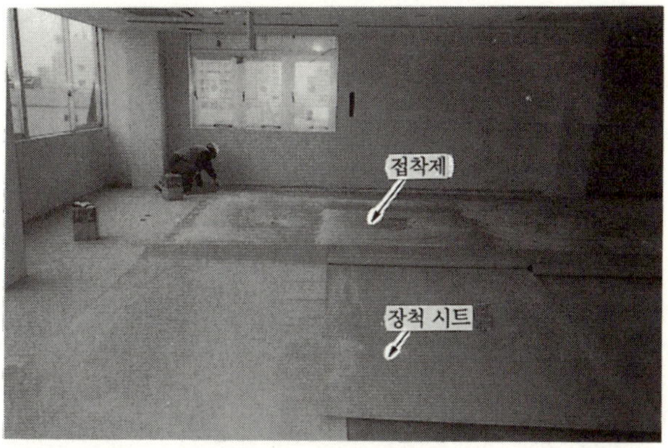

그림 5.92 장척 시트 붙이기

그림 5.92는 장척 시트의 시공 상황이다. 장척 시트는 붙이기 전에 일정 기간 임시 깔기하고 다시 말아 거두었다 붙인다.

접착제를 바르기 전에 깨끗하게 청소하고 붙인 후 부풀음이나 돌기가 없도록 주의한다.

P타일의 경우도 이와 같은 요령으로 한다. 또 접착제의 오픈 타임에 유의한다.

5.10 뿜칠 공사

1. 개설

뿜칠 공사에는 미장 이외에 바탕을 보호하는 목적이 있다. 표 5.2에 든 재료는 대표적인 뿜칠 재료인

표 5.2 뿜칠 공사의 종류

명 칭	종 류	통 칭
얇은 마감 뿜칠재	시멘트계 마감 규산질계 마감 합성 수지 에멀션계 마감 수용성 수지계 마감	시멘트 리신 실리카 리신 아크릴 리신 섬유벽
복층 마감 뿜칠재 (방수형)	시멘트계 마감 폴리머 시멘트계 마감 규산질계 마감 합성 수지 에멀션계 마감 반응 경화형 합성 수지 에멀션계 마감 합성 수지 용액계 마감	시멘트 본타일 폴리머 시멘트 타일 실리카 타일 아크릴 타일 에폭시 타일 RE 에폭시 타일
두꺼운 마감 뿜칠재	시멘트계 마감 규산질계 마감 합성 수지 에멀션계 마감	시멘트 스터코(cement stucco) 실리카 스터코 수지 스터코·아크릴 스터코

데 주로 시멘트계, 합성 수지계가 많이 쓰이고 있다. 리신, 스터코, 본타일 마감 등 표면 마감의 형상까지 생각하면 그 종류는 한이 없다. 각각 재료·공법에 따라 적용할 수 있는 바탕과 칠 횟수가 다르다. 설계 도서가 요구하는 시방을 잘 이해하고 그 요구 품질을 만족하도록 시공한다.

2. 공사 개요

실례 공사에서는 외벽 ALC판 위에 아크릴 본타일 마감하였다.

3. 시공

(1) 사용 재료 확인

그림 5.93과 같은 견본 칠판을 작성하여 재료를 확인하고 감리자의 승인을 받는다. 견본 칠판은 될 수 있는 한 크게 작성하여 색조나 표면 형상을 알기 쉽도록 한다.

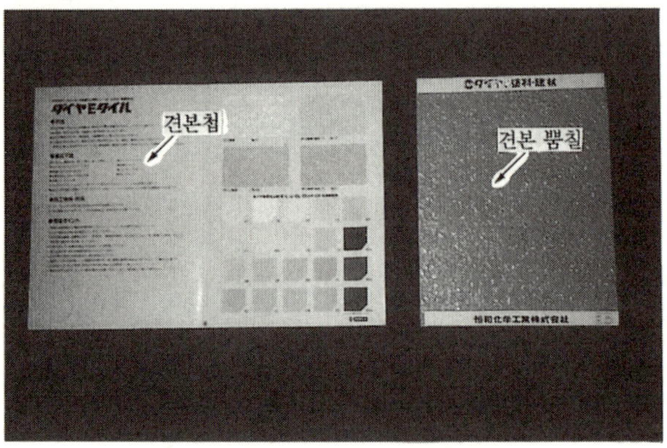

그림 5.93 표준 견본과 뿜칠 견본

(2) 바탕 확인

그림 5.94는 ALC판의 결함 부분을 보수하는 장면이다. 바탕 표면은 바탕 처리·청소를 하여 바탕 정리한다. 바탕이 콘크리트나 모르타르 바름일 경우 그 건조 기간은 여름철에 2주일, 겨울철에 4주일 정

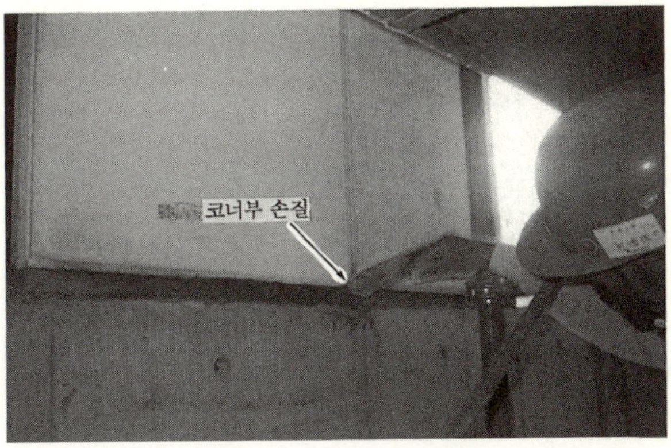

그림 5.94 ALC판 보수 광경

도가 필요하다.

(3) 주변 보양

뿜칠재가 날라 그 주변을 오염시키는 것을 막기 위해 뿜칠 작업하기 전에 반드시 주변을 보양해야 한다. 외부로의 비산(飛散)이 문제가 될 경우는 롤러로 마감하는 방법도 있다.

(4) 뿜칠 작업

도막은 일정 이상 건조 시간이 필요하므로 도막을 고화시키기 위해서는 각 층 모두 충분한 칠 간격을 두어야 한다. 뿜칠 작업을 하기 전에 뿜칠재의 시방을 확인하고 칠 횟수, 칠 간격을 파악한다.

바탕이 ALC판인 경우 ALC판에 대한 흡입이 심하므로 먼저 실러를 도포하고 나서 뿜칠을 한다.

일반적으로 뿜칠재는 초벌칠을 1회 하고 나서 주재칠을 하고 그 다음에 정벌칠을 2회 한다. 그림 5.95는 1회째의 정벌칠을 하고 있는 광경이다.

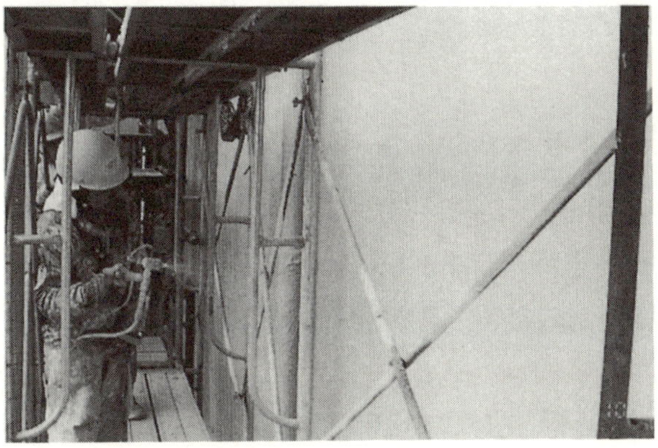

그림 5.95 정벌칠재 뿜칠 광경

5.11 칠공사

1. 개설

칠(도장)은 외관을 아름답게 할 뿐만 아니라 바탕을 보호하는 목적도 있다.

도료에는 많은 종류가 있지만 그 바탕과 사용 부위에 적합한 재료·공법을 선택해야 한다. 표 5.3에 대표적인 칠의 명칭과 생략 기호(略號), 적용 바탕, 특징 등을 나타낸다.

표 5.3 칠의 종류와 특징

명칭	약호	적용 바탕							특징	주용도
		철	아연도금	콘크리트	ALC	석고보드	규산칼슘판	나무		
합성 수지 배합 페인트칠	SOP	○	○	×	×	×	×	○	가장 일반적인 1액성 배합 페인트 막 두께가 두껍고 건조가 더디다.	철부·목부 전반
프탈산 수지 에나멜칠	FE	○	×	×	×	×	×	○	SOP에 비하여 건조가 빠르다. 솔(귀얄) 자국이 없어 아름다운 면으로 마감할 수 있다.	강제 창호
염화 비닐 수지 에나멜칠	VP	○	○	○	○	−	○	×	건조가 빠르다. 내수성·내약품성이 뛰어나다.	내수성을 필요로 하는 부분
아크릴 수지 에나멜칠	AE	×	×	○	○	−	○	×	1액성이고 작업성이 좋다. VE에 비하여 내수성이 뛰어나다.	콘크리트·슬레이트면
(초산계) 합성 수지 에멀션 페인트칠 (아크릴계) 합성 수지 에멀션 페인트칠	EP AEP	×	×	○	○	○	○	×	일반적인 물 희석형 도료 칠하기 쉽고 마감 정도도 비교적 좋다.	내·외부의 벽면·천장
스테인칠	OS	×	×	×	×	×	×	○	목재의 경연(硬軟)에 따라 흡수에 차이가 나고, 색 얼룩이 지기 쉽다.	목부(木部)의 본바탕 마감

2. 공사 개요

실례 공사에서 틀 주위는 합성 수지 조합 페인트칠(SOP), 석고 보드 벽면은 합성 수지 에멀션 페인트칠(EP), 천장의 큰 평판에는 염화 비닐 수지 에나멜칠(VP)을 하였다. 다음에 석고 보드면에 대한 합성 수지 에멀션 페인트칠을 중심으로 칠공사 진행 방법을 기술한다. 그림 5.96은 합성 수지 에멀션 페인트칠의 순서도이다.

3. 시공

(1) 칠 시방과 색 견본 확인

1) 설계 도서를 기본으로 하여 각 부위의 칠 종별과 시방을 확인한다. 각 시방서에 따라 칠 시방이 달라질 뿐만 아니라 약호도 다른 경우가 많으므로 시방서를 잘 확인한다.

2) 색 견본첩에 따라 각 부분의 색을 결정하고 그림 5.97과 같은 칠 견본을 작성한다.

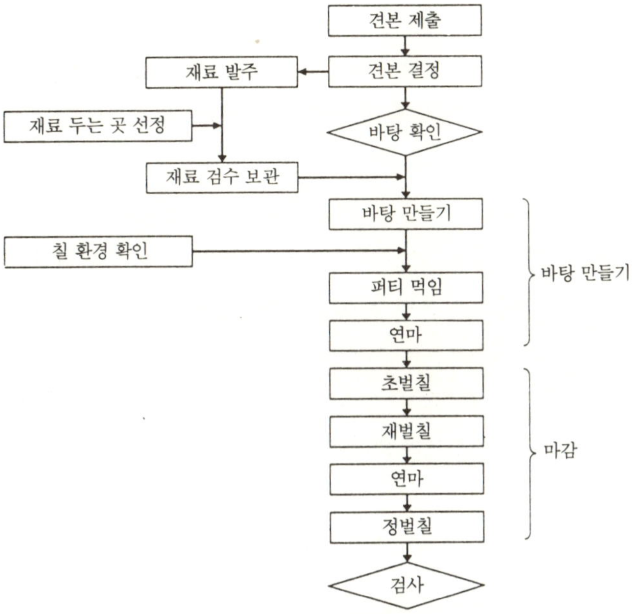

그림 5.96 합성 에멀션 페인트칠의 순서도

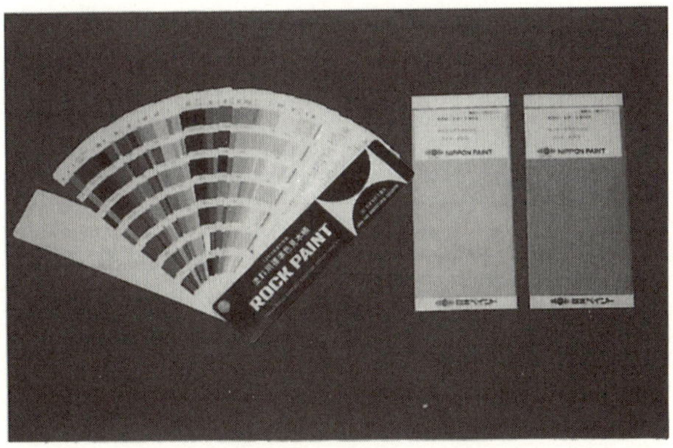

그림 5.97 색 견본과 칠 견본

그림 5.98 재료 보관 장소

(2) 재료 보관

도료는 유기 용제가 대부분 사용되어 화재가 발생하기 쉬우므로 그림 5.98과 같이 환기시킬 수 있는 방에 보관하고 소화기도 설치하여 화재 발생에 대비한다. 사용량이 많을 경우는 전용 보관 창고를 마련하여 관리한다.

(3) 바탕 확인

1) 보드 조인트부에 턱짐이 없는지 또 비스 머리가 돌출하지 않았는지를 확인한다.

2) 오물이 묻지 않았는지 검사하고 오물이 묻었으면 제거한다.

(4) 작업 환경

1) 저온하에서는 도료의 건조가 더디고, 다습하에서는 도막 표면이 흐릿하게 되는 경우가 있다. 기온이 5℃ 이하, 30℃를 초과할 때, 습도가 85%를 초과할 때는 작업을 중지하는 편이 바람직하다(그림 5.99).

2) 마감면에 먼지가 묻은 경우도 있으므로 주변을 청소한 다음에 칠 작업을 한다.

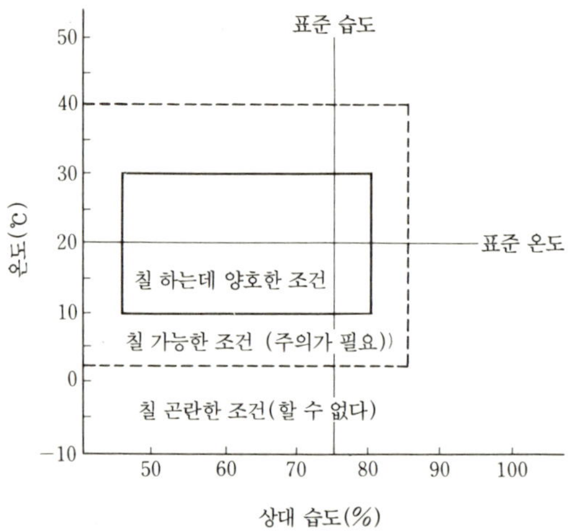

그림 5.99 칠 환경

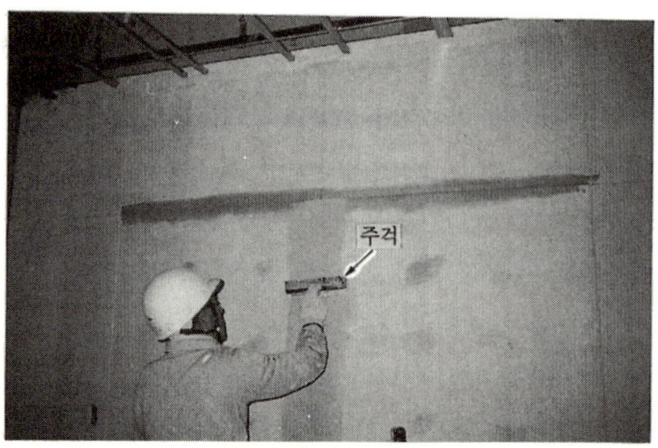

그림 5.100 퍼티 먹임

(5) 바탕 만들기

칠의 성과와 내구성은 바탕 만들기의 좋고 나쁨에 따라 크게 바뀌므로 바탕 만들기는 정성들여 한다.

1) 보드 조인트부와 비스 부분에 합성 수지 에멀션 퍼티로 퍼티 먹임하여 평탄하게 한다. 퍼티는 건조하면 줄어들기 때문에 1회만 먹임하지 말고 충분히 건조하고 나서 2회째 퍼티 먹임을 한다. 그림 5.100은 1회째 퍼티 먹임을 하는 장면이다. 물과 많은 관계가 있는 곳은 시멘트계 바탕 조정재나 염화 비닐 퍼티를 사용한다.
2) 그림 5.101과 같이 퍼티가 건조된 다음 연마지로 연마하여 표면을 평탄하게 한 다음에 청소한다.

그림 5.101 연마지로 연마하는 광경

(6) 마감(마무리)

시방서와 같은 공정으로 칠 마감을 한다. 특히 칠 횟수와 방치 시간에 주의한다.

1) 도료 제조 회사의 지정에 따라 물로 희석하고 도료에 알맞는 솔(귀얄)이나 롤러로 초벌칠한다.
2) 초벌칠이 건조하면 재벌칠을 한다. 재벌칠 건조를 기다렸다가 #280 정도의 연마지로 연마한다.
3) 칠・연마를 반복하고 마지막으로 색 견본대로 색 마감한다(그림 5.102).

(7) 검사

색 얼룩・벗겨짐・갈라짐・번짐(스밈)・부풀음 등 상태가 좋지 않은 것은 없는지 확인한다.

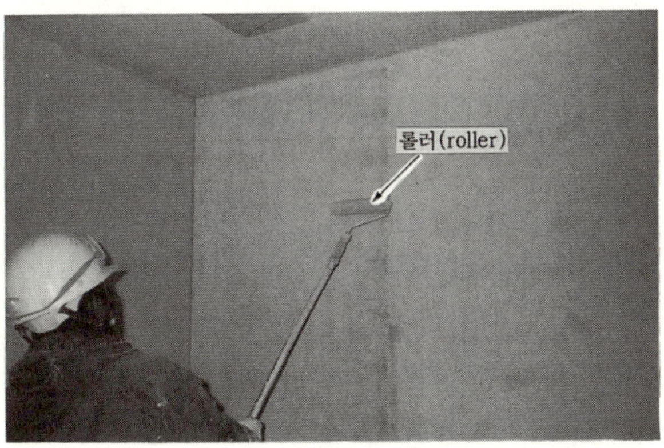

그림 5.102 정벌칠 광경

5.12 완성 검사 · 인도

건축물 전체 공사가 끝나고 작업자의 출입이 적어지게 되면 건축물 내외를 청소한다. 특히 창호, 유리, 바닥 등의 최종 청소를 정성들여서 한다. 이후 공사의 완성 검사를 한다. 그 결과 상태가 좋지 않은 것이 있을 때에는 이들을 재빨리 처리하고 나서 발주자에게 건축물을 인도한다.

1. 완성 검사

건축물의 완성 검사에는 시공자가 자발적으로 하는 사내 검사, 설계 사무소 검사 또는 감리자가 하는 검사, 관공서가 하는 검사 및 발주자가 하는 검사 등 여러 가지가 있다. 각각의 검사를 하는 중에 지적된 시정 항목은 그때마다 바로 재손질하고 다시 한번 확인 검사를 받는다.

그 중에서도 설비 공사는 육안 검사만으로는 그 기기의 기능적인 결함까지 발견하기란 그리 쉬운 일이 아니므로 실제로 시운전하여 요구하는 기능을 만족하는지의 여부를 확인한다.

〈참고〉 표 5.4 관공서의 주된 검사

<table>
<tr><th>공사 종별</th><th>주된 신청 · 설치 신고</th><th>검사자</th><th>검사의 요점</th></tr>
<tr><td rowspan="4">건 축 공 사</td><td>건축물 확인 신청서</td><td>건축 담당</td><td rowspan="4">· 확인서대로 시공되어 있을 것
· 설치 신고서와 시공이 틀리지 않을 것
· 중간 검사 지적 내용이 시정되어 있을 것
· 청소까지 완료되어 있을 것</td></tr>
<tr><td>방화 대상물 사용 개시 신고</td><td>소방서</td></tr>
<tr><td>피난 기구 설치 신고</td><td>〃</td></tr>
<tr><td>소화기 설치 신고</td><td>〃</td></tr>
<tr><td rowspan="4">설 비 공 사</td><td>수변전 설비 설치 신고(500 kW 이상)</td><td>통산 산업부</td><td rowspan="4">· 건축물의 개요서를 작성하여 둘 것
· 수변전 설비(500 kW 이상)는 전기 기술자가 입회할 것
· 설치 신고서와 시공이 틀리지 않을 것
· 설비 개요서를 작성하여 둘 것
· 중간 검사의 지적 내용이 시정되어 있을 것
· 설비 기기의 시험이 완료되어 있을 것
· 각 전문업자가 반드시 입회할 것</td></tr>
<tr><td>〃 (〃 이하)</td><td>소방서</td></tr>
<tr><td>소화 설비 설치 신고
(옥내 소화전 · 스프링클러 · 탄산 가스 등)</td><td>〃</td></tr>
<tr><td>방재 설비 설치 신고
(열, 연기 감지기 · 비상용 조명 따위)</td><td>〃</td></tr>
<tr><td rowspan="2">승 강 기 공 사</td><td>엘리베이터 확인 신청서</td><td>건축 담당</td><td rowspan="2">· 확인서대로 시공되어 있을 것
· 제조 회사 시공 책임자가 반드시 입회할 것</td></tr>
<tr><td>에스컬레이터 확인 신청서</td><td>〃</td></tr>
</table>

2. 인도

확인 검사에 합격하면 검사 필증이 발행된다. 최종 발주자 검사를 거쳐 당해 건축물이 시공자로부터 발주자에게 인도된다.

건축물의 인도 절차는 계약서나 설계 도서에 기재된 내용에 의거하여 행한다. 필요한 서류를 작성하고 발주자 · 감리자 · 시공자가 각각 그 서류를 보관한다. 그 주된 서류는 다음과 같다.

1) 시공도

2) 관공서 신고 서류와 인허가증
3) 보증서(방수, 기기)
4) 열쇠, 비품 목록
5) 기기 완성도 및 성능 시험 성적표
6) 기기 취급 설명서
7) 긴급시 연락처 일람표

부록

부록 1 건축 공사 표준 시방서(건설 교통부 제정) 제5장 철근 콘크리트 공사(이하, "건표 시방 제5장"이라고 한다)의 품질 관리

항 목		시험 방법	판정 기준	시험 기관	책임자의 관리 사항	횟수
워커빌리티		육안으로 한다.	양호	시공자	확인 보고	전량
슬럼프		KS F 2403	소요 슬럼프에 대해 ±2.5 cm 범위일 것		기록 확인할 것	콘크리트 칠 때마다 1회 또는 150 m² 마다 1회
공기량		KS F 2409 KS F 2405 KS F 2421	소요 공기량에 대해 ±1% 범위일 것			
단위 용적 중량		KS F 2409	소요값 이상일 것			
온도		온도계로 한다.	소요 범위 내에 있을 것			
압축 강도	구조체 강도 확정	KS F 2405 KS F 2403 시험체는 임의의 콘크리트에서 3개 혹은 6개를 채취한다. 보양은 표준 보양으로 한다.	(1) 설계 기준 강도의 기준으로 하는 재령에서 강도 시험 : 1회 시험 결과는 설계 기준 강도 또는 보양 온도 보정 강도 이상일 것. 3회 시험 결과의 평균치는 설계 기준 강도 또는 보양 온도 보정 강도 이상일 것 (2) 설계 기준 강도를 기준으로 하는 재령이 28일 이후일 때의 재령 28일에서 강도 시험 : 3회 시험 결과의 평균치는 설계 기준 강도 또는 보양 온도 보정 강도의 70% 이상일 것			
	거푸집 제거 시기 결정	KS F 2405 KS F 2403 시험체의 채취는 적당한 간격을 두고 콘크리트에서 1재령 3개 이상으로 한다. 보양은 표준 보양으로 한다.	동 시방서 표 5.30.7에 따름			필요에 따라 실시
건조 단위 용적 중량		KASS 5NT KASS 5NT	어떤 1회 시험도 소요 건조 단위 중량 이상일 것			3개월마다 1회

부록 2 배근 기준(건표 시방 제5장)

부록 표 1 철근 말단부의 구부림 형상 및 치수

구부림 각도	그 림	종 류	구부림 안치수(D)
180°	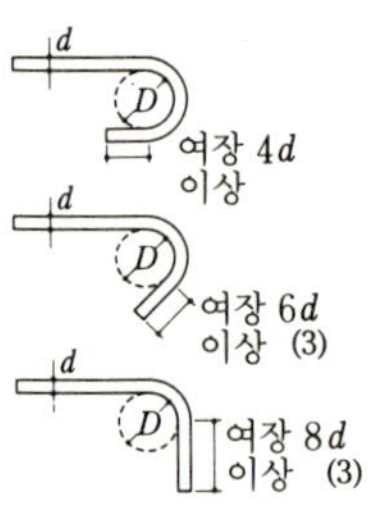	SR 24 SRR 23	$3d$ 이상[1]
135°		SD 30 A SD 30 B SR 30 SD 35	지름 16 mm, D 16 이하 $3d$ 이상[1] D 19～D 38 $4d$ 이상[2]
90°[(2)]		SD 40	$5d$ 이상[1]

주) 1) d는 원형 철근에서는 지름, 이형 철근에서는 호칭을 이용한 수치로 한다.
2) 구부림 각도 90°는 슬래브 철근, 벽 철근 말단부 또는 슬래브와 동시에 배근하는 T형 및 L형 보에 사용하는 U자형 스터럽과 타이(tie)에만 사용한다.
3) 캔틸레버 윗면 철근의 선단, 벽의 자유단에 사용하는 선단은 여장 $4d$ 이상이 좋다.

부록 표 2 철근 중간부의 구부림 형상 및 치수

구부림 각도	그림	철근 사용 개소의 호칭	철근 종류	철근 지름	구부림 안치수(D)
90° 이하	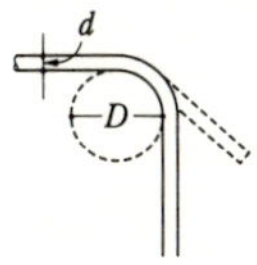	스터럽 띠철근 나선 철근	SR 24 SD 30 A SD 30 B SR 30 SD 35	ϕ 16 D 16 이상	$3d$ 이상[1]
				ϕ 19 D 19 이상	$4d$ 이상
	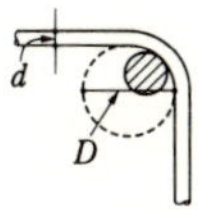	상기한 이외의 철근	SR 24 SD 30 A SD 30 B SD 35 SD 40	ϕ 16 D 16 이상	
				ϕ 19~ϕ 25 D 19~D 25	$6d$ 이상
				ϕ 28~ϕ 32 D 28~D 38	$8d$ 이상

주) 1) d는 원형 철근에서는 지름, 이형 철근에서는 호칭을 이용한 수치로 한다.

부록 표 3 철근의 정착 및 겹침 이음 길이

종류	콘크리트 설계 기준 강도 (kgf/cm²)	겹침 이음 길이 (L_1)	정 착 길 이		
			일반(L_2)	하 단 철 근	
				작은 보	바닥·지붕 슬래브
SR 24	150 180	$45d$ 갈고리 부착	$45d$ 갈고리 부착	$25d$ 갈고리 부착	150 mm 갈고리 부착
	210 240	$35d$ 갈고리 부착	$35d$ 갈고리 부착		
SD 30 A SD 30 B SD 35	150 180	$45d$ 또는 $35d$ 갈고리 부착	$40d$ 또는 $30d$ 갈고리 부착	$25d$ 또는 $15d$ 갈고리 부착	$10d$ 또는 150 mm 이상
	210 240	$40d$ 또는 $30d$ 갈고리 부착	$35d$ 또는 $25d$ 갈고리 부착		
	270 300 360	$35d$ 또는 $25d$ 갈고리 부착	$30d$ 또는 $20d$ 갈고리 부착		
SD 40	210 240	$45d$ 또는 $35d$ 갈고리 부착	$40d$ 또는 $30d$ 갈고리 부착		
	270 300 360	$40d$ 또는 $30d$ 갈고리 부착	$35d$ 또는 $25d$ 갈고리 부착		

주) 1) 말단부의 갈고리는 정착 및 겹침 이음 길이에 포함하지 않는다.
2) d는 원형 철근에서는 지름, 이형 철근에서는 호칭을 이용한 수치로 한다.
3) 내압 슬래브의 하단 철근 정착 길이는 일반 정착(L_2)으로 한다.
4) 지름이 다른 겹침 이음 길이는 가는 쪽(細長한) d에 따른다.

부록 표 4 피복 두께

부위			피복 두께(mm)
흙에 접하지 않는 부위	지붕 슬래브 바닥 슬래브 비내력벽	옥내	30
		옥외	40[1)]
	기둥 보 내력벽	옥내	40
		옥외	50[2)]
	기둥, 보, 바닥 슬래브, 내력벽		50[3)]
흙에 접하는 부위	기둥, 보, 바닥 슬래브, 내력벽		50
	기초, 옹벽		70

주) 1) 내구성상 유효한 마감이 있는 경우, 담당자의 승인을 받아 30 mm로 할 수 있다.
2) 내구성상 유효한 마감이 있는 경우, 담당자의 승인을 받아 40 mm로 할 수 있다.
3) 콘크리트 품질 및 시공 방법에 따라 담당자의 승인을 받아 40 mm로 할 수 있다.

부록 표 5 철근의 간격 · 순간격의 최소 치수

		순 간 격	간 격
이형 철근	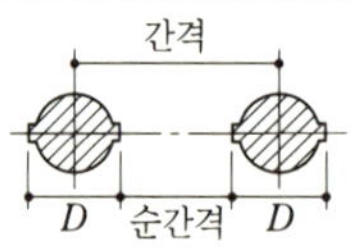	● 호칭명 수치의 1.5배 ● 굵은 골재 최대 치수의 1.25배 ● 25 mm 중 큰 쪽의 수치	● 호칭명 수치의 1.5배+가장 바깥 지름 ● 굵은 골재 최대 치수의 1.25배+가장 바깥 지름 ● 25 mm+가장 바깥 지름 중 큰 쪽의 수치
원형 철근 (원형강)	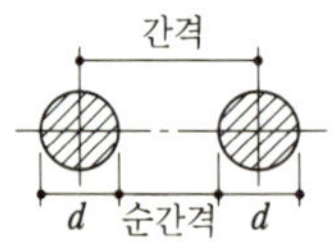	● 철근 지름의 1.5배 ● 굵은 골재 최대 치수의 1.25배 ● 25 mm 중 큰 쪽의 수치	● 철근 지름의 2.5배 ● 굵은 골재 최대 치수의 1.25배+철근 지름 ● 25 mm+철근 지름 중 큰 쪽의 수치

주) D : 철근의 최대 지름, d : 철근 지름

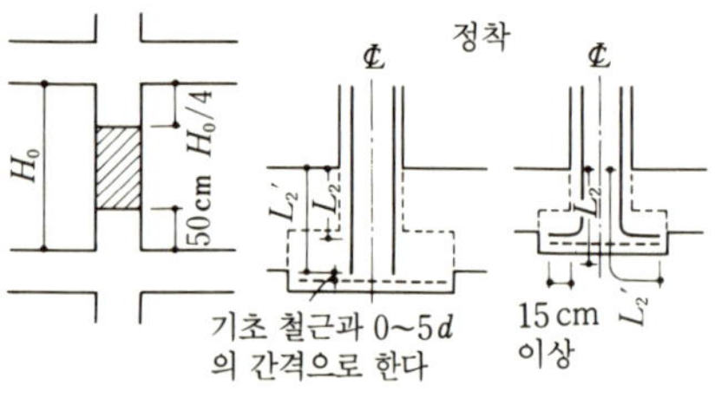

L_2' : L_2의 길이에 수직으로 정착할 수 있는 경우에서도 L_2'까지 늘린다.
L_2'' : L_2의 길이에 수직으로 정착할 수 없는 경우는 L_2''로 한다. 단, L_2''는 L 이상으로 하고 또한 수평 구부림부 길이 15 cm 이상으로 한다.

부록 그림 1 기둥 철근의 이음 범위 및 정착

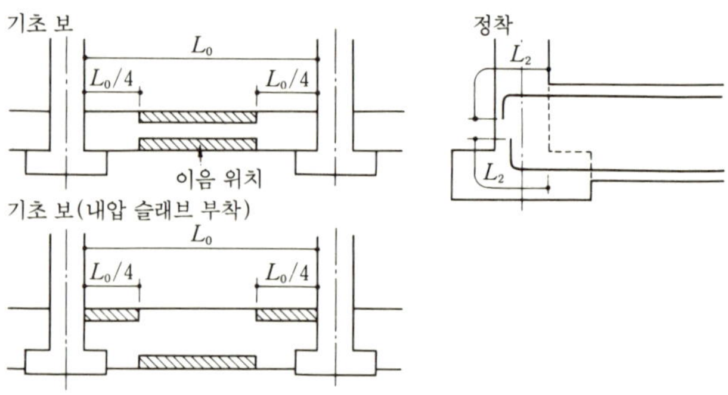

부록 그림 2 기초 보 철근의 이음 범위 및 정착

부록 3 강재의 명칭과 종류

규 격	명 칭 및 종 류
KS D 3503	일반 구조용 압연 강재 SS 330(SS 34), SS 400(SS 41), SS 490(SS 50), SS 540(SS 55)
KS D 3515	용접 구조용 압연 강재 SWS 400 A(SWS 41 A), SWS 400 B(SWS 41 B), SWS 400 C(SWS 41 C) SWS 490 A(SWS 50 A), SWS 490 B(SWS 50 B), SWS 490 C(SWS 50 C) SWW 520 B(SWS 53 B), SWS 520 C(SWS 53 C), SWS 570(SWS 58) SWS 490 YA(SWS 50 YA), SWS 490 YB(SWS 50 YB)
KS D 3529	용접 구조용 내후성 열간 압연 강재 SMA 400 AW(SMA 41 AW), SMA 400 BW(SMA 41 BW), SMA 400 CW(SMA 41 CW) SMA 490 AW(SMA 50 AW), SMA 490 BW(SMA 50 BW), SMA 490 W(SMA 50 C) SMA 400 AP(SMA 41 AP), SMA 400 BP(SMA 41 BP), SMA 400 CP(SMA 41 CP) SMA 490 AP(SMA 50 AP), SMA 490 BP(SMA 50 BP), SMA 490 CP(SMA 50 CP)
KS D 3530	일반 구조용 경량 형강 SSC 400(SSC 41)
KS D 3558	일반 구조용 용접 경량 H 형강 SWH 400(SWH 41), SWH 500 L(SWH 41 L)
KS D 3566	일반 구조용 탄소 강관 SPS 290(SPS 30), SPS 400(SPS 41), SPS 490(SPS 50) SPS 500(SPS 51), SPS 540(SPS 55)
KS D 3568	일반 구조용 각형 강관 SPSR 400(SPSR 41), SPSR 490(SPSR 50)
KS D 4108	용접 구조용 원심력 주강관(鑄鋼管) SCW 410-CF, SCW 480-CF, SCW 490-CF, SCW 520-CF, SCW 750-CF
KS D 3602	강제 갑판(steel deck) SDP 1·2·3

주) ( ) 속은 종래 기호를 나타낸다.

부록 4 철골 제작 요령서의 주안점

항 목	기 재 내 용
① 총칙	1) 요령서 적용 범위 2) 준거하는 시방서, 규준, 도면 3) 의의 및 변경이 생길 경우의 조치
② 일반사항	1) 제작 개요(공사 명칭, 구조, 개요, 수량, 착공일, 준공 예정일, 현장 납품일, 납품 장소, 경로, 공사 범위) 2) 회사 구성, 작업 분담, 작업 계통 3) 공정에 따른 작업 계통
③ 기계설비	1) 공사에 사용하는 주요한 기계 명칭 2) 특수 지그 3) 크레인의 종류·용량
④ 재료	1) 사용하는 재료의 규격(강재, 볼트, 용접봉) 2) 강종(鋼種)의 식별법(색 분류 등) 3) 시험, 검사의 종류
⑤ 공작	1) 표준 시방서 각 항에 따른 특기 사항 승인 또는 허가 사항에 대해서 특기 2) 공작도, 테이프 맞추기, 현치 본판, 재료 절단, 구멍 뚫기, 가스 가공, 구부림 가공, 조립, 용접, 변형 교정, 마찰면 처리 및 부재 치수 정밀도 표준
⑥ 조립작업	1) 조립, 맞춤 조립, 용접 기둥 샤프트 조립, 기둥 대조립, 용접
⑦ 용접작업	1) 용접공 2) 용접봉 사용 조건, 용접봉 다루기 3) 용접 전 청소 4) 손용접 작업, 예열 자동 용접 작업 5) 용접 그루브 규준 및 용접 불량 개소 보정
⑧ 검사 및 시험	1) 시험……용접 기량 검정 시험, 고력 볼트 시험, 미끄럼 시험 2) 검사……재료 검사, 현치 검사, 가공 검사, 그루브 및 임시 조립 검사, 용접 검사, 제품 검사, 사내 검사 규준
⑨ 발송	1) 부호 기입, 발송 및 명세

부록 5 온물림 다이어프램 타입의 철골 기둥 가공 순서

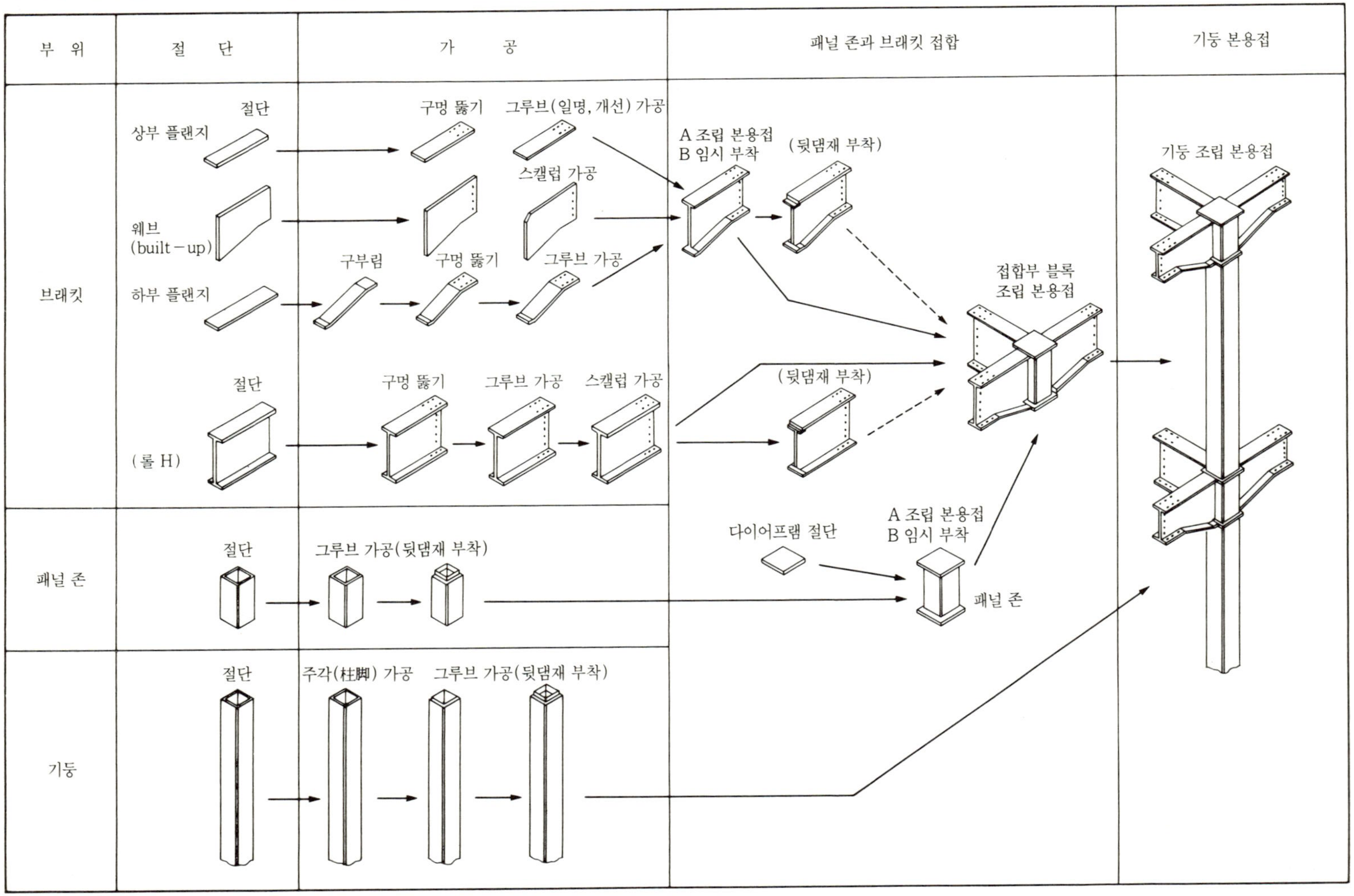

부록 6 철골 정밀도 검사 기준(건표 시방 제 8 장에서 발췌)

부록 표 1 공작 및 조립

명 칭	그 림	관리 허용차	한계 허용차	측정 기기	측정 방법
1) T 이음의 틈새(모살(필릿) 용접) e	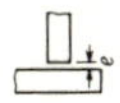	$e \leq 2$ mm	$e \leq 3$ mm 단, e가 2 mm를 초과하는 경우는 사이즈를 e만큼 증가한다.	틈새 게이지	
2) 겹침 이음의 틈새 e		$e \leq 2$ mm	$e \leq 3$ mm 단, e가 2 mm를 초과하는 경우는 사이즈를 e만큼 증가한다	틈새 게이지	
3) 맞댐 이음의 면 차이 e	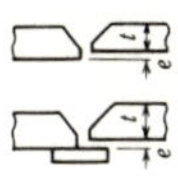	$t \leq 15$ mm $e \leq 1$ mm $t > 15$ mm $e \leq t/15$ 또한 $e \leq 2$ mm	$t \leq 15$ mm $e \leq 1.5$ mm $t > 15$ mm $e \leq t/10$ 또한 $e \leq 3$ mm	금속제 직각자, 금속제 곧은자, 틈새 게이지, 용접 게이지	
4) 루트 간격(백 가우징) e	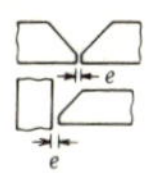	아크 수동 용접 $0 < e \leq 2.5$ mm 서브머지드 아크 자동 용접 $0 < e \leq 1$ mm 가스 실드 아크 반자동 용접 $0 < e \leq 2$ mm 플럭스코아드 아크 반자동 용접 $0 < e \leq 2$ mm	아크 수동 용접 $0 < e \leq 4$ mm 서브머지드 아크 자동 용접 $0 < e \leq 2$ mm 가스 실드 아크 반자동 용접 $0 < e \leq 3$ mm 플럭스코아드 아크 반자동 용접 $0 < e \leq 3$ mm	틈새 게이지	
5) 루트 간격(뒷댐재 부착) Δa	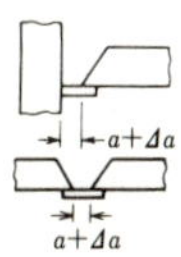	아크 수동 용접, 가스 실드 아크 반자동 용접, 플럭스코아드 아크 반자동 용접 $\Delta a \geq -2$ mm 서브머지드 아크 자동 용접 $-2\text{ mm} \leq \Delta a \leq +2$ mm	아크 수동 용접, 가스 실드 아크 반자동 용접, 플럭스코아드 아크 반자동 용접 $\Delta a \geq -3$ mm 서브머지드 아크 자동 용접 $-3\text{ mm} \leq \Delta a \leq +3$ mm	한계 게이지(limit gage)	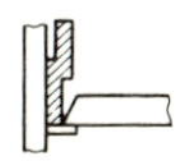
6) 루트면 Δa	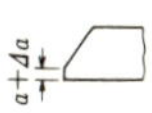	아크 수동 용접, 가스 실드 아크 반자동 용접, 플럭스코아드 아크 반자동 용접 뒷댐재 없음 $\Delta a \leq 2$ mm 뒷댐재 있음 $\Delta a \leq 1$ mm 서브머지드 아크 자동 용접 $\Delta a \leq 1$ mm	아크 수동 용접, 가스 실드 아크 반자동 용접, 플럭스코아드 아크 반자동 용접 뒷댐재 없음 $\Delta a \leq 3$ mm 뒷댐재 있음 $\Delta a \leq 2$ mm 서브머지드 아크 자동 용접 $\Delta a \leq 2$ mm	콘벡스 룰(convex rule) 금속제 곧은자	
7) 베벨 각도 $\Delta\alpha$	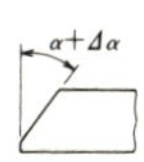	$\Delta\alpha \geq -2.5°$	$\Delta\alpha \geq -5°$	용접용 게이지 그루브(개선) 게이지	
8) 그루브 각도 $\Delta\alpha$	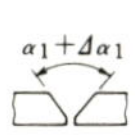	$\Delta\alpha_1 \geq -5°$	$\Delta\alpha_1 \geq -10°$	한계 게이지	
	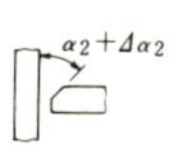	$\Delta\alpha_2 \geq -2.5°$	$\Delta\alpha_2 \geq -5°$		

명 칭	그 림	관리 허용차	한계 허용차	측정 기기	측정 방법
9) 가스 절단면의 거칠기		그루브 내 200 S 자유 연단 100 S	그루브 내 200 S 자유 연단 100 S		모델과의 비교 보통은 육안으로 판단
10) 가스 절단면의 노치 깊이 d	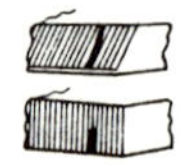	그루브 내 $d \leqq 1$ mm 자유 연단 $d \leqq 0.5$ mm	개선 내 $d \leqq 2$ mm 자유 연단 $d \leqq 1$ mm	용접용 게이지	보통은 육안으로 판단
11) 가스 절단에 의한 절단면의 직각도 e	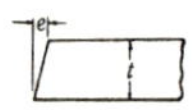	$t \leqq 20$ mm　$e \leqq 1$ mm $t \leqq 20$ mm　$e < t/20$	$t \leqq 20$ mm　$e \leqq 2$ mm $t > 20$ mm　$e < t/10$	금속제 직각자, 틈새 게이지, 용접용 게이지	
12) 접합부 어긋남(다이어프램과 플랜지의 어긋남) e	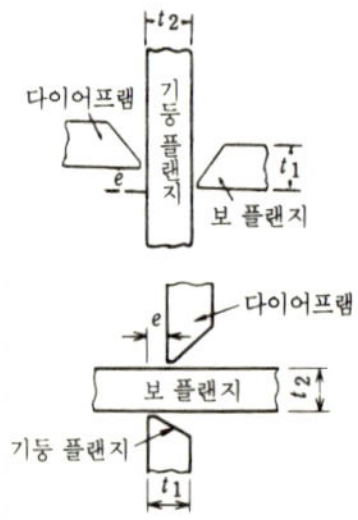	$t_1 \geqq t_2$ $e \leqq 2t_1/15$또한$e \leqq 3$mm $t_1 < t_2$ $e \leqq t_1/6$ 또한 $e \leqq 4$ mm	$t_1 \geqq t_2$ $e \leqq 2t_1/5$ 또한 $e \leqq 4$ mm $t_1 < t_2$ $e \leqq t_1/4$ 또한 $e \leqq 5$ mm	콘벡스 룰 틈새 게이지 측정 지그	박스 기둥 등의 폐쇄 단면에 대해서는 다이어프램 위치가 표면으로부터 확인할 수 있도록 사전에 금긋기가 필요하다. 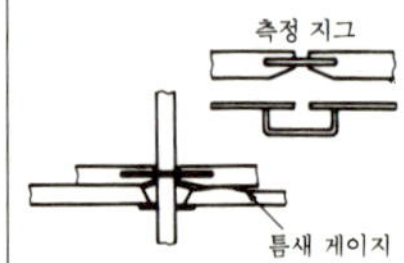
13) 용접 조립재 끝 부분의 불균일 e	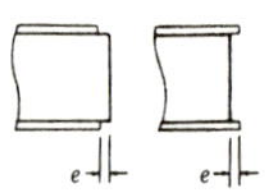	$e \leqq 2$ mm	$e \leqq 3$ mm	금속제 직각자 콘벡스 룰	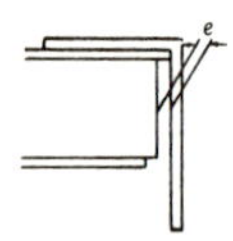

부록 표 2　고력 볼트

명 칭	그 림	관리 허용차	한계 허용차	측정 기기	측정 방법
1) 구멍 중심의 어긋남 ΔL	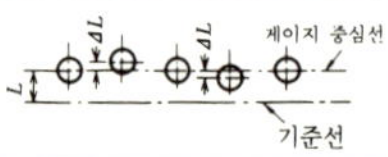	-1 mm$\leqq \Delta L \leqq$ $+1$ mm	-1.5 mm$\leqq \Delta L \leqq$ $+1.5$ mm	콘벡스 룰 금속제 곧은자	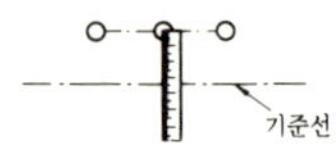
2) 구멍 간격의 어긋남 ΔP	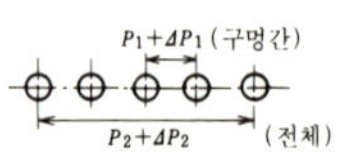	-1 mm$\leqq \Delta P_1 \leqq$ $+1$ mm -2 mm$\leqq \Delta P_2 \leqq$ $+2$ mm	-1.5 mm$\leqq \Delta P_1 \leqq$ $+1.5$ mm -3 mm$\leqq \Delta P_2 \leqq$ $+3$ mm	콘벡스 룰 금속제 곧은자	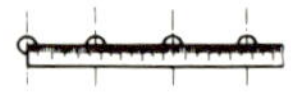
3) 구멍의 불일치 e	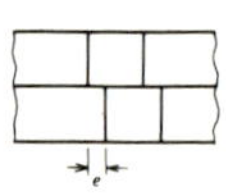	$e \leqq 1$ mm	$e \leqq 1.5$ mm	콘벡스 룰 직각자 틈새 게이지 관통 게이지	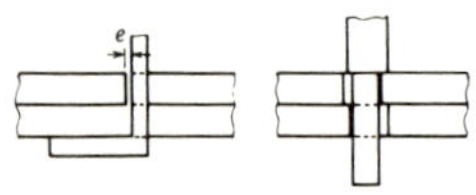
4) 고력 볼트 접합부의 틈새 e	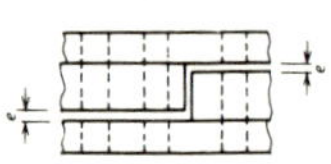	$e \leqq 1$ mm	$e \leqq 1$ mm	틈새 게이지	 임시 볼트 조임 후
5) 모서리면과 구멍간의 간격 Δa	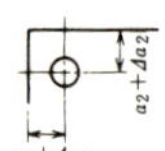	$\Delta a_1 \geqq -2$ mm $\Delta a_2 \geqq -2$ mm	$\Delta a_1 \geqq -3$ mm $\Delta a_2 \geqq -3$ mm	콘벡스 룰 금속제 곧은자	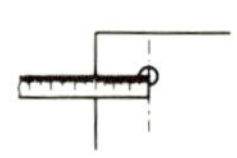

부록 표 3 용접

명 칭	그 림	관리 허용차	한계 허용차	측정 기기	측정 방법
1) 모살 용접의 사이즈 ΔS	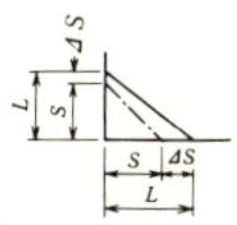	$0 \leqq \Delta S \leqq 0.5S$ 또한 $\Delta S \leqq 5$ mm	$0 \leqq \Delta S \leqq 0.8S$ 또한 $\Delta S \leqq 8$ mm	용접용 게이지 한계 게이지	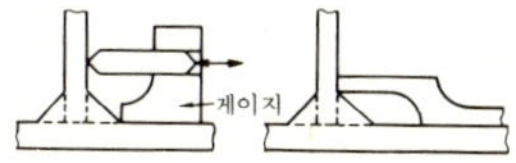
2) 모살 용접의 용접 살돋움 높이 Δa	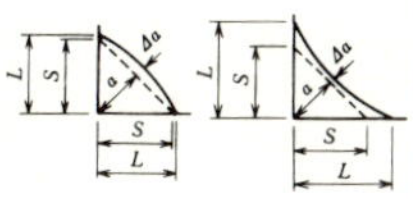	$0 \leqq \Delta a \leqq 0.4S$ 또한 $\Delta a \leqq 4$ mm	$0 \leqq \Delta a \leqq 0.6S$ 또한 $\Delta a \leqq 6$ mm	용접용 게이지	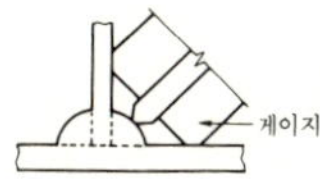
3) 맞댐 용접의 용접 살돋움 높이 h	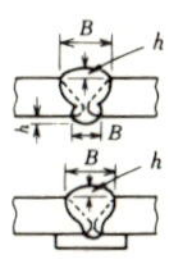	$B < 15$ mm 0.5 mm $\leqq h \leqq 3$ mm 15 mm $\leqq B < 25$ mm 0.5 mm $\leqq h \leqq 4$ mm 25 mm $\leqq B$ 0.5 mm $\leqq h$ $\leqq (4/25)B$ mm	$B < 15$ mm 0.5 mm $\leqq h \leqq 5$ mm 15 mm $\leqq B < 25$ mm 0.5 mm $\leqq h \leqq 6$ mm 25 mm $\leqq B$ 0.5 mm $\leqq h$ $\leqq (6/25)B$ mm	용접용 게이지 한계 게이지	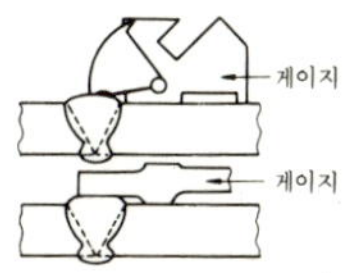
4) 완전 용입 용접 *T* 이음의 보강 모살 사이즈 ΔS	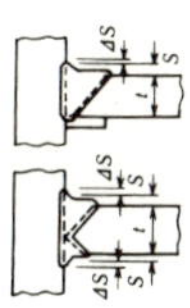	$0 \leqq \Delta S \leqq 7$ mm	$0 \leqq \Delta S \leqq 10$ mm	용접용 게이지 한계 게이지	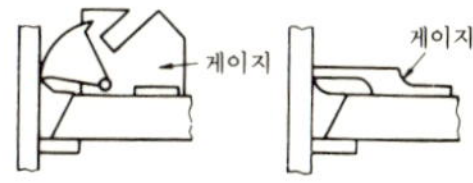
5) 언더컷 e	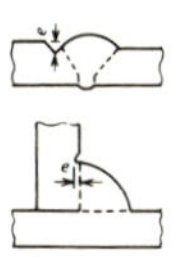	완전 용입 용접 $e \leqq 0.3$ mm 전면 모살 용접 $e \leqq 0.3$ mm 측면 모살 용접 $e \leqq 0.5$ mm	완전 용입 용접 $e \leqq 0.5$ mm 전면 모살 용접 $e \leqq 0.5$ mm 측면 모살 용접 $e \leqq 0.8$ mm	언더컷 게이지	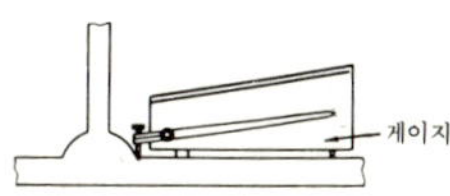
6) 맞댐 용접의 불일치 e	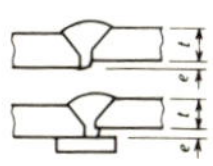	$t \leqq 15$ mm $e \leqq 1$ mm $t > 15$ mm $e \leqq t/15$ 또한 $e \leqq 2$ mm	$t \leqq 15$ mm $e \leqq 1.5$ mm $t > 15$ mm $e \leqq t/10$ 또한 $e \leqq 3$ mm	금속제 직각자 금속제 곧은자 틈새 게이지 용접용 게이지	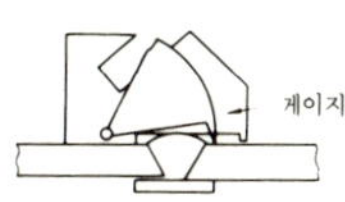
7) 접합의 어긋남(다이어프램과 플랜지의 어긋남) e	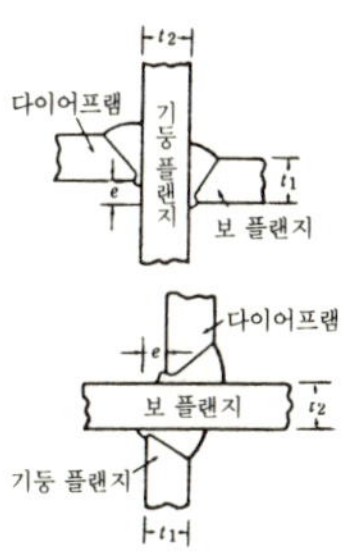	$t_1 \geqq t_2$ $e \leqq 2t_1/15$ 또한 $e \leqq 3$ mm $t_1 < t_2$ $e \leqq t_1/6$ 또한 $e \leqq 4$ mm	$t_1 \geqq t_2$ $e \leqq t_1/5$ 또한 $e \leqq 4$ mm $t_1 < t_2$ $e \leqq t_1/4$ 또한 $e \leqq 5$ mm	콘벡스 룰 틈새 게이지 측정 지그	박스 기둥 등의 폐쇄 단면에 대해서는 다이어프램 위치가 표면으로부터 확인할 수 있도록 사전에 금긋기가 필요하다. 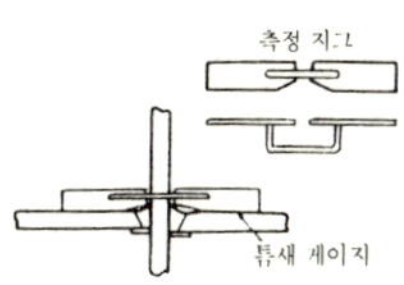

명 칭	그 림	관리 허용차	한계 허용차	측정 기기	측정 방법
8) 비드 표면의 요철 e	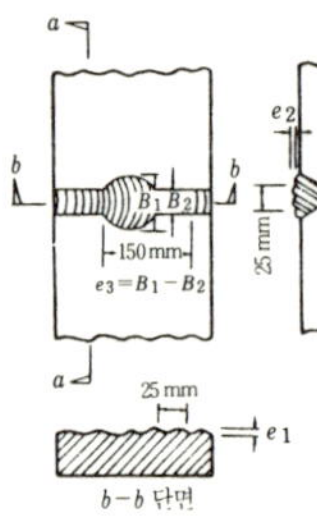	비드 표면 요철의 고저차 e_1, e_2는 용접 길이, 또는 비드 폭 25 mm의 범위에서 2.5 mm 이하. 비드 폭의 요철 e_3는 용접 길이 150 mm의 범위에서 5 mm 이하.	비드 표면 요철의 고저차 e_1, e_2는 용접 길이, 또는 비드 폭 25 mm의 범위에서 4.0 mm 이하. 비드 폭의 요철 e_3는 용접의 길이 150 mm의 범위에서 7 mm 이하.		
9) 피트	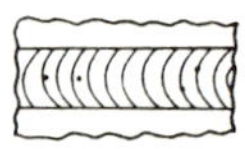	1 m 이하 이음은 2개까지. 단, 1 m를 초과하는 이음은 가장 조밀한 1 m마다 2개까지 한다.	1 m 이하 이음은 3개까지. 단, 1 m를 초과하는 이음은 가장 조밀한 1 m마다 3개까지 한다.		
10) 스터드 용접 후 마감 높이와 경사 ΔL, θ	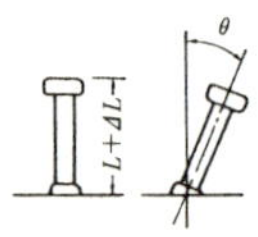	$-1.5\text{ mm} \leq \Delta L \leq +1.5\text{ mm}$ $\theta \leq 3°$	$-2\text{ mm} \leq \Delta L \leq +2\text{ mm}$ $\theta \leq 5°$	금속제 곧은자 한계 게이지 콘벡스 룰	스터드가 기울어져 있는 경우, 축의 중심에서 축 길이를 측정한다. 

부록 표 4 제품

명 칭	그 림	관리 허용차	한계 허용차	측정 기기	측정 방법
1) 보의 길이 ΔL	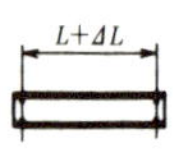	$-3\text{ mm} \leq \Delta L \leq +3\text{ mm}$	$-5\text{ mm} \leq \Delta L \leq +5\text{ mm}$	KS 1급 강제 줄자 금속제 직각자 직각자 구멍 중심간 측정 지그	① 길이가 10 m 이상인 것의 측정은 원칙적으로 5 kgf의 장력을 가하여 실시한다. 10 m 미만인 것은 손으로 당겨도 좋다. ② 측정 위치는 원칙적으로 플랜지 또는 웨브 부재 양단 제1구멍 중심간으로 한다.
2) 기둥의 길이 ΔL	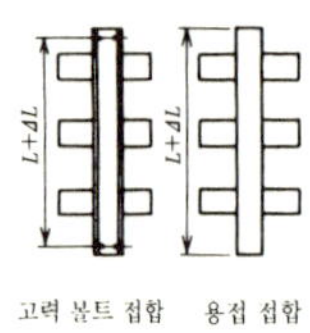	$L<10\text{ m}$ $-3\text{ mm} \leq \Delta L \leq +3\text{ mm}$ $L \geq 10\text{ m}$ $-4\text{ mm} \leq \Delta L \leq +4\text{ mm}$	$L<10\text{ m}$ $-5\text{ mm} \leq \Delta L \leq +5\text{ mm}$ $L \geq 10\text{ m}$ $-6\text{ mm} \leq \Delta L \leq +6\text{ mm}$	KS 1급 강제 줄자 금속제 직각자 직각자 구멍 중심간 측정 지그	① 길이가 10 m 이상인 것의 측정은 원칙적으로 5 kgf의 장력을 가하여 실시한다. 10 m 미만인 것은 손으로 당겨도 좋다. ② 측정 위치는 임의의 1면으로 강제 줄자를 기둥 플랜지에 대고 볼트 접합의 경우는 제1구멍 중심간, 용접 접합의 경우는 양끝면 사이로 한다. 또한 제1절의 주각측은 베이스 밑면으로 한다. ③ 고력 볼트 접합에서도 메탈 터치의 기둥은 주두(柱頭) 주각부의 양끝면 사이로 한다.
3) 층 높이 ΔL	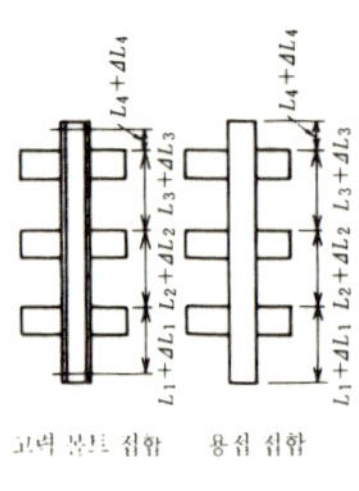	$-3\text{ mm} \leq \Delta L \leq +3\text{ mm}$	$-5\text{ mm} \leq \Delta L \leq +5\text{ mm}$	KS 1급 강제 줄자 금속제 직각자 직각자 구멍 중심간 측정 지그	① 측정 위치는 접합부가 붙어 있는 모든 면에 대하여 실시한다. ② 주각부로부터 최초의 접합부까지의 층 높이는 베이스 플레이트 밑면, 주각부 구멍 중심(고력볼트 접합) 또는 주각부 단면(용접 접합)으로부터 접합부 끝의 상부 플랜지 윗면 사이로 한다. ③ 일반층의 층 높이는 접합부 상부 플랜지 윗면 사이로 한다. ④ 최상부의 접합부로부터 주두까지의 층 높이는 접합부 끝의 상부 플랜지 윗면으로부터 볼트 접합의 경우는 주두 제1구멍 중심까지, 용접 접합의 경우는 재단까지로 한다.

명 칭	그 림	관리 허용차	한계 허용차	측정 기기	측정 방법
4) 보의 휨 e	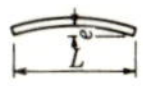	$e \leqq \frac{L}{1\,000}$ 또한 $e \leqq 10$ mm	$e \leqq \frac{1.5L}{1\,000}$ 또한 $e \leqq 15$ mm	피아노선 또는 수평실 레벨 콘벡스 룰 금속제 곧은자	① 육안으로도 판별할 수 있으나 측정하는 경우는 보 높이 · 보 폭의 2방향에 대하여 실시한다. ② 보 높이 방향의 휨은 부재를 옆으로 눕혀서 플랜지 끝면에 피아노선 또는 수평실을 어느 정도 간격을 두고 편 다음, 부재 중앙부를 금속제 곧은자 등으로서 측정한다. 보 폭 방향은 부재를 세워서 같은 방법으로 측정한다. 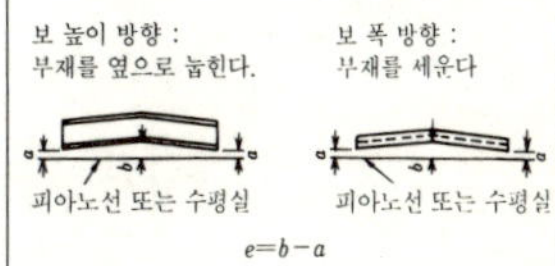
5) 기둥의 휨 e		$e \leqq \frac{L}{1\,500}$ 또한 $e \leqq 5$ mm	$e \leqq \frac{L}{1\,000}$ 또한 $e \leqq 8$ mm	피아노선 또는 수평실 레벨 콘벡스 룰 금속제 곧은자	① 측정은 X, Y축의 2면에 대하여 실시한다. ② 주두 · 주각의 플랜지면으로부터 어느 정도 거리를 두고 피아노선 또는 수평실을 편 다음 기둥 중앙부를 금속제 곧은자로서 측정한다. ③ 주두와 주각을 기준점으로 하고 기둥 중앙부를 레벨로 측정한다. 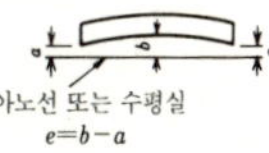
6) 단면의 높이 ΔH	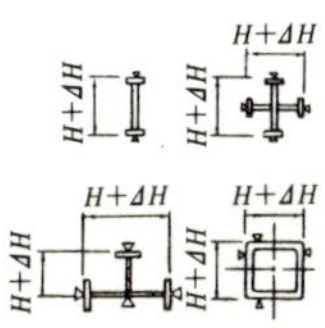 	$H<800$ mm -2 mm$\leqq \Delta H \leqq$ $+2$ mm $h \geqq 800$ mm -3 mm$\leqq \Delta H \leqq$ $+3$ mm	$H<800$ mm -3 mm$\leqq \Delta H \leqq$ $+3$ mm $H \geqq 800$ mm -4 mm$\leqq \Delta H \leqq$ $+4$ mm	KS 1급 강제 줄자 콘벡스 룰 금속제 곧은자	① 부재 양끝의 웨브 위치에서 플랜지 배면 사이를 측정한다. ② □형 단면은 상대하는 플랜지 · 웨브의 각각 △ 표시 위치 사이를 측정한다.
7) 단면의 폭 ΔB	 	-2 mm$\leqq \Delta B \leqq$ $+2$ mm	-3 mm$\leqq \Delta B \leqq$ $+3$ mm	콘벡스 룰 금속제 곧은자 금속제 직각자	양끝 부분 및 단면 변화부를 측정한다.
8) 박스형 단면의 직각도 e	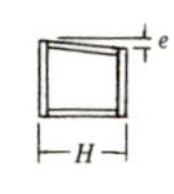 	접합부 $e \leqq \frac{H}{100}$ 또한 $e \leqq 3$ mm 일반부 $e \leqq \frac{2H}{100}$ 또한 $e \leqq 3$ mm		직각자 틈새 게이지 금속제 직각자	웨브를 기준으로 하여 금속제 직각자를 대고 그림과 같이 플랜지와의 틈새를 틈새 게이지로 측정한다. 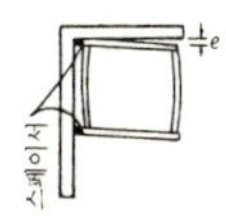
9) H형 단면 직각도 e	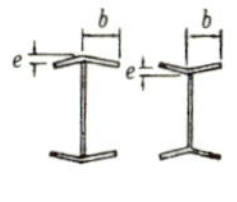 	접합부 $e \leqq \frac{b}{\quad}$ 또한 $e \leqq$ 일반부 $e \leqq \frac{2b}{100}$ 또한 $e \leqq$	접합부 $e \leqq \frac{3b}{200}$ 또한 $e \leqq 2.5$ mm 일반부 $e \leqq \frac{3b}{100}$ 또한 $e \leqq 3$ mm	직각자 틈새 게이지 금속제 직각자 지그	웨브를 기준으로 하여 지그를 대고 플랜지와의 틈새를 틈새 게이지로 측정한다. 

명 칭	그 림	관리 허용차	한계 허용차	측정 기기	측정 방법
10) 웨브의 어긋남 e	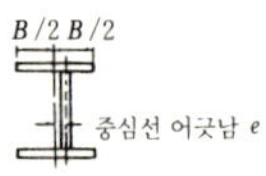	$e \leqq 2$ mm	$e \leqq 3$ mm	콘벡스 룰 금속제 곧은자 버니어 캘리퍼스	웨브 두께 중심선 · 플랜지 폭 중심선을 금긋고 버니어 캘리퍼스 또는 콘벡스 룰로 측정한다. 
11) 웨브의 휨 e	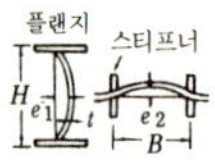	$e_1 \leqq \frac{H}{150}$ 또한 $e_1 \leqq 4$ mm $e_2 \leqq \frac{B}{150}$ 또한 $e_2 \leqq 4$ mm 단, $t \leqq 6$에는 적용하지 않는다.	$e_1 \leqq \frac{H}{100}$ 또한 $e_1 \leqq 6$ mm $e_2 \leqq \frac{B}{100}$ 또한 $e_2 \leqq 6$ mm 단, $t \leqq 6$에는 적용하지 않는다.	금속제 곧은자 틈새 게이지	웨브면에 금속제 곧은자를 대고 웨브와의 틈새를 틈새 게이지로 측정한다. 
12) 접합부의 각도 e	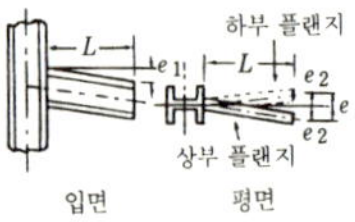	e_1, $e_2 \leqq \frac{L}{300}$ 또한 e_1, $e_2 \leqq 3$ mm $e_3 \leqq 4$ mm	e_1, $e_2 \leqq \frac{L}{200}$ 또한 e_1, $e_2 \leqq 5$ mm $e_3 \leqq 6$ mm	직각자 틈새 게이지 피아노선 또는 수평실 금속제 곧은자 콘벡스 룰	기둥 플랜지 표면에 직각자를 대고 접합부 끝의 용접 비드를 피해 고정하고 그림의 a 및 b를 틈새 게이지로 측정한다. 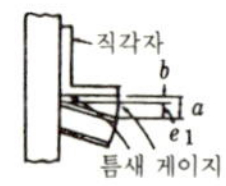
13) 접합부의 길이 ΔL	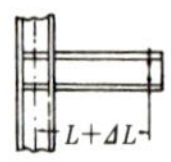	-3 mm $\leqq \Delta L \leqq +3$ mm	-5 mm $\leqq \Delta L \leqq +5$ mm	콘벡스 룰 금속제 곧은자 지그 구멍 중심간 측정용 지그	금속제 곧은자를 웨브에 대고 접합부 끝의 제1구멍 중심까지의 치수를 측정한다. 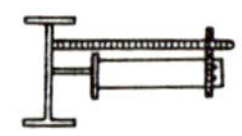
14) 기둥의 비틀림 δ	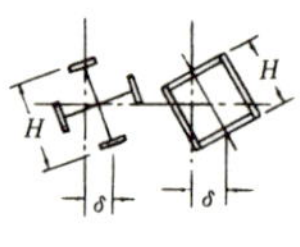	$\delta \leqq \frac{6H}{1\,000}$ 또한 $\delta \leqq 5$ mm	$\delta \leqq \frac{9H}{1\,000}$ 또한 $\delta \leqq 8$ mm	다림추 콘벡스 룰 금속제 곧은자	검사대 위에 기둥을 놓고 기둥 양끝에 다림추를 장치하여 콘벡스 룰로서 비틀림 양을 측정한다. 양끝의 비틀림 양의 차이가 구하는 비틀림 양이 된다. 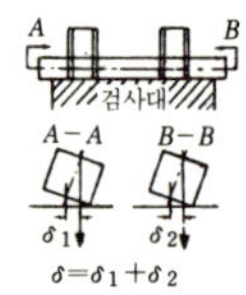
15) 메탈 터치 e	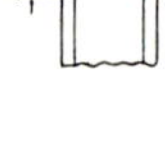	$e \leqq \frac{1.5H}{1\,000}$	$e \leqq \frac{2.5H}{1\,000}$	직각자 틈새 게이지 금속제 곧은자	직각자를 부재면에 대고 메탈 터치면과 직각자와의 사이에 생긴 틈새를 틈새 게이지로 측정한다.
16) 베이스 플레이트의 꺾임 및 요철 e	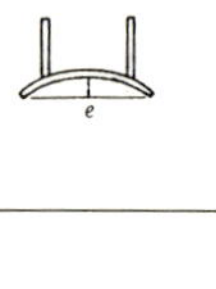	$e \leqq 2$ mm	$e \leqq 3$ mm	금속제 곧은자 틈새 게이지	베이스 플레이트 밑면에 금속제 곧은자를 대고, 베이스 플레이트와의 사이 틈새를 틈새 게이지로 측정한다.

부록 표 5 공사 현장

명 칭	그 림		관리 허용차	한계 허용차	측정 기기	측정 방법
1) 건물의 기울기 e	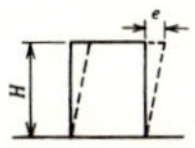		$e \leqq \frac{H}{4\,000}+7$ mm 또한 $e \leqq 30$ mm	$e \leqq \frac{H}{2\,500}$ $+10$ mm 또한 $e \leqq 50$ mm		기둥 각 절의 기울기로부터 산출한다.
2) 건물의 굴곡 e	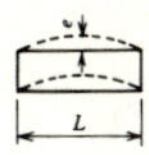		$e \leqq \frac{L}{4\,000}$ 또한 $e \leqq 20$ mm	$e \leqq \frac{L}{2\,500}$ 또한 $e \leqq 25$ mm	피아노선 또는 강제 줄자 금속제 곧은자	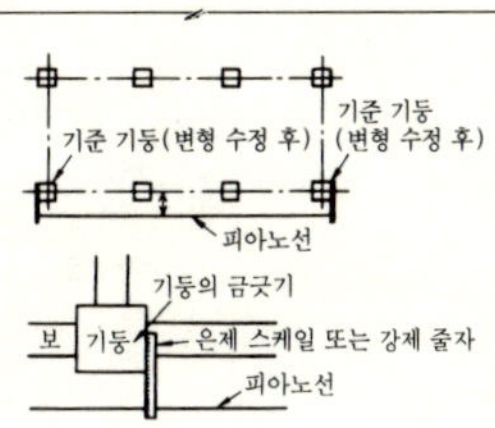 네모퉁이의 기둥 등 미리 결정된 기준 기둥과의 고르지 않음을 측정하여 그 값으로부터 산출한다.
3) 중심선과 앵커 볼트 위치의 어긋남 e	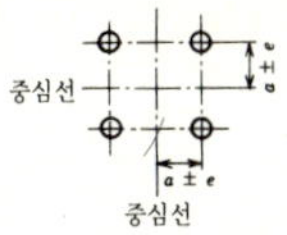	A종	-3 mm $\leqq e \leqq$ $+3$ mm	-5 mm $\leqq e \leqq$ $+5$ mm	베이스 플레이트 본판(템플레이트) 콘벡스 룰	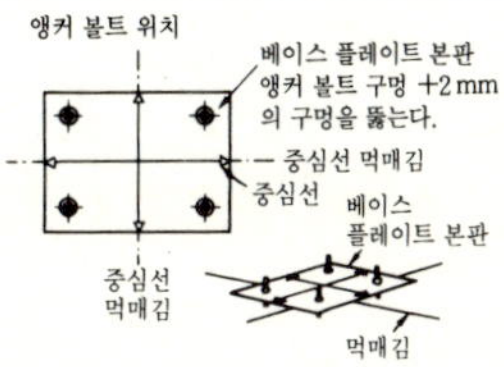 앵커 볼트 직경 +2 mm의 구멍을 뚫은 베이스 플레이트 본판을 만들어 중심선 먹매김과 베이스 플레이트 형판의 중심선 금긋기선을 맞추어 구멍에 앵커 볼트가 들어가도록 조정한다.
		B종	-5 mm $\leqq e \leqq$ $+5$ mm	-8 mm $\leqq e \leqq$ $+8$ mm		
4) 기둥 끝에 붙은 면의 높이 ΔH	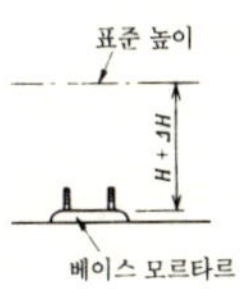		-3 mm $\leqq H \leqq$ $+3$ mm	-5 mm $\leqq H \leqq$ $+5$ mm	레벨 레이저 레벨 스태프 (표적, staff)	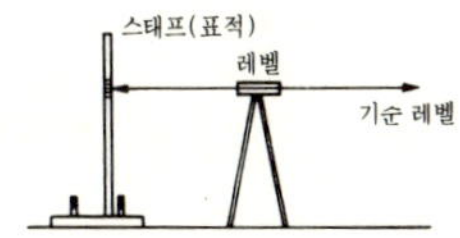 레벨을 사용하여 각 기둥마다에 4 개소 이상 측정한다.
5) 공사 현장 이음층의 층 높이 ΔH	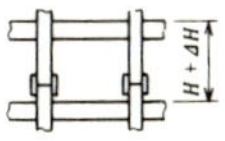		-5 mm $\leqq H \leqq$ $+5$ mm	-8 mm $\leqq H \leqq$ $+8$ mm	레벨 강제 줄자	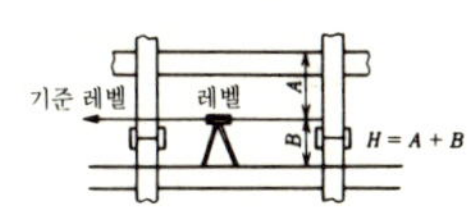 레벨로 기둥에 기준점을 잡고, A와 B의 치수를 강제 줄자로 측정한다.
6) 보의 수평도 e	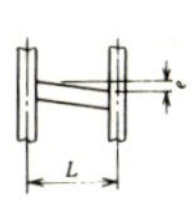		$e \leqq \frac{L}{1\,000}+3$ mm 또한 $e \leqq 10$ mm	$e \leqq \frac{L}{700}+5$ mm 또한 $e \leqq 15$ mm	레벨 강제 줄자 스태프	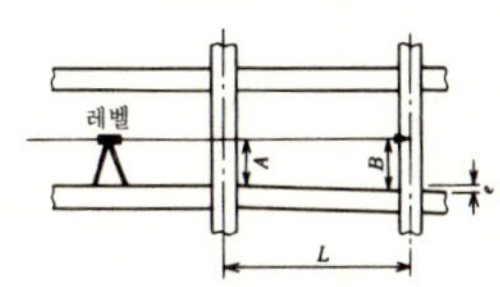 레벨로 A와 B의 보 높이를 측정한다. $e=B-A$

명 칭	그 림	관리 허용차	한계 허용차	측정 기기	측정 방법
7) 기둥의 기울기 e	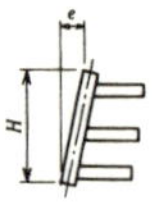	$e \leqq \frac{H}{1\,000}$ 또한 $e \leqq 10$ mm	$e \leqq \frac{H}{700}$ 또한 $e \leqq 15$ mm	수직 트랜싯 타깃 레이저 수직기 광학 수직기 강제 줄자 금속제 직각자	방법 A(다림추법) 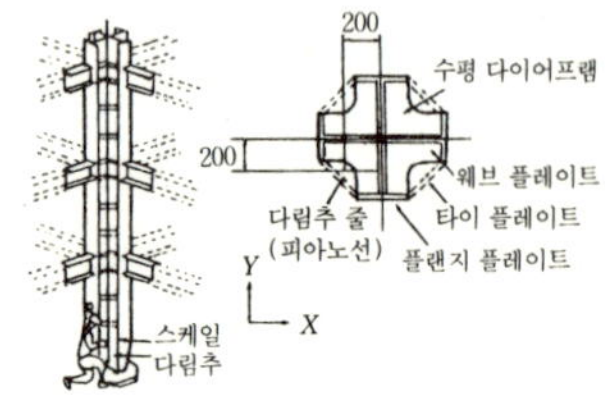 방법 B(트랜싯법) 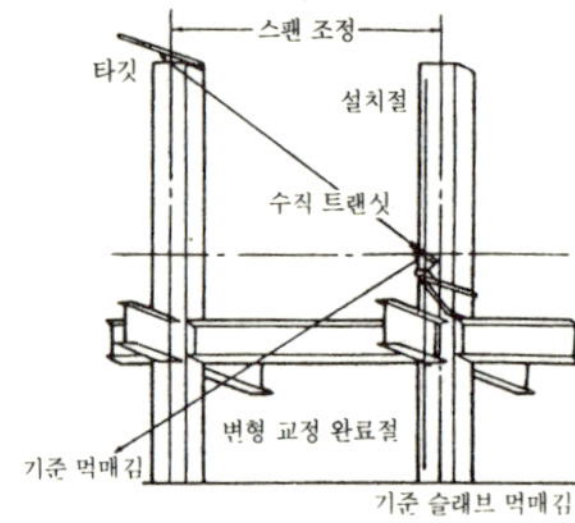 방법 C(레이저 트랜싯법) 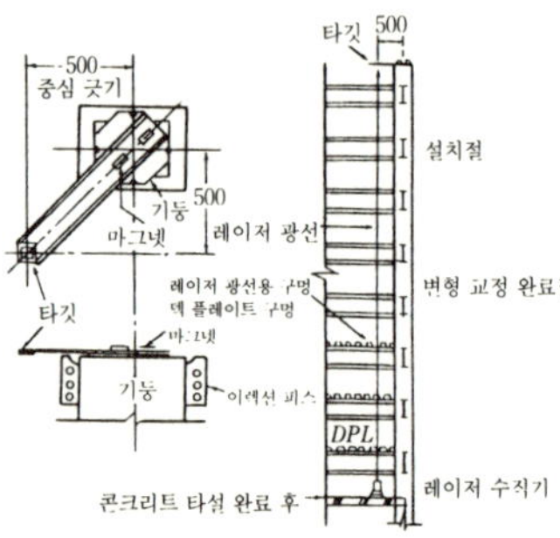

부록 7 대표적인 용접 결함

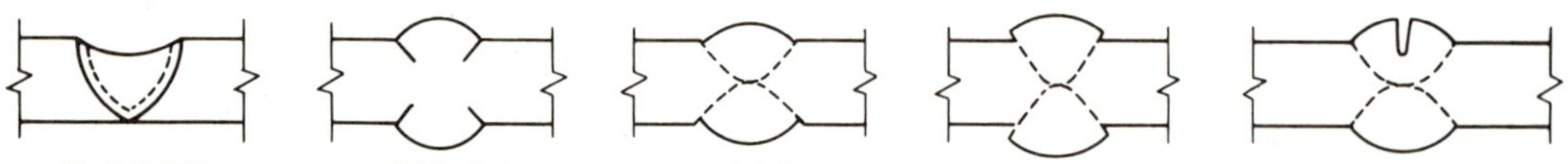

목 두께 부족 살돋움 과대 언더컷 오버랩 피트

(a) 맞댐 용접

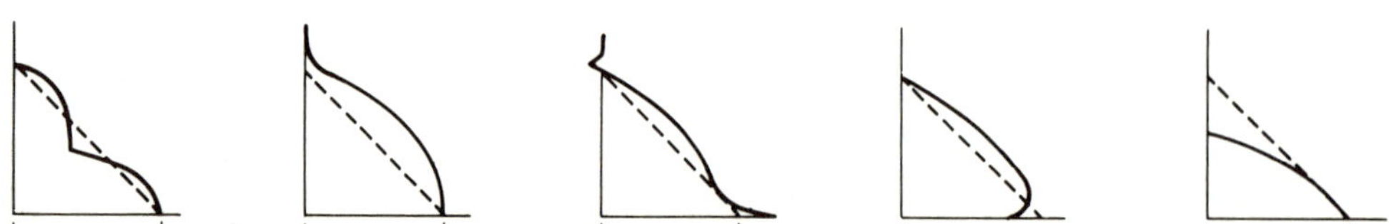

목 두께 부족 살돋움 과대 언더컷 오버랩 사이즈 부족

(b) 필릿 용접(일명, 모살 용접)

대표적인 표면 결함

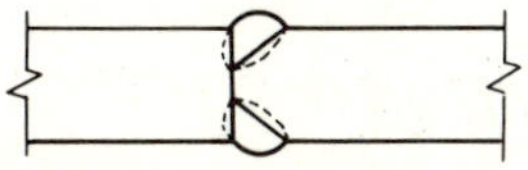

K형 그루브의 루트 페이스가 남아 있는 내부 용입 불량

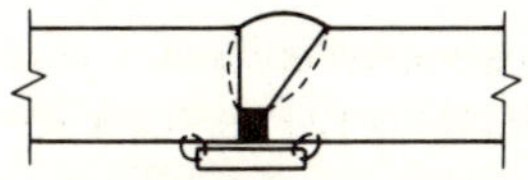

V형 그루브의 루트 페이스가 남아 있는 루트 용입 불량

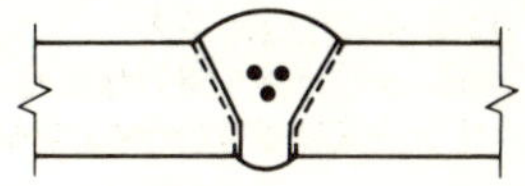

블로홀

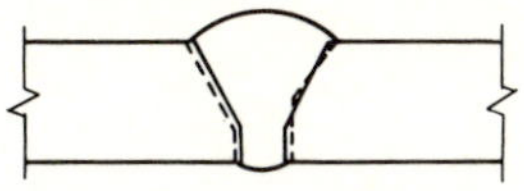

V형 그루브의 그루브면에 생긴 융합 불량

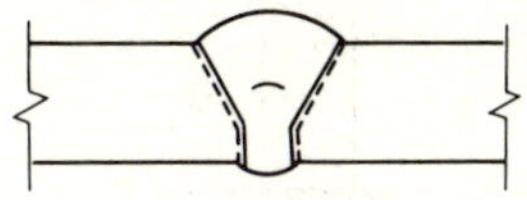

비드와 비드 사이에 생긴 융합 불량

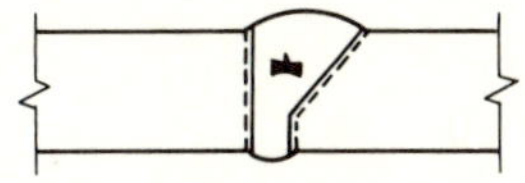

슬래그 혼입물

대표적인 내부 결함

부록 8 내화 성능 시간

A. 통상 화재시 견디는 시간(건설부 고시 제528호 관련)

층별(지하층도 삽입함) / 부위별				최상층에서부터 5층까지	최상층에서 세어서 층수가 6 이상이고 14 이내의 층	최상층에서부터 15층 이상
벽	칸막이벽			1시간	2시간	2시간
	외벽	내력벽		1시간	2시간	2시간
		비내력벽	연소할 우려가 있는 부분	1시간	1시간	1시간
			연소할 우려가 없는 부분	30분	30분	30분
기둥				1시간	2시간	3시간
바닥				1시간	2시간	2시간
보				1시간	2시간	3시간
지붕				30분	30분	30분

B. 암면(rock wool)의 내화 성능별 뿜칠 두께

구조 구분	내화 성능	평균 뿜칠 두께(mm)	부피 비중
기둥, 보	1시간	35 이상	0.34 이상
	2시간	50 이상	
	3시간	65 이상	
외벽(비내력벽)	30분	25 이상	0.34 이상
	1시간	35 이상	
바닥 및 천장	1시간	20 이상	0.34 이상
	2시간	25 이상	
지붕	30분	10 이상	0.34 이상
	30분	15 이상	0.20 이상

C. 연소할 우려가 있는 부분

인접 건축물에 불이 났을(燃燒) 때 불꽃은 위로 퍼져 올라가기 때문에 위로 갈수록 불이 번져서 탈(燃燒) 우려가 커진다. 따라서 인지 경계선 또는 도로 중심선에서 1층에서는 3 m 이내로 되어 있으나 2층 이상에서는 5 m 이내로 규정하고 있다.

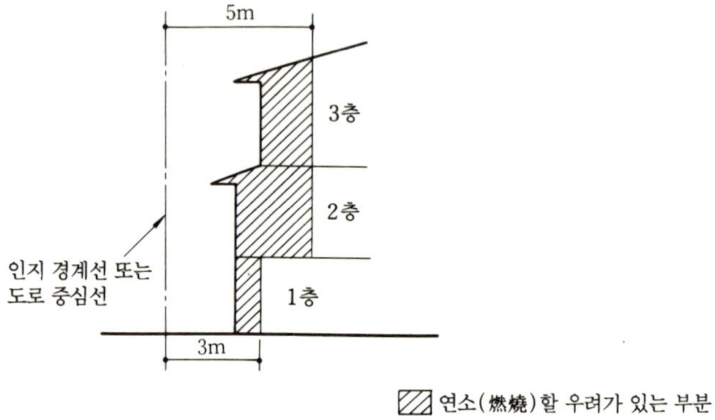

부록 9 건축물의 내장 제한에 관한 기준

건축법 및 건축법 시행령에 따른 건축물의 내장 일람표(건축법 시행령 제61조 관련)

A. 건축물의 내장 재료 기준

용도와 규모	적용 대상	마감 재료	
		거실	복도 · 계단 · 통로
① 관람 집회실 · 종교 집회장 · 위락 시설 · 전시 시설 · 판매 시설	거실 바닥 면적의 합계가 200 m²(400 m²) 이상인 건축물	· 불연 재료 · 준불연 재료	· 불연 재료 · 준불연 재료
② 숙박 시설 · 유스 호스텔 · 의료 시설 · 아동 시설 · 노인 시설 · 다중 주택 · 공동 주택 · 기숙사 · 오피스텔	3층 이상인 층의 당해 용도에 쓰이는 거실의 바닥 면적의 합계가 200 m²(400 m²) 이상인 건축물		
③ 위험물 저장 및 처리 시설 · 발전소 · 방송(통신) 시설 · 자동차 관련 시설	모든 경우		
④ 5층 이상인 건축물	5층 이상인 층의 거실 바닥 면적의 합계가 500 m² 이상인 건축물		
⑤ 앞의 ①, ②, ③의 용도에 쓰이는 거실을 지하층 또는 지하 공작물에 설치할 경우	(앞의 ①, ②, ③의 규정에 관계없이) 모든 경우	· 불연 재료 · 준불연 재료	
⑥ 노래 연습장 · 단란 주점 · 유흥 주점	(앞의 ①항의 규정에 관계없이)	· 불연 재료 · 준불연 재료	

주) ( )내 숫자는 주요 구조부가 내화 구조 또는 불연 재료로 된 건축물일 경우.

B. 내장 재료 적용 기준에서 제외되는 경우

주요 구조부가 내화 구조 또는 불연 재료로 된 건축물로서 그 거실 바닥 면적(스프링클러 설치 면적은 제외) 200 m² 이내마다 방화 구획이 되어 있는 경우는 제외한다.

■ 역자 소개 ■

이도범(李道範)

- 한양대학교 공과대학 건축공학과 졸업
- 한양대학교 산업대학원 건축공학과 졸업
- 기술사(건축구조, 건축시공)
- 대림산업(주) 기술연구소 건축구조팀장(현재)

도해 건축 공사 진행 방법(철골조)

첫판 1쇄 펴낸 날 · 1997년 10월 16일
3쇄 펴낸 날 · 2006년 1월 16일

역자 · 이도범
펴낸이 · 전조연

펴낸곳 · 도서출판 건설도서
출판등록 · 1988년 1월 25일, 제 3-165호
주소 · 서울시 용산구 원효로 1가 46-5호
전화 · *(02)711-9990*(대)
팩시밀리 · *(02)711-9987*
http://www.gsds.co.kr
E-mail · ksdsksds@hitel.net

값 *15,000*원
ISBN 89-7706-187-3 93540